刘仁庆　著

纸系千秋新考

——中国古纸撷英

知识产权出版社
全国百佳图书出版单位

图书在版编目（CIP）数据

纸系千秋新考：中国古纸撷英 / 刘仁庆著．—北京：知识产权出版社，2018.3
ISBN 978-7-5130-5449-2
Ⅰ．①纸… Ⅱ．①刘… Ⅲ．①手工纸—研究—中国—古代 Ⅳ．①TS766
中国版本图书馆 CIP 数据核字（2018）第 038472 号

内容提要

本书对中国自汉代以来直至清代的30余种载誉史册的著名古纸进行了专题式的细致研究，许多内容是作者将其几十年的研究心得首次公之于众，对于文博界特别是艺术收藏领域有珍贵价值，对于中国古纸研究和古字画修复和鉴定的未来发展更具有里程碑式的意义。

责任编辑：龙　文　　**责任校对：**谷　洋
装帧设计：品　序　　**责任出版：**刘译文

纸系千秋新考——中国古纸撷英
刘仁庆 著

出版发行：知识产权出版社有限责任公司　　**网　　址：**http://www.ipph.cn
社　　址：北京市海淀区气象路50号院　　**邮　　编：**100081
责编电话：010-82000860 转 8123　　**责编邮箱：**longwen@cnipr.com
发行电话：010-82000860 转 8101/8102　　**发行传真：**010-82000893/82005070
印　　刷：北京嘉恒彩色印刷有限责任公司　　**经　　销：**新华书店及相关销售网点
开　　本：880mm×1230mm 1/16　　**印　　张：**25.75
版　　次：2018 年 3 月第 1 版　　**印　　次：**2018 年 3 月第 1 次印刷
字　　数：400 千字　　**定　　价：**128.00 元

ISBN 978-7-5130-5449-2

目录

第二章　晋代古纸

第一节　蚕茧纸

第二节　侧理纸

第三节　蜜香纸

第四节　藤纸

第三章　唐代古纸

第一节　薛涛笺

第二节　宣纸

附 录

我对古纸的认识

（代 序）

本书是我多年来学习和研究中国古纸的心得体会。初稿陆续起草于26年前，有幸被保存了下来。后来经过仔细整理、推敲、核对和修改，写成了古纸研究的系列文章，从2010年10月起，在中国造纸学会主办的《纸和造纸》月刊“纸坛纵横”专栏上连续发表了20多篇。着笔这些文章的起因，大约要追溯到半个多世纪以前。1955年，我上大学时“被分配”学造纸专业，开始对“纸”一无所知、没有一点兴趣。后来思想上发生了转变，我才下决心要更多地掌握造纸的专业知识。1962年，偶遇机缘，促使我要用心把中国的传统手工纸“拿下”。然而，一旦着手研究中国的古纸和手工纸，所遇到的困难是很大的。但我不辞劳苦，努力拼搏，花去了不少精力和时间，积累了大量的中国古代的造纸资料。

那时候在我国造纸界“重眼前、轻过去”的思想（“厚今薄古”的想法）相当严重。对古纸和手工纸有兴趣或比较熟悉的人寥寥无几，形成一个极端残缺的技术“网络”。这是由于造纸业受到20世纪50年代“一边倒”的影响，“识时务者”为琢磨生计、学习先进、响应号召等因素，绝大多数的人都热衷于去搞机制纸的生产技术，而使我国的传统造纸技艺——古纸和手工纸以及纸文化，遭到了冷落甚至被遗忘，处于岌岌可危的境地。如若再不觉醒，手工造纸将会毁灭在我们这一代人的手里，那将要跪泣于祖先，抱愧于后辈。因此，我们有责任挺起胸膛、发愤图强，努力地为传承中华民族的优秀文化遗产做一些力所能及的工作。

研究古纸是一件很艰辛的工作。从事这项工作必须做好充分的思想准备，我总结为：一是钻故纸堆费时费力；二是稍不细心容易出错；三是没有直接的好处和经济效益；四是得不到有力的支持；五是坐冷板凳甚至遭受别人讽讥；六是难以取得成绩及成功。因此，其后果是："花时间，路漫漫兮；费大劲，苦凄凄哉。"如果你有信心、有决心和有毅力，那么就要不计得失，丢掉"包袱"，昂首挺胸，迈开大步向前走。

中华民族传统文化的历史十分悠久。作为世界非物质文化遗产、中华民族优秀传统文化中的一个重要组成部分的古纸和手工纸，随着时光的流逝在人们日常生活中渐渐淡出，在社会上也缺乏应有的关注。保护优秀的民族遗产和传统文化，就是守护中国人民的悠久历史和美好家园。我认为，研究古纸的原则是：不要就古说古，而要说古论今，尽量与现实联系起来。我之所以撰写和发表这一系列的古纸研究文章，其目的：一是传承；二是借鉴；三是启示；四是有条件时发展。

以上四点，就是我对研究古纸的肤浅认识，但可从中足"见吾侪于学问之追求也"。由于在过去出版的纸史类书的考证中，尚有若干缺点和不足之处，本书撷取了一些新资料以新观点得出新结论。因此在书名上增加了"新考"二字。当然，在本书的各节论述中，难免会有不妥、瑕疵、错误等问题。希望得到读者诸君的批评和教正。

是为代序。

刘仁庆

农历癸巳（2013年）·春日

于北京花园村

第一章 汉代古纸

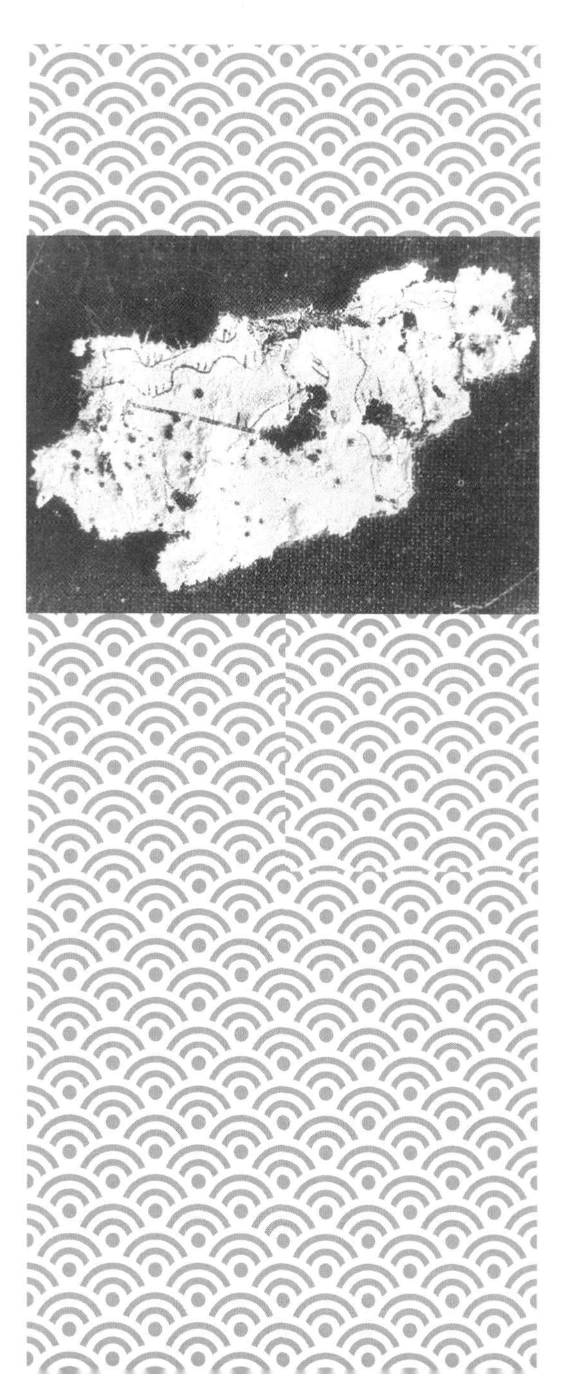

第一节
纸字的出现和讨论

一、纸字起源

中国是世界上最早发明造纸的国家。不论是历史典籍还是考古发掘都证明了：早在汉代，我们已经发明了造纸术。不过，首当其冲的是：如何认识和理解“纸”字；还有对于我国造纸术的发明时间及发明人，学术界从古到今一直存在着两种完全不同的看法。仅从20世纪50年代中期算起，两派（一派坚持“东汉蔡伦发明造纸”、另一派认为“造纸起源于西汉”）就发生大争论五次，前后时间长达60余年[①]。双方各执己见，无法达成共识。本文拟从汉字“纸”字说起，结合典籍记载、考古发掘等方面，摆事实，谈想法，共同分析其中的论据，百家争鸣，寻求真理，不急于匆忙下结论。

按照“存在决定意识”的观点，必须先有“物质”（东西），然后才会有名称（文字）。抚今追昔，最早的中文的这个“纸”字究竟是什么时候出现的？查阅现有的我国出土的商朝甲骨文、西周青铜器上的铭文和春秋战国时期简牍上的籀（zhòu）文，都没有发现“纸”

① 李杨. 纸史公案60年[J]. 看历史，2011（7）：89-103.

字。[1]

从古籍（包括竹简）中寻找，最先记有“纸”字的大约在西汉前期。此后，纸字逐而多次被浮现出来。汉代用纸的记载，史不绝书。例一，据《唐类函·三辅旧事》一书记载：西汉征和二年（公元前91年）有一天，汉武帝刘彻（前140—前87在位）生病。他的长子——戾（lì）太子（刘据）大鼻，其貌不扬——想进内宫探望父亲，却又犹豫不定。有个名叫江充的幕僚，建议卫太子“以纸蔽其鼻”入宫。在病榻旁，汉武帝问起卫太子为何那般模样，听后大为生气，下令把卫太子轰出宫去。此事发生在西汉武帝征和二年（前91年），这时已经明确地写就有用纸遮鼻了。例二，据《汉书·外戚传》一书记载：西汉成帝元延元年（公元前12年），皇帝宠妃赵飞燕的妹妹被封为昭仪。她要陷害宫女曹伟能，派人赐给她一个小匣子，里边拿两张“赫蹏”（xì tí）包毒药，还在上面写字：告伟能，努力饮此药，不可复入。女自知之。赫蹏是什么东西？2世纪末东汉人应劭注释道：“薄小纸也”。例三，据《风俗通》一书记载，建武元年（公元25年）冬，汉光武帝刘秀（25—57年在位）由长安“车驾徙都洛阳，载素、简、纸经凡二千辆”。这段话的意思是，搬迁缣帛、竹简和纸张写的书，大约用了2000辆车，其数量相当可观。这里清楚地说明了有素（帛）书、（竹）简书和纸书，分别装车运走。故在汉初纸张已经是三种书写材料之一了。例四，据《后汉书·贾逵传》一书记载：建初元（公元76年）诏逵入讲北宫白虎观、南宫云台，帝善逵说……令逵自选，诸生高才者二十人，教以《左传》，与简、纸经传各一通。由此说可知，东汉初年仍在继续用纸来抄写经籍。例五，由东汉人许慎（约58—147）编纂的《说文解字》是我国第一部汉字字典，成书于100年。其中收录有对“纸”字的注释：“纸，絮一苫（shàn）也（还有另字，笘也。苫、笘相同）”。由以上引用的史料证明：汉代有纸和

① 刘仁庆．纸的发明、发展和外传[M]．北京：中国青年出版社，1986：31．

用纸的时间早于蔡伦献纸（105年），甚至超过了三百年。

可是，有人指出：以上所说蔡伦之前已有的“纸”，实际都是指缣帛或丝絮纸[①]。这是因为他们在阅读文献时未加“甄别”，误认为蔡伦以前就有纸，并且把古书上的幡纸、赫蹏、薄小纸等统统地与“蔡伦以后的纸”画等号，由此得出“纸非始于蔡伦”的结论。这段话的根本的意思，就是以蔡伦在公元105年为起点来“划线”，先入为主地把蔡伦前后的“纸”字截然分开，并以为只有蔡伦造的纸才是植物纤维纸——即真正的纸。其他的都不是“真纸”。这就是他们对待古书上纸字的理解。

二、西汉竹简上有纸字

可是，在考古发掘中出现了一件很有意思的事，那是1930年至1931年间，由中国和瑞典组成的西北联合科学考察团在“居延”地区（今内蒙古的额济纳旗），挖掘出土了一批汉代竹简，被命名为居延汉简。在这批起自西汉汉武帝刘彻太初三年（前102年），迄于东汉汉光武帝刘秀建武七年（31年）、中间间隔长达一百三十多年的古文献中，在其（居延汉简考古）编号为 306.10 的简上，从发掘后在

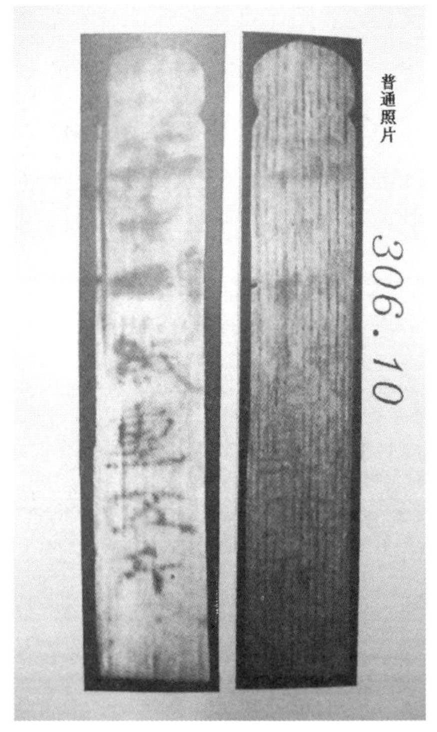

图1-1　西汉竹简上的“纸”字（编号306.10）
（左）红外线照片纸字显示明显
（右）普通照片字迹看不清楚

① 王菊华．中国古代造纸工程技术史[M]．太原：山西教育出版社，2005：42-43．

时间相隔六十多年之后，终究于1998年利用红外线拍照，居然发现有一条写着“纸”字的记载是“五十一纸重五斤”（图1-1）。该图的左边为红外线扫描影像照片；右边为汉简的原件普通照片[1]。它的发现带有点传奇色彩，此竹简上的纸字证明了：在书写材料以简牍为主的时候，还存在着与其相并行使用的纸。如果那时的纸就等同于缣帛，两者是没有区别，那又何必多此一举呢？所以，这一个照片有力地表明了这是在蔡伦之前就有了纸的确凿证据。

不仅如此，在一些考古论著中也有谈及早在西汉时关于纸字的研究，如陈直教授在《居延汉简研究》一书中介绍[2]：在简释文114页有“官写氏（zhī）”、404页有“二氏自取”、507页有“氏□十八出氏□正起□一页”（□为空缺字），可以互证。注意，“氏”应释作纸字的省文。此简为西汉中晚期，这是古代西北部边境地方已开始用纸的明确记载。

由此可知，从竹简方面也可认知这个事实：在西汉时，社会上是有纸的、人们也是在用纸的。这种纸绝不是缣帛的代名词。

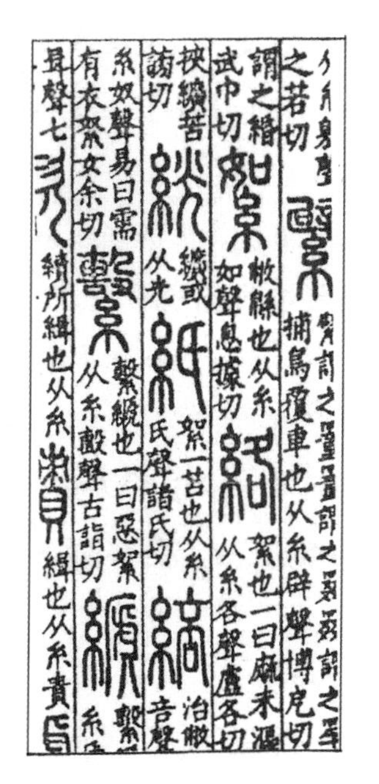
繴 捕鳥覆車也从糸辟聲博戹切
絮 敝緜也从糸如聲息據切
絡 絮也一曰麻未漚也从糸各聲盧各切
紙 絮一苫也从糸氏聲諸氏切

图1-2 《说文解字》（100年成书）上的纸字

三、造纸与漂絮法

在东汉文字学家许慎撰写的《说文解字》的第13篇中，对纸字的解释是（图1-2）：“纸，絮一苫（shàn）也，从糸（mì）氏声诸氏切”。苫与箈同，又说：“箈，敝絮

① “中央研究院”历史语言研究所．居延汉简补编[M]．台北，1998：

② 陈直．居延汉简研究[M]．天津：古籍出版社，1986：138，610．

篑（kuì）也。”再说：“潎（liàn），于水中击絮也。”对于这三段文字，后来清代的段玉裁（1735—1815）在《说文解字注》一书中加以如下说明：按造纸仿于漂絮，其初丝絮为之，以笘荐而成之。这就是说，初期造纸以“絮”为原料，以笘为工具，以潎为方法，以方为成品（形状）。因此，推知最初的造纸术起源于漂絮法。原料也由丝变成为麻（纤维）。

漂絮法早见于战国（前475—前221）时代，《庄子·逍遥游》中说：“宋人有善为不龟手之药者，世世以洴澼洸为事”。意思是宋国人（今河南商丘以东，江苏铜山以西一带）多以漂絮为业，能做防手龟裂的药。其中的洴（píng）是“浮”之意；澼（pī）是“漂”之意；洸（guàng）是“絮”之意。简单点说，实际上就是把丝绵泡在水里，反复地捶打成丝絮，浮上水面集合起来做成丝绵。这种方法从嫘祖养蚕缫丝开始，在我国流传的时间已经很久了。不过，只有当漂絮法与“沤麻”技术相结合之后，人们把漂絮过程中的经验（如使用木棒和篾席的操作）和沤麻实践中的体会加以融会贯通，又从某些自然现象中得到启发——比如山洪爆发或河水猛涨时，把朽化植物的皮叶或藓苔冲流、汇集到岸边或石头上，取下来晒干便成了一层薄片。这可能是早期纸的雏形。

生产实践和自然现象的反复启示，终于使古人产生这样的联想，不用长纤维的经纬交织，只要利用水的力量，就可以让短纤维交错地制成具有一定韧性和强度的薄页。以后，古人逐渐利用废旧麻类，并从漂絮法中借鉴了木棍捶打和篾席漏水两种方法，终于成功地造出了世界上第一张麻纸。

从纸字的出现，再到造纸术的完成、定型，以及其后纸的推广、应用，中间经历了漫长的时光，付出了艰辛的劳动。因为纸张本身不是“天然物质”，而是借助科技手段制得的“人造物质”，它为人类社会的文明做出了杰出的贡献，所以才能被誉为当之无愧的中国“四大发明”之一。

第二节
文献古纸与出土古纸

从造纸史的角度上说，我国的汉代古纸大体上可以划分为两大类：一类称为文献古纸，即古书上记录的纸名；另一类称为出土古纸，即考古发掘获得的古纸实物。史书上记录的汉代古纸名目不多，且寥寥数字，语焉不详。据查，在汉代仅有蔡侯纸、左伯纸两种而已。

然而，自20世纪初叶以来，随着近代考古学的发展，在我国的西北部地区发掘出土的西汉、东汉时期的古纸已达9种。这些考古发掘遗物与历史文献记载，可以互相印证、彼此对应，从而才能科学地还原古纸的原貌。

一、蔡侯纸和左伯纸

（1）蔡侯纸

据《后汉书》记载，“自古书契多编以竹简，其用缣帛者谓之纸。缣贵而简重，并不便于人。伦乃造意，用树肤、麻头及敝布、鱼网以为纸。元兴元年（公元105年）奏上之，帝善其能，自是莫

图1-3 蔡伦画像（近代孙传哲绘）

不用焉，故天下咸称‘蔡侯纸’。”由此引文说明两点：一是蔡侯纸系蔡伦所造；二是该纸系采“用树肤、麻头及敝布、鱼网”为原料。蔡伦（62—121年），字敬仲，汉族，桂阳（今湖南耒阳）人（图1-3）。东汉宦官，享年59岁（这是按照汉朝征选太监的规定和蔡伦死时的年龄推算出来的，并得到宋代洋州刺史杨从仪《汉龙亭侯蔡公墓碑》上碑文的旁证）。因当时使用的书写材料：丝帛太贵、竹简太重，十分不便。于是，蔡伦经过调查研究，在邓皇后的支持下，运用宫廷的财力和人力成功地抄造出了“蔡侯纸”（Ts`ai Marquis Paper）。

又据《后汉书·邓皇后绥纪》记载，永元十四年（102年）邓绥授封即位，在这以前，“万国贡献竞求珍丽之物，自后即位，悉令禁绝，但供纸墨而已”。这条记载在年代上说明早于蔡伦献纸于朝廷的元兴元年（105年）之前，东汉早已有了纸。又《后汉书·百官志》载，少府守宫令“主御纸笔墨及尚书财用诸物及封泥”；尚书令有丞“假署印绶及纸笔墨诸材用库藏”，等等。可见，汉代宫廷内有专门掌管纸墨的官吏。

从《后汉书·蔡伦传》的记载中，我们能够推论并且了解到：第一，蔡侯纸的原料是丰富的（不是单一，而有多种）。他用树皮、废麻、破麻布、旧鱼网做原料，价钱低，来源广，能充分供应。第二，蔡侯纸的制法是先进的（相对于西汉而言）。上述四种造纸原料如果不通过一系列加工是很难分离成单根纤维的，比如对榖（即楮，或简化为构、谷）树就要经过剥皮、沤泡、蒸煮、捣打、抄造等工序，方能成纸。第三，蔡侯纸的质量是不错的（已由杂用转入书写阶段）。经过多道工序处理后抄制出来的皮纸或麻纸，质量要比当初的一般麻纸高。同时，献给朝廷的“样品纸”一定会更为精良。遗憾的是，那时的蔡侯纸到底什么样子，却无从知晓。仅留下若干不甚具体的文字描述，难以再深入地研究下去。

（2）左伯纸

左伯（210—220在世），汉末学者。按照唐朝人张怀瓘（686—758在世）在《书断》卷一中介绍：“肖子良答王僧虔书云，左伯，字子邑，山东东莱（今山东掖县）人……擅名汉末。又甚能作纸。汉兴有纸代简，至和帝时，蔡伦工为之，而子邑尤行其妙”。又记：“左伯之纸，研妙辉光”。左伯自幼勤奋好学，善于思考。他在精研书法的实践中，深感“蔡侯纸”的品质还可以再加以提高，于是总结蔡伦造纸的经验，改进造纸工艺，采用新的造纸操作。所造的纸光亮整洁，适于书写，深受当时文士们的欢迎，被人称为“左伯纸”（Zuo Bo Paper）。

左伯对造纸的贡献在于，他不满足前人的作为，要在原有的基础上进一步改革、提高。对左伯纸的“研妙辉光”的评价，其“研妙”可以解释为纸中的纤维组织匀称细密；“辉光”则是表现出纸具有光泽鲜明的性能。由此推知，左伯纸比前期的蔡侯纸肯定是又有了进步。故后人有诗曰：“径丈万夫势，千言方寸中。锋呈左伯纸，名满大江东。”精于书法的史学家蔡邕（133—192）则“每每作书，非左伯纸不妄下笔”，足见“左伯纸”声誉之高。可是左伯纸到底是用什么原料？采取何种工艺？却未有记述，故不得而知。

为什么古籍上记录汉代纸的文字如此之少？究其可能原因，第一是，这个古老的造纸技艺在封建社会制度下，是不被人重视的，属于“雕虫小技”之列，所以很少有人着笔记载它，不能永存于世。第二是，纸是低质易耗品，怕火怕水又怕撕，不易长久保存。只是对用纸写的重要资料或印刷的珍贵书籍除外，一般是随用随弃，故不被人载于史册。

至于东汉蔡伦发明造纸之说，自唐代起有不少人曾提出异议。例如，唐朝人张怀瓘在《书断》中写道："汉兴，有纸代简。至和帝时，蔡伦工为之。"北宋人司马光（1019—1086）在《资治通鉴》中批注道："……俗以为纸始于蔡伦，非也。"宋朝人顾文荐（生卒年不详）在《负暄杂录》中提出："盖纸旧亦有之，特蔡伦善造尔，非创也。"南宋人史绳祖（1241年在世，生卒年不详）在《学斋拈毕》中认为："纸笔不始于蔡伦、蒙恬……但蒙、蔡所造精工于前世则有之，谓纸笔始于此二人则不可也。"明朝人方以智（1611—1671）在《通雅》纸条中说："古以捣絮，汉和帝时，蔡伦始用树肤及敝布、鱼网为之，不始于蔡也。"清代人祁骏佳（生卒年不详）在《遁翁随笔》中记述："史称东汉和帝元兴时蔡伦造纸……定知纸非始于蔡伦，然伦所制纸沿袭故法而更加精，是以传其名耳。"

由此可见，很早以来，人们对于"纸"的理解就很不一致。于是乎以后便发生一系列的争论。

二、七种西汉麻纸

自20世纪初叶以来，在我国大陆的西北部地区考古发掘工作中，多次出土了汉代——西汉、东汉早期的 9 种古纸。现在按时间顺序，先将出土的西汉麻纸简介如下：

（1）西汉麻纸计有7种：①罗布淖尔纸：1933年，考古学家黄文弼（bì）在新疆"罗布淖尔"汉代烽火亭遗址发掘出了一片残损的古纸，约4cm × 10cm（原文发表时将尺寸单位排错成了毫米，后更正），纸上无字。"麻质，白色，作方块薄片，四周不完整"，

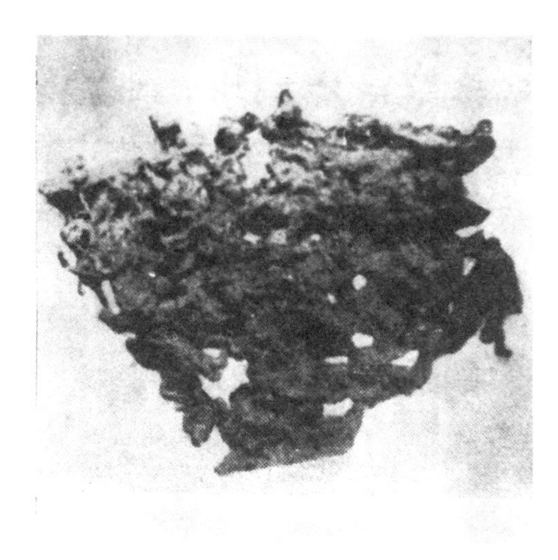

图1-4　罗布淖尔纸

“质甚粗糙，不匀净，纸面尚存麻筋，盖为初造时所作，故不精细也”。按此纸出罗布淖尔古烽燧亭中，同时出土者有黄龙元年（公元前49年）之木简，为汉宣帝年号，故黄文弼认定“此纸亦为西汉故物也”，遂因地取名，被称为罗布淖尔纸（图1-4）可惜的是，原件在1937年“长沙大火”中被烧毁了①。

②灞桥纸：1957年，在陕西西安市郊灞桥工地上，发现一座南北穴的墓葬（施工中有破坏），由陕西博物馆程学华等进行清理，出土了铜剑、铜镜、铜钱、曲身石卧虎、带足白石条纹盘、彩绘陶钫、陶鼎、陶罐、残铁灯等一批文物。在三面铜镜的下方发现了一些古纸，

图1-5　灞桥纸

① 黄文弼．罗布淖尔考古记[J]．中国西北科学考察团丛刊，1948年版．

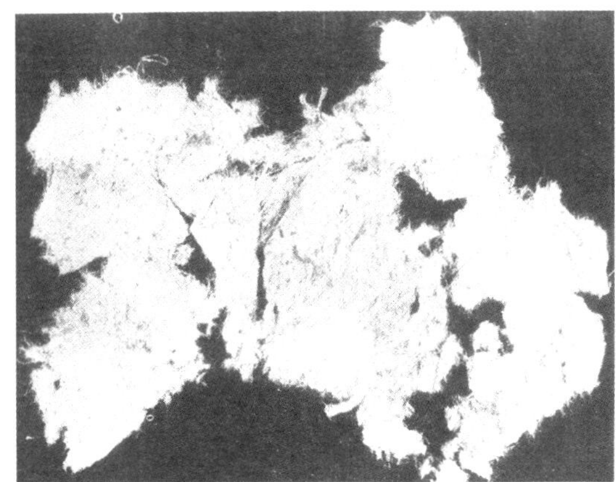

图1-6　金关纸

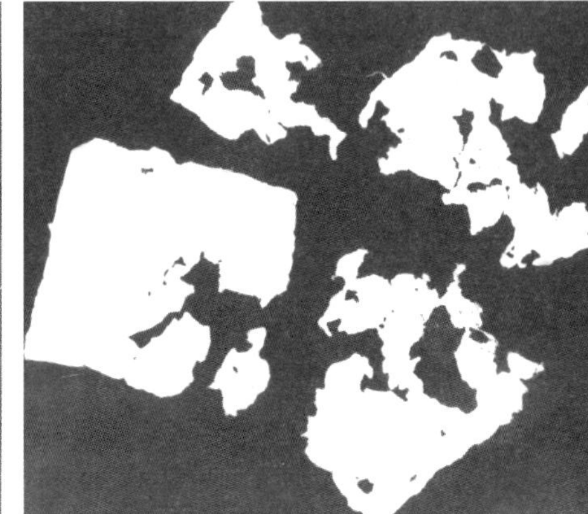

图1-7　扶风纸

大小不等共88片，麻质，无字。从出土的器物来看，该墓葬的年代不会晚于西汉武帝时期。它们被称为灞桥纸（图1-5）。此纸现收藏陕西省博物馆①。

③金关纸：1973年，居延考古队对居延破城子等三处的汉代遗址进行了发掘。在甘肃肩水金关地区，获得木简1万多枚。同时还先后发现两片古纸，出土时揉成一团，经展平后，一张纸为21cm×10cm，色白，纸面薄匀，一面平整，一面稍起毛，质地细密坚韧，含有细麻线头。同一处出土的木简最晚年代是宣帝甘露二年（前52年）。另一张为11.5cm×9cm，暗黄色，纸面稀松，含有麻筋、线头和碎麻布片等。出土地层系哀帝建平元年（公元前6年）以前。上述两种麻质纸，无字，后被命名为金关纸（图1-6）。此纸现收藏于甘肃省博物馆②。

④ 扶风纸：1978年，陕西扶风县太白公社长命寺大队中颜生产队，在配合农田基本建设工程中，清理了汉代窖藏一处。出土了铜器、麻布、麻纸等文物90多件。其中有揉成团的古纸，经展平后，最大一块纸的尺寸为6.8cm×7.2cm，其余几块的面积较小不等。这些古

① 田野（即程学华）．陕西省灞桥发现西汉的纸[J]．文物参考资料，1957（7）．

② 甘肃居延考古队．居延汉代遗址的发掘和新出土的简册文物[J]．文物，1978（1）．

纸呈乳黄色，无字，原料为麻纤维。从出土文物来看，窖藏时间当在西汉平帝（5年）之前。此纸被称为扶风纸（图1-7）或中颜纸[①]。

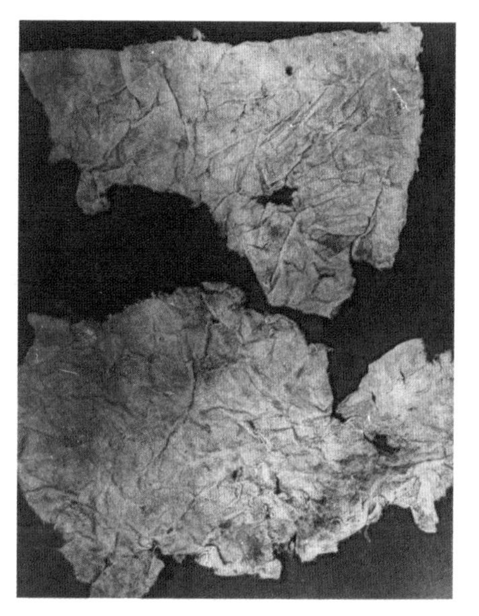

图1-8　马圈湾纸

⑤马圈湾纸：1979年，由甘肃省博物馆等三个单位联合组成的“汉代长城调查组”，在甘肃敦煌马圈湾遗址试掘工作中发现了一些古代实物。这些物品绝大多数是在该地长期生活的士吏和戍卒抛弃的。其中有麻纸8片，或黄色、白色，无字，质地细匀，边缘露麻纤维，出土时大多已被揉皱。最大的一片纸为32cm×20cm，同时出土的木简，最早为西汉宣帝元康年间（前65—前61），最晚是甘露年间（前53—前

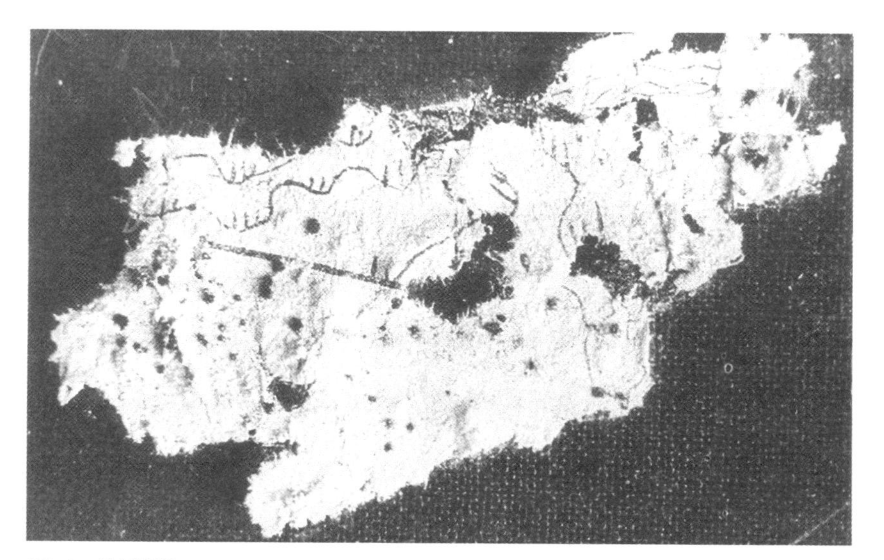

图1-9　放马滩纸

① 罗西章．陕西扶风中颜村发现西汉窖藏铜器和古纸[J]．文物，1979（9）．

图1-10　悬泉置纸及发掘现场

50年）。它们被命名为马圈湾纸（图1-8）。此纸现收藏甘肃省博物馆[1]。

⑥放马滩纸：1986年，在甘肃天水市郊放马滩修建房舍时发现了古墓葬群。经了解后发掘古墓14座，出土了文物400多件。其中有竹简、木板地图等，还有纸本地图一幅。其面积为5.6cm × 2.6cm，出土时呈黄色，后褪色变为浅灰色，纸面平整，有用细黑线绘出山川、河流、道路等。而此墓的时代当在西汉文景时期（前179年—前141年），遂被称为放马滩纸（图1-9）。该纸残片纸面平整光滑，纸上有用细墨线勾画的山川道路图形，是目前所发现的世界上最早的一张纸地图。此纸现收藏甘肃省文物考古研究所[2]。

⑦ 悬泉置纸：又称敦煌悬泉置纸。1990年，甘肃敦煌悬泉置发掘出一大批残纸文书，据报道古纸约460件（页）均为麻质，颜色有8种（黑色厚、黑色薄、褐色厚、褐色薄、白色厚、白色薄、黄色厚、黄色薄），有写字或无字的。从木简上的记录看，年代由西汉元鼎至东汉建武，乃至“永初以后消失”，时间跨度很大。专家们正在整理研究，这是考古史上古纸又一次重大发现（图1-10），通称悬泉置纸。

① 甘肃省博物馆，敦煌县文化馆．敦煌马圈湾汉代烽燧遗址发掘简报[J]．文物，1981（10）．

② 甘肃省文物考古研究所．甘肃天水放马滩战国秦汉墓群的发掘[J]．文物，1989（2）．

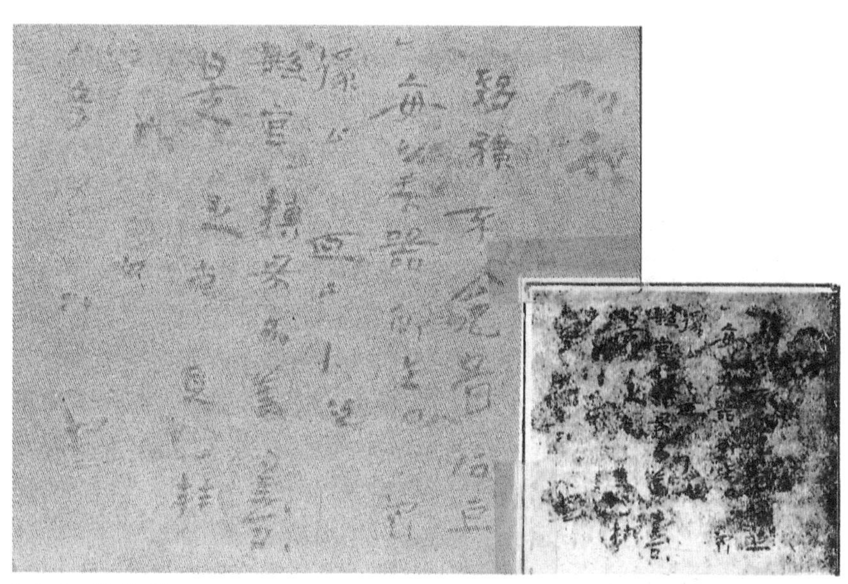

图1-11　额济纳纸

这些纸现收藏敦煌博物馆[1]。

这些出土的西汉麻纸中纸面无字的有5种；有字、有图的2种，共7种。它们中的绝大多数都经过了纤维化验及有关测定，包括纤维形态、电镜摄像、化学微量分析等（下边将进行讨论），且有原物存在，这是不可争辩的事实。

三、两种东汉麻纸

出土的东汉麻纸不多，仅有2种：

①额济纳纸：1942年，由劳幹（gàn）和石璋如在甘肃额济纳河汉代居延地区发现一张麻纸，已经揉成团，纸上有字（残缺）。"这张纸是粗厚而帘线不甚显著"，曾请原同济大学生物系主任吴印禅鉴定，系植物纤维所作。因为"这一张纸既然和永元木简埋在一个地

① 甘肃敦煌汉代悬泉置遗址发掘简报，敦煌悬泉汉简内容概述[J]. 文物，2000（5）.

图1-12　旱滩坡纸

方，它的时代也是暂定为永元十年（公元98年）的前后（即下限）”。后来劳幹又补充说：“上限可以溯至西汉昭帝刘弗陵和宣帝刘询时期。”所以，此纸被命名为额济纳纸（图1-11）。为避免争执，我们取下限，列入东汉故物[①]。

②旱滩坡纸：1974年1月8日，当时的武威柏树公社桥儿大队社员在旱滩坡修水利时，发现一座汉墓，从中出土有木俑、牛车、木盒，陶器、剪进五铢钱等。有趣的是，在木牛车模型上黏附有带字的古纸（图1-12），被命名为旱滩坡纸。考古工作者根据对墓葬和出土器物形制的考察，断定该墓属于东汉晚期，即公元2世纪后半叶。旱滩坡纸出土后，已裂成一些碎片，最大的约为5cm×5cm，存在于木牛车车箱两侧，三层纸粘在一起，纸上有较大的汉隶墨迹，明显可辨者有“青贝”等字[②]。

由于出土的东汉麻纸不涉及蔡伦发明造纸的问题，因此对它们的研究不被重视，仅是在纸的原料、外形等方面做些定性的描述。例如，据报道旱滩坡纸的原料为麻类，纸质细薄（厚0.07mm），表面平滑；纤维束少见，有很少较细的纤维束；纤维组织紧密，分布匀细；纤维帚化度较高，细胞遭强度破坏；透眼小而少；大部分呈褐色，老

① 劳幹. 论中国造纸术之原始[M]. 上海：商务印书馆，1948.
② 党寿山. 甘肃武威县旱滩坡东汉墓发现古纸文物，1977（1）.

化程度大，少部分呈白色，有柔软性；可用于书写。旱滩坡纸的这些特点，一眼就可看出质量之高。从这里可以推知，在造纸过程中对破麻布、绳头等原料，已采取碱液蒸煮、精细舂捣，反复漂洗等工序，制成分散度较高的纸浆，再用滤水性好的细密抄纸设备抄造出来的。

我国西北地区多次出土了西汉时期的麻纸，绝非偶然，因为该地区气候干旱，地下水位低，墓葬中的器物（包括麻纸）不易受水浸湿而腐烂，古纸才得以保存下来。这些出土的西汉麻纸，多数都经过了纤维化验及有关测定，包括纤维形态、电镜摄像、化学微量分析等，且有原物存在，这是不可争辩的事实。但是，也有人认为这些都不能称为“纸”，而是一些麻絮被压扁而形成的，或者说是纸的“雏形”，等等。

上述麻纸的出现，在学术界引起轩然大波，由此引发不同学术观点的几次大争论，截至目前仍在继续地探讨之中。他们见仁见智，各抒己见。这些探讨和交流，标志着我国的文化复兴迈出了新的步伐，这是一件值得鼓掌的好事。至于学术界的争论，暂先不做孰对孰错的结论，让历史作证吧。

第三节
两汉麻纸的分析比较

对待两汉（西汉、东汉）时期的麻纸，要用历史眼光去分析比较。它们在原料、制法、品质等方面到底有些什么变化？因为史籍上没有记载，所以只好借助已知的西汉麻纸和东汉麻纸取其代表纸样来进行分析对比。

一、原料选用

从造纸原料方面说，迄今所知，出土的两汉古纸都是采用麻类纤维抄造而成的。它们主要是大麻，也有苎麻。当然都是一些废旧的麻制品。古纸化验的结果跟典籍记载的基本相符。由此可知，两汉期间的造纸原料没有多大变化。例如，1957年被发现的灞桥纸、1973年出土的金关纸、1974年被发现的旱滩坡纸、1978年出土的扶风纸、1979年被发现的马圈湾纸、1986年出土的放马滩纸、1990年被发现的悬泉置纸，等等。它们的原料都是麻类纤维。根据在光学显微镜下比较观察了灞桥纸纤维与大麻（*Cannabis sativa* L.）韧皮纤维，获知大麻韧皮纤维的平均长度为12~25mm，宽度为19.6μm，长宽比为953。同

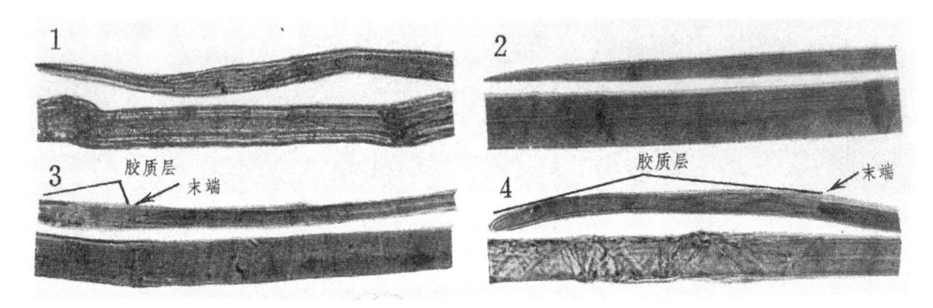

图1-13　古纸纤维的对比分析
［1.灞桥纸纤维；2.大麻韧皮纤维；3.南宋绵纸纤维；4.桑皮纤维（均取纤维末端和中段×400）］

时灞桥纸纤维与大麻韧皮纤维的特征很相近，即细胞壁较厚，胞腔较窄，纤维末端细长，顶部为钝形（图1-13）。又对其化学成分：纤维素含量（49.51%）较高，而木素含量（4.03%）和果胶含量（2%）都较低。因此，不需要特别激烈的化学条件（强碱或强酸），纤维即可分离成浆。这可能就是古代早期优先选择大麻作为造纸原料的主要的原因。应当指出，这两种纤维之所以略有差异，是由于在造纸过程中纤维原料经受了化学和机械的处理作用而产生的。因此，灞桥纸所用原料是大麻韧皮纤维[①]。

二、制造方法

通过对出土古纸的研究，从工艺制法方面说，我们了解到西汉麻纸是经过切、沤（或者煮）、捣、抄等几项基本的造纸工艺、专门加工制成的。例如，通过激光显微光谱分析测定，发现灞桥纸中含有的化学单质有：铜（Cu）、钙（Ca）、铝（Al）、镁（Mg）、硅（Si），其中尤以钙和铜的相对含量较高，其比例为1∶1。与此同时，还测定了清乾隆时期的宣纸、1974年北京《人民日报》所用的52g/㎡新闻纸，都没有相应的谱线出现（图1-14）。由激光显微光谱

① 刘仁庆．中国古代造纸史话[M]．北京：中国轻工业出版社，1978：88．

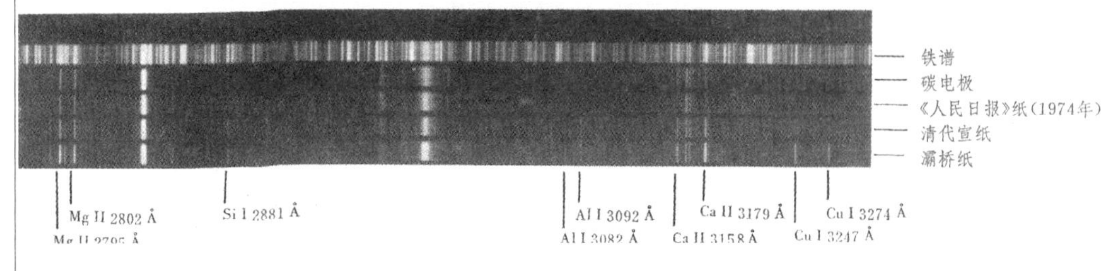

图1-14　灞桥纸等的激光显微光谱分析图

显示①灞桥纸中的钙含量较高，证明在制浆时采用了石灰沤麻法，以脱去大麻的胶质促进纤维的离解。因为这种古老的方法制浆条件缓和，对纤维的损伤较小，所以纸边纤维完整。从纸中残留的镁、铝、硅等无机元素，说明了灞桥纸纤维曾经受过石质器具的撞击，很有可能是借用农业加工的碓舂，来代替打浆工序。东汉麻纸也是采取同样的加工方式而得到的产品。本质上几乎一脉相承，外观上两者差别不大。

此外，西汉时期，造纸术还处在初创阶段，生产工具和设备刚从漂絮法脱胎出来，大部分依赖农业器械，加工过程还嫌粗糙，例如在西汉灞桥纸的化验中还见到没有切断的麻线头，纸的品质还不能令人满意。到了东汉，生产水平提高了一些，或许器械、设备也有所改进。例如，东汉旱滩坡纸的匀度就好了许多。由于古代手工造纸技术操作是个经验积累的过程，因此东汉比西汉的造纸操作有较大改进，是合乎逻辑的。

三、成纸品质

从成纸品质方面说，西汉麻纸的匀度不大好，厚薄相差较大。灞桥纸经L.M.自动测厚仪测定，其厚度为0.139mm，比今天的52g/m²

① 刘仁庆，胡玉熹．我国古纸的初步研究[J]．文物，1976（5）：74-79．

新闻纸（厚度为0.09mm）稍厚。由于大麻韧皮纤维的质地粗糙，早期的打浆作用有局限，因此纸的匀度、纤维交织状况不够理想。但是纸页仍然有一定的牢度，绝不是麻絮的堆积物。灞桥纸出土时已成残片，原来的尺寸大小尚难确定。又对1978年出土的扶风纸进行分析，得知此纸内含有较多的麻类纤维束及未打散的麻绳头。这张属西汉中期的产品，质量仍然没有突出的改进。

如前所述，西汉纸多出自民间，很可能多做杂用。而东汉麻纸有官府投资，实力较强，成纸的品质自然较好，可以多用于书写。事实上，纸张在书写上占有主要地位，那还是东晋（4世纪）以后的事。东汉麻纸比西汉麻纸的品质好些、用于书写上多些（两汉期间仍然是简、帛、纸三种书写材料并用的时候），这是生产发展的必然结果。

总的来说，两汉时期造纸技术的原理是相同的。工艺上也没有发生根本改变。但是，这些纸质地还较粗糙，结构也较为松散，制造技术明显处于初级阶段。同中国古代的其他发明创造一样，造纸术并不是蔡伦个人的突然发明，西汉植物纤维纸为蔡伦造纸打下了基础。可以见到造纸技术发展的连续性、阶段性和演进性。

第四节
学术之争不忙下结论

一、现况

纸史研究中的第一个学术问题是：对于“造纸术发明人是否蔡伦”的争论。半个多世纪以来，打笔墨官司旷日已久，学术界也一直未能达成统一意见。坚持“蔡伦造纸”的学者认为，中国的重大历史问题不应轻易去否定。而考古界则认为：探讨这类问题究竟应该以什么作为检验真理的准则，是实践还是文献？在考古实践与文献记载发生矛盾时，是以考古事实修正文献记载，还是因文献而否定考古发现？

关于造纸术的起源问题，人们长期以来一直没有找到满意的答案，分析其原因，主要有三：其一，没有弄清究竟什么是纸？怎样理解古书中所记载的纸。其二，长时间以来，人们一直看不到早期的原始纸，因而也无法对它作科学的研究。其三，在没有早期的实物样本纸以前，人们只能求助于古书中的文献记载，来探讨造纸术的起源问题。有些古书往往由于前述两种原因，还存在着种种不正确的记载和解释。又由于目前的考古发现拿不出一张所谓蔡伦造的纸，因此无法得知蔡伦发明的造纸术究竟达到了什么水平。

无论如何，造纸术是中国古人的伟大发明，这一点是确定无疑的。至于具体是谁发明了造纸术，是蔡伦还是蔡伦之前的人，还需要更多的实证来加以研究认定。我们希望，终有一天关于“蔡伦造纸”的争论可以有一个结论。然而，另一派专家则对这些纸出土的古墓或遗址的年代以及出土的是不是真正的纸提出质疑。他们认为，虽然在西汉时期中国已造出了植物纤维纸，但纸质地较粗糙，结构也比较松散，不能算做真正意义上的纸。而蔡伦对造纸术进行了重大的革新，才使纸的质量和产量有了大幅度的提高，成为今天中国人引以为豪的纸。因此，部分专家指出，蔡伦造纸向中国、向世界的推广普及做出了重大贡献，即使不是最早造出纸的人，却可以算做发明“造纸术”的代表人物。

回头想一想，如果没有20世纪初考古形成一门学科而兴起，如果没有以上那些古墓中出土了西汉纸，如果没有一些人士去研究，如果只根据史书上记载，相信蔡伦是造纸的发明者，自然而然地就没有所谓造纸发明问题的争论了。摆在我们面前的问题是，当考古发掘与史书记载发生矛盾的时候，你究竟相信谁？

我们对古墓中出土的东西，当然可以从不同的方面提出质疑。可是，我们也可以怀疑史书也可能有错记、漏记之处。在手抄古书的年代里，这种现象屡见不鲜，这就形成了日后在古籍整理方面出现了校勘学、训诂学等。

如果今后在西汉（甚至更早的年代）的古墓中，发现真正的纸。那就不必再争论什么了（但也难以肯定）。2002年9月1日，河北省迁安市有一位人士写文提出悬赏100万元，征求“记载西汉发明造纸的当朝文献”。因为据这位先生说，按照亚里士多德逻辑学来推理，他认为历史上的重大发明都有文献记载。西汉发明植物纤维纸是历史上的重大发明，所以西汉发明植物纤维纸一定有文献记载。并“附言：一、拙文渴望在全国报刊公开发表，但我郑重声明：稿酬分文不取。之所以如此，意在达到家喻户晓，人人皆知，使有志之士一露锋芒。二、百万悬赏，长期有效。三、不取稿酬的声明，永远不变。”（原文载《纸史研究》第18辑，2003年1月出版）直到今天10多年过去了，社会上毫无反应。谁能拿出西汉发明植物纤维纸的文献记载的证据来呢？有可能吗？叫人说些什么好呢？

如果西汉古墓中确实有纸，不过已经腐烂了。这叫人怎么能够说清楚呢？关键是我们怎么能够知道，以后在何处会发现什么古墓？古墓里还留下什么东西？能够找到真正的古纸吗？这些都是难以预知的。有人说：现代自由主义的精神核心，是宽容比自由更重要。没有宽阔的胸襟、没有包容的情怀，根本谈不上自由，更不会解放自己，甚至堕入黑色的深渊。因为我们每个人都可能受各种因素的影响，犯这样或那样的错误。我们所知道的一切，都是相对的、不真实的，甚至是错误的。所以，我们对待这样的争论，应有宽容的心态。不要强调唯有自己“掌握了真理”，是最正确的，对方是最错误的。殊不知，你永远不会知道，未来又将出现什么。

这里有两个概念是必须弄清楚的：一个是纸（张）；另一个是造纸术。前者是产品，后者是方法。一种产品可以有不同的品质，也可以用不同方法制造。而一种方法，则是加工过程。虽然步骤、操作可加改进，但基本原理应该是相同的。西汉初年的纸，推想比较粗糙，这可能与当时民间的技术、设备简陋很有关系。而东汉蔡伦利用皇宫的人力、财力，沿用民间的方法，同时加以改进，总结出了造纸术，从而提高了纸的品质，更利于书写。因此，能否认为：造纸起源是西汉先民的首先创造，造纸术则是东汉蔡伦总结后完成的发明。两者之间一脉相承，技术元素是一致的。或者换言之，造纸术是由中国汉代先民创造、蔡伦改进后而发明的。求同存异，大局一致，双赢和谐。这样一来，是不是就能够统一过去长期以来的争论？

二、讨论

鉴于对在汉代我国发明了造纸术这一大前提下，笔者觉得双方应遵守以下原则：第一是要平等协商。学术问题是一个认知过程，只有深浅之别，绝无对错之分。我们曾经站在不同的对立立场，采取非理性的态度，较劲于“我绝对正确”“你完全错误”。这种讨论方式，是没有办法进行下去的。

第二是要尊重科学。有人说，纸史既是造纸界的事，又是历史学界的事，同时也是考古学界的事，还涉及博物业、印刷业、包装业等多个学科，应该请大家来共同研究。听人说，造纸界中曾有人大谈古纸的断代问题，甚为滑稽。看了他们的文章后感到是不符合考古学的，因为他们对考古学的基础知识还未掌握，连内证、外证都搞不清楚。这种争论，毫无意义可言。

第三是要互相学习。由于纸史问题比较复杂，又加上“隔行如隔山”，因此各个学科的参与者，必须谦虚谨慎、戒骄戒躁，倾听不同的意见。要提倡百花齐放、百家争鸣，要鼓励和欣赏发表各种不同的观点和学说。

第四是要实事求是。实践证明，真理是愈辩愈明的。任何轻率随便、霸道武断、否定别人不同意见的做法，都是不可取的，我们应当引以为戒。在学者们的学术交流中要提倡“北京精神”（爱国、创新、包容、厚德），就是要提升自己的爱国情怀，增强自己的创新意识，拓展自已的包容心态，铸就自己的厚德品格。多一些互谅、互助和互勉；少一点嫉妒、仇视和报复。

近年来，每当有关于东汉前古纸的考古发现被报道后，就会引起学术界的广泛关注和激烈争论。在尚未取得共识之前，有的人在海外做演讲，宣布“蔡伦不是造纸术发明人”，中国于早东汉两三百年就有纸；也有造纸界人士召开“纪念蔡伦发明造纸术”大会，宣布蔡伦发明造纸被国际承认，没有任何持反对的声音。所以，肯定的一方和否定的一方，站在完全对立的立场上，欲要发生一场殊死的战斗。这是何苦呢？没有必要嘛。

我们知道，按照现代的定义：先进的、前人没有做过的和可以大规模生产推广的技术才可以叫作发明。偶然的事件和非正式启用是试验，是不能被称为发明的。蔡伦发明造纸技术是在前人的基础上经过改造后完成的。因此，在蔡伦之前出现过纸的雏形，甚至可以被认为就是纸，这也是可以理解的。肯定蔡伦“造意”了完善的造纸工艺，在历史的发展上可谓进了一大步，由此才说蔡伦“发明”了造纸术？

如果说古代的一项发明，很快就可以组织大规模的生产、推广，这是现代人的意识，不靠谱。实际上，在汉代发明造纸之后，无声无息地拖了约近两百年，纸的普及和应用，那是东晋安帝元兴三年（404年）以后的事。但是，从我国已经出土的灞桥纸、金关纸、扶风纸等西汉故纸实物，它们上面多是无字的，这又如何解释呢？这里可以考虑形式的移借、手法的创新和社会的认可。从漂絮法到造纸术的发明是一个渐进的过程，必然要经过非书写用途的中介物阶段，很可能西汉纸就是处于这种过渡状态。

这里，我们还应注意到一个历史现象，即纸张能取代竹简、木牍和缣帛是经历了数百年的历史时间。为什么呢？因为任何古代技术，都具有相当的保守性。不到危机程度相当严重时，是不会轻易退出历史舞台的。那么，纸的普及和原有书写材料的危机到底是怎么一回事呢？

众所周知，虽然汉代发明了造纸，而纸的普及却是发生在东晋、南北朝时期，滞后了很长一段时间。为什么呢？除了社会政治因素、经济文化因素之外，还有一个重要的自然环境因素。历史气象资料表明：从东汉末年开始，我国黄河流域天气日渐趋冷。直到公元四、五世纪前半期，寒冷达到顶点。这是近五千年来我国历史上最寒冷的时期。除极少数地区外，黄河流域大片竹林消失了。竹林的消失，直接危及到使用竹简书写的数量，竹资源的使用出现了危机。这诚如英国在16世纪时，以煤炭作为主要能源取代了木材（薪柴）的情形相类似。过去总以为原因是“煤贱木贵”，仅从经济上考虑，其实是大错特错了。恰恰相反，当初煤炭开采比木材砍伐的困难要多得多，运输储存的麻烦也大得多，故而煤炭的售价更贵。之所以把煤炭作为新型能源来大规模使用，是由于长期木材砍伐，造成了木材资源消耗太多，产生危机了。依同样的道理，我国古时中原各地竹林的大批消失，才迫使人们去使用和大量生产纸张。这不是价钱便宜或不便宜的问题，这是资源危机带来的必然结果。

当纸的大规模生产和普及推广蓬勃开展起来以后，纸价肯定会不断地向下跌滑。历史文献表明，唐宋时代，纸价已相当便宜了。这时，纸张已经广泛地渗透到社会思想文化以及百姓日常生活中去了。纸的黄金时代到来了。其后，中国的造纸术向东、向西传播到世界各地，让全人类共同享受这项科技成果。作为最早发明造纸术的炎黄子孙，难道不感到幸福、自豪吗？

附：蔡伦生平略表 （刘仁庆整理）

（1）公元62年（东汉明帝刘庄　永平五年）

* 东汉明帝刘庄，系东汉王朝之建立者、第一任皇帝——汉光武帝刘秀的第四子，初名阳。光武帝刘秀崩逝后，太子刘庄即位，为汉明帝。他是东汉第二任皇帝。

* 明帝刘庄即位后，沿袭刘秀强化皇权、加强中央集权等项制度，以刑理治国，以儒术为本。在他的统治下，天下太平，百姓殷实，是为东汉时的小康社会。

* 刘庄娶有东汉名将伏波将军马援的三女儿、20岁的马明德，入宫时初被封为贵人（后为皇后）。马贵人虽然得宠，但她毕竟没有生儿育女，立后之路困难。马明德的外甥女——贾贵人生下皇子刘炟，明帝刘庄就把刘炟交给马贵人（明德）抚养。

* 六月十三日（壬戌）在桂阳郡（今湖南省耒阳市）一个普通的农户家庭，又生下了一名男婴，取名敬仲（排行老二）。是时蔡伦一岁，不久父母双亡。传说后由伯父抚养，教其识字。

（十三年后）

（2）公元75年（东汉明帝刘庄 永平十八年）

* 八月，刘庄驾崩，由十八岁的皇太子刘炟即位。尊马氏（明德）为皇太后辅政。马皇后为名门之秀，是汉明帝刘庄唯一的皇后，深明大义，以国家为念，拒封外戚，时人称诵。

* 是时蔡伦十三岁，行净身手术后由湖南赴东京（洛阳）入宫当太监（始给事宫掖）。

（3）公元76年（东汉章帝刘炟 建初元年）

* 刘炟系东汉第三任皇帝。他三岁被立为太子，十八岁登基。置汉国策“无军功不侯”而不理，开始重用外戚和优待宦官，给东汉中后期的外戚、宦官专权埋下祸根。

* 宦官郑众（？—114）字季产。南阳犨县（今河南鲁山县）人，谨慎敏捷，颇有心机，先任小黄门（初级太监），后迁升为大长秋（官职，为皇后近侍官首领）。

* 是时蔡伦十四岁，在皇宫里服役杂活，如打扫屋外卫生、运送渣土等。

（4）公元77年（东汉章帝刘炟 建初二年）

* 刘炟在后宫拥有的姬妾：窦勋之女窦章德（先贵人，后封皇后）、宋贵人（敬隐）姐妹、梁贵人（恭怀）姐妹。窦贵人系开国功臣窦融的曾孙女。宋贵人姐妹是章帝养母马太后的亲戚。梁贵人姐妹为西北甘肃大户梁竦的两个女儿。

* 窦皇后久不生育，无儿无女。而后来宋贵人（妹）生有一子（刘庆），梁贵人（妹）产有一子（刘肇）。由此引出一系列的后宫争储纠结和斗争。

* 是时蔡伦十五岁，进入室内服务，照料宋贵人。

（5）公元78年（东汉章帝刘炟 建初三年）

* 春，宋贵人（敬隐）生子，取名刘庆。

* 三月，章帝刘炟立窦贵人（章德）为皇后。

* 是时蔡伦十六岁，又派进长秋宫，奉侍窦皇后。

（6）公元79年（东汉章帝刘炟 建初四年）

* 四月，章帝刘炟立刘庆为皇太子。

* 六月，皇太后马氏病逝于长乐宫，是年四十二岁，谥曰：明德

皇后。窦皇后（章德）趁机掌握后宫大权，并进一步涉足朝政。

* 九月，梁贵人生皇子，取名刘肇，窦皇后纳为己子。此时，蔡伦开始与襁褓中的刘肇时有接触。

* 是时蔡伦十七岁，比刘肇长十六岁。

（7）公元80年（东汉章帝刘炟 建初五年）

* 章帝下令改琅琊郡为国，移治诸县。班超奏书平西域，帝允。击莎车疏勒之战获胜，满朝欢欣鼓舞。

* 是时蔡伦十八岁，在长秋宫升为小黄门。

（8）公元81年（东汉章帝刘炟 建初六年）

* 宋贵人（妹）病，思吃“生菟”（一种中药材），让姐写家书求之。窦皇后向刘炟进言诬陷宋氏姐妹作“蛊（gǔ，旧时传说是毒死人的害虫）道”，日夜毁谮（zèn，说坏话诬陷人）。宋贵人姐妹受疑、受冤、受审，投入冷宫。

* 是时蔡伦十九岁，奉命调查“宋贵人命案”。

（9）公元82年（东汉章帝刘炟 建初七年）

* 因“宋贵人命案”，章帝刘炟下诏书，五岁的刘庆遭贬为清河王，又立三岁的刘肇为皇太子。

* 蔡伦受窦皇后命，逼供信、施酷刑、暗箱操作，迫使宋贵人姐妹同时饮药双双自尽。

* 是时蔡伦二十岁，血气方刚，办事果断。

（10）公元83年（东汉章帝刘炟 建初八年）

* 窦皇后妒忌刘肇之生母梁贵人及外戚，以梁贵人之父梁竦作恶，囚死狱中。窦皇后又指使人投“飞书”（匿名信）诬陷梁贵人。

* 同时，窦皇后又将其兄窦宪、其弟窦笃，提升廷尉，其势大盛。

* 是时蔡伦二十一岁，深受窦皇后信任。

（11）公元84年（东汉章帝刘 建初九年 元和元年）

* 八月， 刘炟下旨立五岁太子刘肇为“皇储”，改年号元和。由窦皇后辅朝，借用外戚力量推政。

* 是时蔡伦二十二岁，提任小黄门，成为窦皇后的“心腹”之人。

（三年后）

（12）公元88年（东汉章帝刘炟 章和二年 ）

* 年初，当了十三年皇帝的刘炟驾崩，享年三十一岁。章帝遗诏：太子年幼，太后临朝。

* 二月，十岁皇太子刘肇即位，是为汉和帝。刘肇是章帝的第四子，为东汉建初四年梁贵人（恭怀）所生，后由窦皇后抱来喂养：“承训怀衽”。

* 窦太后（章德）临朝，命其兄窦宪为侍中，参与辅政。并加封窦笃、窦景、窦瑰等三人官职。

* 是时蔡伦二十六岁，升任中常侍（高级太监），豫参帷幄。

（13）公元89年（东汉和帝刘肇 永元元年）

* 六月，车骑将军窦宪大破北匈奴于稽落山等地，刻石落功而还。九月，拜窦宪为大将军（武将之首），位“三公”之上。“窦家帮”权势极盛。

* 冬，郑众加位“钩盾令”（少府属官名，秩六百石，由宦者任中）。

* 是时蔡伦二十七岁，为匡弼得失，屡进直言，数犯严颜，引起和帝不悦。因受窦太后之命，刘肇奈何不得。

（两年后）

（14）公元92年（东汉和帝刘肇 永元四年）

＊ 从永元元年到永元四年初，表面上是刘肇当皇帝，实际上是“窦家帮”在掌握朝廷。

＊ 春，十四岁的和帝与废太子刘庆商议，找大长秋宦官郑众等人密计，收回窦宪大将军的印信。任郑众为禁军首领，捕捉窦宪党羽。郑众被重用，宦官专权横逆开始。

＊ 六月，窦宪意图谋反被发觉，迫使窦宪、窦笃、窦景三人自杀。遂清除朝内“窦家帮”一伙，发放边关。

＊ 是时蔡伦三十岁，参与灭“窦家帮”有功，加位尚方令（少府属官，俸禄六百石）。

（15）公元93年（东汉和帝刘肇 永元五年）

＊ 废太子刘庆之子刘祜出生，接任清河王。

＊ 是时蔡伦三十一岁，官位为中常侍兼尚方令，负任双职，权力上升。

（两年后）

（16）公元96年（东汉和帝刘肇 永元八年）

＊ 二月，和帝立阴贵人为皇后。刘肇的第一位皇后阴氏（真名失传）系光武帝刘秀的结发妻、皇后阴丽华（4—64）的后代。因邓绥的母亲姓阴，阴氏的祖母名邓朱，世代联姻。如此算来，阴氏是邓绥的表姑。

＊ 年方十六岁的邓绥被选入宫，她是汉光武帝时太傅邓禹的孙女。邓绥（81—121）身体修长，容貌体态绝色佳丽，异常出众。冬，邓绥入掖庭做了贵人。她恭敬严谨，一举一动都符合礼法要求；她侍奉当时的阴皇后，昼夜小心。

＊ 是时蔡伦三十四岁，初遇邓贵人。

（17）公元97年（东汉和帝刘肇 永元九年）

* 八月，窦太后（章德）去世，梁贵人家出面申诉：和帝并非窦皇后所生，是小梁贵人的骨肉。刘肇下旨追生母为恭怀皇太后。

* 是时蔡伦三十五岁，专心“监作秘剑及诸器械，莫不精工坚密，为后世法”。

（两年后）

（18）公元100年（东汉和帝刘肇 永元十二年）

* 许慎编纂的《说文解字》完成，内有“纸”字并解释为：“纸，絮一苫也”。这也说明在古代早已有“纸”这个字。存在决定意识，故造纸术的兴起，应早于公元105年。

* 是时蔡伦三十八岁，仍忠心于后宫邓贵人（绥）。

（19）公元101年（东汉和帝刘肇 永元十三年）

* 安息王（伊朗高原古代国家）满屈派使臣来中国，赠送狮子和条支大鸟（安息雀）等。满宫惊奇，唯邓贵人无意有兴趣，对外物不惜。

* 是时蔡伦三十九岁，时时留心主子的心思，关注她的兴趣和喜好习惯。

（20）公元102年（东汉和帝刘肇 永元十四年）

* 十月，刘肇立邓绥为皇后，因和帝体衰，由皇后代为掌执朝政。邓皇后不好玩弄珠宝之物，遂令诸家岁时供纸墨。

* 邓皇后封郑众为鄛乡侯（官名），食邑千五百户（7500人口）。宦官封侯由此事开始。

* 蔡伦开始关注纸墨，“每至休沐，辄闭门绝宾，暴体田野”，进行调研。致力于探究、改进造纸术。在宫内才女班昭（约49—120）——她是《汉书》作者：著名史学家班固之妹，大力地襄助下，

还可能还召募多名民间造纸高手入少府，大约用了三年时间，在工匠们的共同努力下，造出了品质优于前世、适于书写的“蔡侯纸”。

* 是时蔡伦四十岁，精力充沛，唯邓皇后（绥）命是从。

（两年后）

（21）公元105年（东汉和帝刘肇 永元十七年、元兴元年）

* 蔡伦向朝廷献纸，实际上是邓皇后（绥）的主意。她才是造纸术的倡导者和支持者。“帝善其能”实为邓皇后对蔡伦加以表彰。

* 刘肇在位十七年，体弱多病，少理朝政。年14岁时成婚，第一位为阴皇后，待邓绥进宫后先声夺人，代帝批奏。邓绥由贵人转为皇后，阴皇后恩宠渐衰，郁闷而亡。此后，朝事均由邓绥裁定，使她能够前后垂帘听政近十六年。

* 八月癸卯日，刘肇次子刘隆出生，其生母为宫女无名氏。邓太后（绥）以平原王刘胜有固疾，而立刘隆为皇太子。年方百日嗣皇帝位，邓太后临朝听政。在位九个月，次年（106年）八月辛亥日崩，年二岁，谥孝殇皇帝。

* 是时蔡伦四十三岁，向邓皇后靠拢，言听计从。

（22）公元106年（东汉殇帝刘隆 延平元年）

* 改年号延平，册封刘胜（？—114）为平原王。

* 五月，邓太后（绥）为治理国家应以教化为本，大赦天下，犯法禁锢者一律释放为平民。又为裁截宫廷的财政开支，切断宫女入宫“不绝如缕”的情况，一次放掖庭宫人五六百人。减少花销白银数万两。

* 八月，殇帝刘隆两岁夭折，邓太后（绥）与其兄邓骘（zhì）策划，迎清河王、十三岁的刘祜嗣位。邓绥仍临朝称制。

* 是时蔡伦四十四岁，悉心为宫内外事务秉呈邓太后。

（23）公元107年（东汉安帝刘祜 永初元年）

＊ 东汉“三公”（太尉、司徒、司空）之一的司空周章，因为外戚（邓骘兄弟）、宦官（郑众和蔡伦）干政，又因邓太后立安帝刘祜，而不立和帝刘肇之子刘胜，众心不服而欲发动政变。备杀邓骘兄弟、郑众、蔡伦等人，废邓太后、刘祜，另立刘胜为皇帝。但事机泄露，“首犯”周章自杀身亡。

＊ 是时蔡伦四十五岁，他于当年联手郑众、邓骘维护朝廷，捉拿叛党。

（六年后）

（24）公元114年（东汉安帝刘祜 元初元年）

＊ 北宜春侯（食邑五千户）阎畅的独生女儿阎姬（？—127），她的母亲与邓绥之弟西平侯邓弘的夫人是同胞姐妹。由于这样的亲戚关系，在邓绥临朝的日子里，阎家便得到了很多照应。阎姬聪明伶俐，颇有才气，是年以“才色”被选入宫。不久即被立为贵人。

＊ 邓太后（绥）以蔡伦久宿卫之功，册封他为龙亭侯（封地在今陕西省洋县龙亭铺），邑地有三百户（约合1500人口）。蔡伦久居都城东京（今河南洛阳），并未西行。

＊ 是年，大长秋郑众病死。平原王刘胜病死。

＊ 是时蔡伦五十二岁，仍为后宫服务。

（25）公元115年（东汉安帝刘祜 元初二年）

＊ 四月，阎姬被立为皇后。刘祜二十二岁，已是一位成年天子。由于朝政一直由邓太后把持，他便更多地沉溺于女色之中。

＊ 是时蔡伦五十三岁，被邓太后提升长乐太仆（官名，与长乐卫尉、长乐少府，三者总称太后三卿）。

（26）公元116年（东汉安帝刘祜 元初三年）

＊ 阎皇后之父阎畅被封为宜春侯，食邑五千户（25000人口）。

＊ 是时蔡伦五十四岁，旨封龙亭侯又兼任长乐太仆，双重有加。

（27）公元117年（东汉安帝刘祜 元初四年）

＊ 元初四年，邓太后因为经史传记等文字大多都没有核实确定，于是选拔有名的读书人谒者（学官名）刘珍以及博士（学官名）良史（史官名）聚集在“东观”（藏书宫名），校正各种典籍，遣派蔡伦监督其事。

＊ 是时蔡伦五十五岁，由管理少府退出，改任闲职，移樽就教。

（两年后）

（28）公元120年（东汉安帝刘祜 元初七年，永宁元年）

＊ 四月，改元永宁，立刘保为皇太子。邓太后（绥）诏刘珍、刘毅作《名臣传》。

＊ 是时蔡伦五十八岁，年老体差，颐养天年。

（29）公元121年（东汉安帝刘祜 永宁二年，建光元年）

＊ 三月，改元建光，刘祜仍为傀儡皇帝。

＊ 四月，邓太后（绥）病逝，享年四十一岁。临朝十六年，躬自节俭，推行仁政。

＊ 四月，安帝刘祜亲政。追查、重判建初七年（82年）其祖母宋贵人（敬隐）姐妹被诬陷一案。令嫌疑人蔡伦到“廷尉”（法庭）受审。

＊ 是时蔡伦五十九岁，“伦耻受辱，沐浴整衣冠，饮药而死，国除。”蔡伦历经“章、和、殇、安”四代皇帝，身为“四朝元老”，忠心敦厚，自强不息。可惜，最后落得悲惨的下场。

（三十年后）

（30）公元151年（东汉桓帝刘志，元嘉元年）

* 汉桓帝刘志下令为蔡伦平反，令由史官崔寔、曹寿和延笃等人补写蔡伦列传，加入《东观汉记》一书中。按照皇室（及官场）的“潜规则”：“后继者不能否定前任者”。桓帝刘志为何要为蔡伦翻案？原因何在？存疑。

* 是时，距蔡伦死后三十年，《东观汉记》于汉灵帝刘宏熹平中（175年）完成，历时二十多年。全书自唐朝开始部分缺失。因书久未刻版，传抄本多有遗漏或伪写。

注：《后汉书·蔡伦传》的作者范晔（398—445），于东晋安帝隆安二年出生，南朝刘宋顺阳（今河南内乡）人。曾任西晋雍州刺史，加左将军。元嘉二十二年（445年）撰完本纪、列传。同年，因犯谋反罪遭受杀害，死时四十八岁。此时距蔡伦献纸已过去三百多年了。又据南朝梁史学家、文学家刘昭（生卒不详），字宣卿，平原高唐（今山东禹城县）人。他在注《后汉书》中说，范晔写作时“乃借旧志，注以补之”。故书中蔡伦传主要源于《东观汉记》。

（原载台北《纸业新闻》周刊，2012年9月20日至10月25日第三版）

第二章 晋代古纸

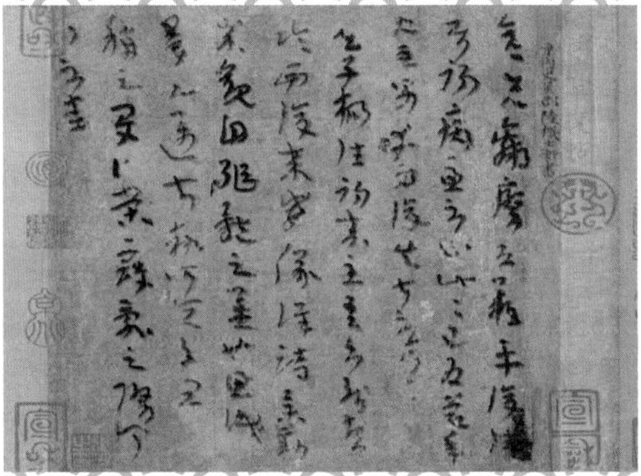

第一节
蚕茧纸

长期以来，对于我国古代的蚕茧纸，有几种不同的看法。有人认为历史上确有这种纸，是用动物纤维蚕丝做成的。又有人以为它根本不存在。也有人提出，它原本是以植物纤维楮皮或桑皮为原料，因其外观洁白如丝，故被人误会了。蚕茧纸到底是一种什么样的纸？现从史料记载、工艺演变、样品分析、试验研究等4个方面来进行讨论。

一、史料记载

蚕茧纸（Silkworm Cocoons Paper）又称蚕丝纸，系晋代纸名。魏晋时期，造纸技术在汉代的基础上有了长足的进步。相传，此纸曾被晋代书法家王羲之（321—379）用来写《兰亭序》。历代对蚕茧纸均有介绍，现举例说明：（1）南朝刘义庆（403—444）《世说新语》中说：王羲之书兰亭，用蚕茧纸，纸以茧（丝）而泽也。（2）唐代张彦远（约815—875在世）《法书要录》称："兰亭者，右军会稽内史琅琊王羲之，字逸少，所书之诗序也。用蚕茧纸，鼠须笔，遒媚劲健，绝代无比。"（3）唐代何延平（生卒年不详）在《翰墨志》一书中谓："右军永和中与孙承公四十有一人修禊，择毫制序，用蚕茧纸"。（4）北宋·苏易简（957—995）《文房四谱》载："羲之永和九年制兰亭序，乘兴而书，用蚕茧纸。"

以上都肯定了王羲之在书写兰亭序时，所使用的是蚕茧纸。不过，令人遗憾的是《兰亭序》的原本真迹（连同蚕茧纸一起）已被唐太宗殉葬时埋于昭陵的地下了（现按国家有关部门规定，陕西昭陵已被保护性封存）。这是根据宋代苏轼（1036—1101）在《孙莘老求墨妙亭诗》的开篇中所写的："兰亭茧纸入昭陵，世间遗迹犹龙腾"来推断的。于是，我们便再也无法看到这种纸的实物，同时也不能知道它究竟是用何种原料做的，以及它的纸性和规格到底怎样等。

因此，长期以来，人们对蚕茧纸的质地问题争执不休：有人认为它是茧丝织成的，属于绢帛类，如宋代陈槱（yǒu）（1150—1201在世）《负暄野录》所云："兰亭序用鼠须笔、乌丝栏茧纸。所谓茧纸，盖实绢帛也"；另有人则坚持说它是高级的优质麻纸。如近代日本人大村西崖在他撰写的《中国美术史》中说："《兰亭序》则书于蚕茧纸也，蚕茧纸谅系麻纸有滑泽者"。还有，上海画家蒋玄佁（yǐ）在《中国绘画材料史》中写道："茧纸，……布缕为纸，实即破布造纸。惟其外形似茧，故又疑为织物。其形容茧纸……遇水成窠臼状，仅知其厚韧不渗水。"不知他们的根据是什么？还有人根据古籍上说，蚕茧纸以洁白、细密、有光泽而著称。而猜想说不定是由楮皮造的纸，等等。这几种意见都值得进一步加以研究。

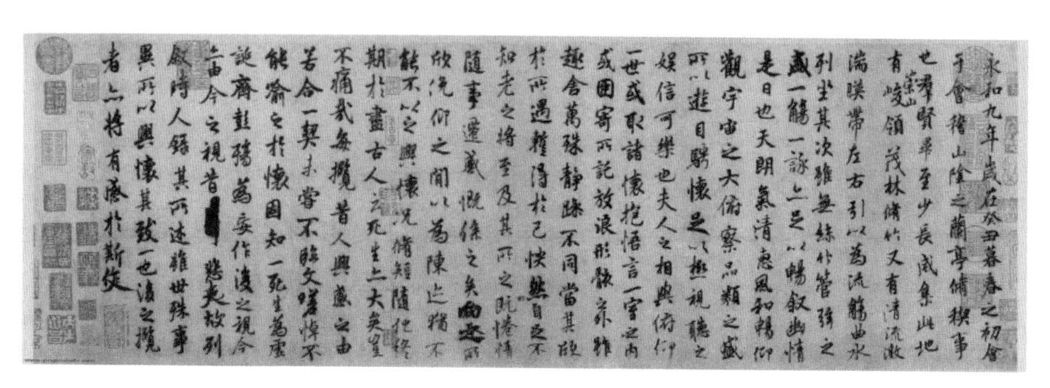

图2-1 《兰亭序》（唐摹本）

第二章 晋代古纸

我们现在见到的《兰亭序》是唐代冯承素（627—649在世）的摹本（图2-1）。从书法的角度来看，此纸平滑润泽，便于书写。不论是点画的牵掣映带，或是行气的流畅宛转，甚至偶而出现的“破笔”“贼毫”，无不丝丝入扣，清晰可辨。如此细腻顺手、精微入妙的笔触，没有好纸的烘托，怎能达到“纸墨相发”“神融笔畅”的境界？王羲之的《兰亭序》真正做到了开一代风气之先，形成了崭新风格的书法流派。当然，冯承素所用是什么纸，暂难定论，但一定是优质纸。或许真是蚕茧纸，也未可知。

书法流派的诞生，离不开为书法家提供发挥才情的“文房四宝”。姑且先不论笔墨砚，只要比较一下同一时代的不同纸张——由麻纸写成的陆机《平复帖》（图2-2），和用蚕茧纸写成的《兰亭序》，就能够明白区分纸张品质的改进，是如何深刻地影响书法的发展了。

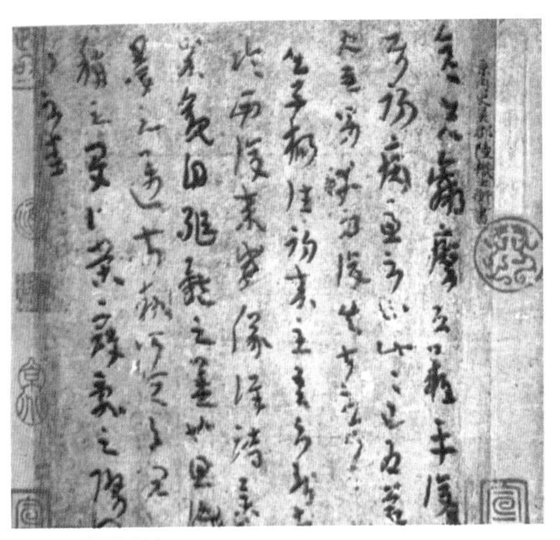
图2-2 《平复帖》

《平复帖》是晋代陆机（261—303）写给友人的一封书信，麻纸，草隶书9行86字，笔意婉转，风格质朴。它距今已有1600多年，比王羲之创作《兰亭序》早100多年，是现存年代最早并真实可信的西晋名家法帖。根据尾纸董其昌、溥伟、傅增湘、赵椿年题跋，可得知《平复帖》历代递藏情况。此帖宋代入宣和内府，明朝万历间归韩世能、韩逢禧父子，再归张丑。清初递经葛君常、王济、冯铨、梁清标、安岐等人之手归入乾隆内府，再赐给皇十一子成亲王永瑆。光绪年间为恭亲王奕䜣所有，并由其孙溥伟、溥儒继承。1937年，溥儒（字心畬）丧母，欲出让《平复帖》，为筹集亲丧费用。经傅增湘从中斡旋，最终由张伯驹不惜倾家荡产，以巨金购得此帖，后历经艰险，悉心保管，才使它未流失海外。1956年张伯驹（1898—1982）、潘素夫妇将《平复帖》无偿捐献国家（今藏北京故宫博物院）。笔者在这里之所以详细引用介绍其递藏背景的材料，全是为了说明任何一件文物或古纸都不能随意凭空结名。否则便使后世产生不同的疑义和解读。

试看王羲之用蚕茧纸写的字，与陆机用麻纸写的字，便一目了然地认识到，纸与中国书法之间到底是什么样的关系了。从而说明蚕茧纸的品质肯定比麻纸胜过一筹。蚕茧纸不可能是用麻类纤维抄造而成的。

二、工艺演变

追溯蚕茧纸的诞生，与我国造纸术的起源——借鉴“漂絮法”不无关系。早在商代以前，我国的先民已经能植桑养蚕，缫丝织绢。缫丝多用良茧，即把白色的良茧置于沸水中煮开，然后进行抽丝、织绢。而对泛黄色的次茧、劣茧和病茧的处理则是用来作丝绵（絮），其制法并不复杂，只要把劣茧等用水煮沸、脱胶，用手工把茧剥开加以洗净，再放进河边流水中的篾筐内，用木棒反复捶打，打烂后的蚕衣连成一片，再放在屋檐下阴凉的地方，每天漂淋清水（不淋颜色不白），五六天后晾干揭下、取出，供冬天做被御寒之用。古代这种处理次茧的方法，后人给它取了一个名称，叫作漂絮法[①]。

漂絮法作为一种工艺操作，对后来造纸术的发明产生了极其重要的影响。北京故宫博物院收藏了一本清末画家吴友如（？—1893）绘的《蚕桑络丝织绸图说》（1891年水粉画原稿），其中有一幅漂絮

① 刘仁庆．中国古代造纸史话[M]．北京：轻工业出版社，1978：10.

图，形象地表现了古代的漂絮过程：在河边，两个蹲着的妇女正手握竹棍敲打浮在水面篾筐内的丝絮。另外六个妇女在架楼上挑选蚕茧（图2-3）。从画面上可以见到有两项技术：一是把丝絮放在水中敲打，二是借助篾筐漏水使其沥干。这些都有助于形成完善的造纸工序。

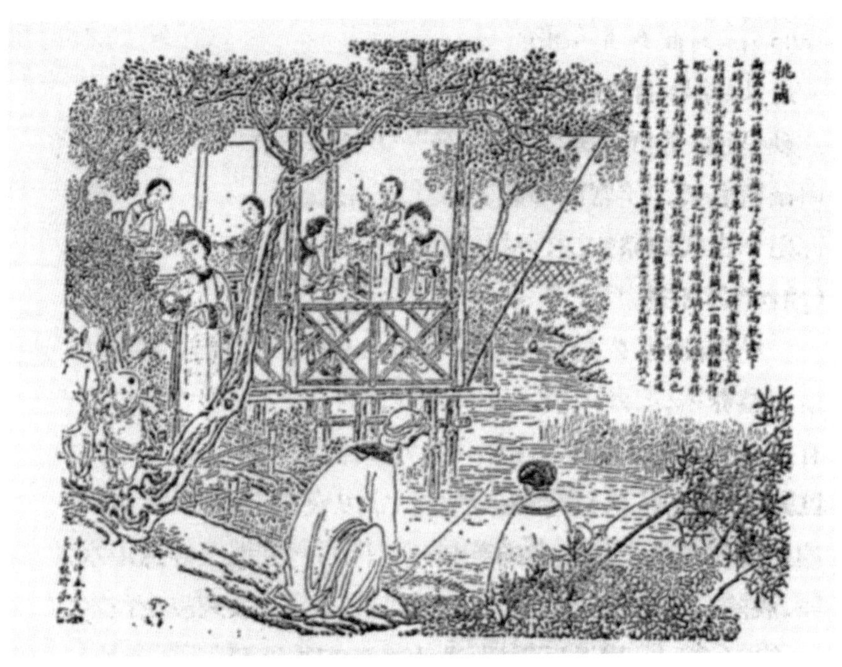

图2-3　漂絮法（吴友如绘）

漂絮法原来的目的是做丝绵（絮），可是每次干完活，总有一些残絮遗留在篾筐上，漂絮次数一而再，再而三，残絮便交织起来。当取出丝绵絮、把篾筐晾干之后，就发现筐上有一层由残絮组成的薄片，揭剥下来可以用于包东西或当书写材料，便取名称为“赫蹏”。从漂絮到捞纸中间必有一个过渡，它既有漂絮的痕迹，又有捞纸的端倪，其中涉及两个因素，一个是工序的变化；另一个是操作的改进。

漂絮法对造纸术的启示，第一个就是必须对纤维进行机械性捶打——即后来称为“打浆”。第二个是利用漏水的器具让纤维进行交织、形成薄片，然后再进行晒干或烘干，便得到了“纸”。前一项叫作打浆，后一项叫作捞纸。

我们曾经把“赫蹏”称为丝絮纸，它是不是由次茧、残絮交织组成的？如果采用较好的蚕丝，“如法炮制”，那么是否能得到“缩茧造成，色白如绫，用以书写，发墨可爱”的蚕茧纸呢？

然而，从历史上看，使用蚕茧纸的人并不多，流传也比较少。为什么呢？这是因蚕丝本身的性质所决定的。蚕丝有许多优点，如纤维细柔、有光泽、挺度好等，不必多言。其缺点是：耐久性不好，时间一久，蚕丝变黄。蚕丝遇水后强度会损失15％，它怕虫蛀，也怕霉，更怕日晒等。

正因为如此，虽然可以抄造出比丝絮纸、麻纸等品质更好的蚕茧纸。但是，我们关心的是这种纸的特性，它平滑、有光泽、利于润笔，但不耐久、易变色，从而降低了市场价值。同时，蚕丝的成本远远高于植物纤维。随着造纸术的不断发展，对树皮加工的技术日益提高。会不会有这样的可能性：蚕丝纤维被树皮纤维所代替，于是在以后出现的蚕茧纸，在原料上发生了本性上的变化。但这样并不能说从一开始，蚕茧纸就是用植物纤维造成的。这不是历史唯物主义的态度。

三、样品分析

蚕茧纸到底是用的什么原料？是动物纤维还是植物纤维？

1985年浙江省图书馆刘慎旃（zhān）老先生拿出早年珍藏明朝的“蚕丝纸”即“蚕茧纸”。据称：“该纸外观坚实平整，两面磨光，有光泽，呈米色，类似茧丝外观。”按历史上的说法，蚕茧纸是以蚕丝为原料制成的。刘先生本人也是这样认识并收藏的。其后经过中国制浆造纸研究院的王菊华高工，对该纸（定量80gsm，白度60%，帘纹不明显，并加淀粉）的纤维进行显微分析后鉴定为100%构皮即楮皮所制[①]。这本是一个个案，不知何因（待查），由此推出了全面性的结

① 王菊华，等．中国古代造纸工程技术史[M]．太原：山西教育出版社，2005：375．

大矣岂不痛哉每揽昔人兴感
之由若合一契未尝不临文嗟悼
不能喻之于怀固知一死生为虚
诞齐彭殇为妄作后之视今亦
由今之视昔悲夫故列叙时人
录其所述虽世殊事异所以
兴怀其致一也后之揽者亦将
有感于斯文
康熙甲子六月上澣仿於天
绛轩　華亭沈荃

蚕　茧　纸

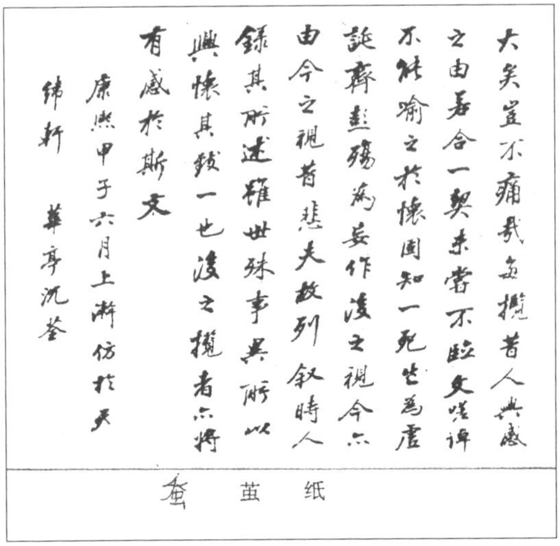

图2-4　清代沈荃用蚕茧纸写的书法

论：所有的蚕茧纸都是用树皮（即植物纤维）造成的。如果说明朝也造蚕茧纸（产地？），并且与晋朝是一脉相承。那么，说蚕茧纸就是构（楮）皮纸，这还勉强可以接受。如果不是这样，则一切推论当然都是站不住脚的了。

晋代的蚕茧纸与明代的蚕茧纸真的是一脉相承的吗？

浙江刘先生所收藏的明代的蚕茧纸，首先要确认它的真实性，产于何地，流传经历，递藏背景，等等。即使我们承认，它也不能与晋代乃至唐宋时期的蚕茧纸画等号。不能因为明代蚕茧纸是用楮皮（构皮）造的，就肯定前朝的蚕茧纸也是用相同原料制作的。显然，这在逻辑上是说不过去的。

另有报道，安徽省博物馆曾收藏有清代沈荃（1624—1684）用蚕茧纸写的一幅《行书临晋代王羲之〈兰亭序〉手卷》横披（图2-4），

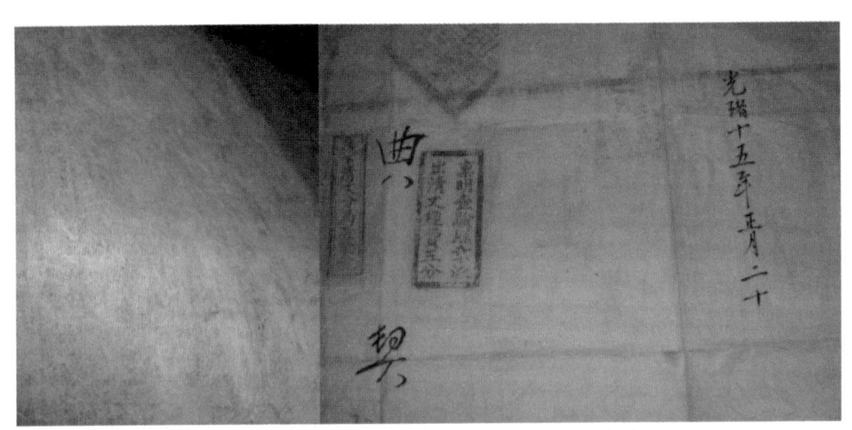

图2-5　清朝用蚕茧纸写的典契　（左：纸面局部放大；右：原件之一部分）

其幅长104cm、宽29cm，整纸，写于康熙二十三年（1648年）。沈荃，江苏华亭人，清朝顺治进士，工书法。该手卷乃于1959年3月19日由原安徽省休宁县公安局（收缴后）移交。全卷通长计565.5cm，全绫裱。该纸平整色净，质地细腻，丝光闪耀，帘纹纵横有序，书写效果颇佳。它被认为是迄今保存最完整的蚕茧纸的一张“标样”，确否？

在中华古玩网（www.gucn.com）上，展示有清代光绪年间用蚕茧纸写的老典契，纸面上用肉眼依稀可见长丝交叉相连的结构（图2-5）。这说明在距晋代一千多年后，这种古纸还在有限的地区制作并流传。

虽然，在样本上存在一些难以回答的困难。可是，基于蚕丝的耐久性较差，造成的这种蚕茧纸难以久存，这应该是一个不争的事实。所以，在宋代以后，蚕茧纸或许就慢慢地用植物纤维——楮皮或桑皮来代替，这种可能性是有的。但是，不能因此而否认晋代制作的蚕茧纸，曾经是存在或延续过一段时间，它是我国远古时老一代的纸张之一。

四、试验研究

为什么近代对蚕茧纸会产生都是用树皮纤维所造的结论？这是基于早年的“造纸理论”认为，动物纤维——比如蚕丝是不能造纸的，因为它们没有可能形成“氢键”。蚕茧纸因外形如丝、有光泽，性能强于麻纸，被人误认为是用蚕丝制作的。蚕丝真的是因为不能形成氢键，进而不能交联成纸吗？现在，有了一种新看法，出现了事物发展的规律之一：否定之否定。

2003年，《纸和造纸》杂志第2期，发表了一篇试验报告，题目是：《蚕丝抄纸试验及成纸性能》[①]。该文认为，蚕丝是一种天然蛋白质的长纤维，具有亲水性。构成蚕丝的“丝素纤维大分子链中，含

---

① 李维贤，等．蚕丝抄纸试验及成纸性能[J]．纸和造纸，2003（2）：51-52.

有羟基、氨基等极性基团。因此纤维与纤维之间可通过这些基团，在分子链间形成氢键而彼此牢固地结合起来……在抄纸、干燥后，纤维大分子链间的氢键数量显著增多，从而使丝纤维间具有良好的结合力。结论是：蚕丝经脱胶、短纤化后，可以按照湿法流程抄纸，而且具有较好的抄造适应性。如果添加胶黏剂（如淀粉等）辅料，则更无问题。

不久前，美国麻省理工学院的研究人员通过研究发现，蚕丝的力量源于其脆弱。因其重量轻、韧性高和延展性强，蚕丝有一种特别的氢键结构，这些氢键本质上非常脆弱，但它们共同创造了一种强壮而富有弹性的结构。从表面上看，蚕丝不那么强壮；从分子结构上看，它们是由氢键组成的，氢键比其他分子中发现的共价键要脆弱得多。但是，微小蚕丝晶体的结构，使氢键能够齐心协力地合作，相互增援，对抗外力，同时，当外力减弱时也随之慢慢减弱，这样就不至于在蚕丝的整体结构上出现突然的断裂。

为了更好地了解蚕丝如何以如此脆弱的化学键产生这么“强壮的力”，麻省理工学院的研究小组创造了一套“计算机模型”，这种模型能够让他们在原子层次上观察蚕丝的活动方式。他们发现，天然蚕丝既能够伸缩和弯曲，又能够保持极高的韧力。对于蚕丝几何形状的这种了解，有可能设计出制造材料的一种新方法，即利用廉价材料和弱键，制造不那么坚硬而又柔软，但比目前所用的任何材料都更结实的材料。所以，以蚕丝为原料是可以抄纸的。这样就从理论上进行了回答，不要一味地认为“没有氢键结合（或者结合很少）就不能抄纸”的观点，这种新看法很值得我们深思。

综上所述，如同任何一种事物都有其产生、发展乃至灭亡的过程一样。我们应当既承认在历史上曾有过这样的纸，又要看到蚕茧纸难以久存的因素，最后走向消亡。因此，笔者认为，蚕茧纸一开始就是采用以蚕丝为原料制造的。在我国历史上它被人们使用过、流传过一段时间，后来在原料上才有所改变。那种认为蚕茧纸一直是采用植物纤维所造的观点——例如有人认为“凡古代所标绵纸、蚕茧纸的书画，经化验均为皮纸[1]。”这种看法并不全面，仅是一个猜想而已。

① 潘吉星．中国造纸史[M]．上海：上海人民出版社，2009：10-11．

第二节
侧理纸

一、纸名解释

侧理纸（Celi Paper）为晋代纸名，是用海苔（*Algae marina*）造成纹理交错的纸，也简称苔纸。据后秦・王嘉（？—约390）《拾遗记》中载："张华（232—300）造《博物志》四十卷，奏于晋武帝司马炎（265—290）……（帝）赐鳞角笔……侧理纸万番，此南越所献。后人言陟（zhì）厘，与侧理相乱（故又称陟厘纸）。南人以海苔为纸，其理纵横斜侧，因以为名。"这段话说明了侧理纸的来源，以及海苔纸、侧理纸、陟厘纸原本为一回事，三者指的是近音、异词、同一之物。

对"南越"一词，长期以来就有不同的理解。第一种说法是南越系我国南方居住的少数民族部落（如客家、潮州、广府等民系）之一，此地实属华夏之疆土。故侧理纸为国产货。其根据是，1983年6月8日在广州的一处名叫象岗的建设工地上，意外发现了一座南越古墓[①]。经考古工作者通过发掘清理、史料查证和现代医学实验，证明

① 广州市文物管理委员会．西汉南越王墓发掘初步报告[J]．考古，1984（3）：27．

了墓主人是南越国的第二代国君、南越文帝赵胡。南越的第一代国君叫赵佗（tuó），他是赵胡的祖父。赵佗原本是秦朝的大将军。他被派往岭南的南海、桂林等地一带防守疆土。在和刘邦、项羽等起义部队为反抗秦朝、争夺天下的战争中，形成了能抗衡、牵制各个地方势力的军事集团，最终奠定了帝业。公元前206年乙未秦子婴元年，几乎和刘邦称帝的同时，赵佗在岭南建立了南越国，自称“南越武王”，都城号称番禺（今广州市）。公元前196年汉高祖刘邦派遣特使陆贾南下，与赵佗谈判，说服了南越归附汉朝。从而使南越国避免了战争威胁及破坏，使中原的先进生产方式迅速传入该地。南越国赢得了宝贵的“和平时间”，从此走向兴盛之路。第二种说法是，把南越解释为越南（国），那里是越族人的居住地。故侧理纸是从外国送来的贡品或礼品（纸）。这种说法可信度较差，不予讨论。

现在，本节以第一种理解为基础，需要探讨的有三个问题，它们是：其一海苔能否造纸？其二这种纸为何失传？其三今天探讨它有何意义？

二、制法异化

海苔究竟是什么东西？它是否可用来做造纸原料？

海苔（俗名陟厘）是一种海洋中的低等蕨类植物，属海藻类下分有许多门科，如紫菜红藻门、红毛藻科等。此种植物生长时呈青绿色，摘取后藻体变为紫色或暗红色。它由单层或两层细胞构成薄膜，有叶形、心形、带形等，受阳光照射后形成。紫菜下部的假根状固着器附着在阴湿岩石上（又取名水苔或“石发”），其高可达20～30cm。雌雄异体，繁殖过程较复杂。冒出水面生长的叫海苔（图2-6），它是由紫菜、丝状体、小紫菜等三个阶段构成，其中紫菜主要成分有：含多糖类约50％，粗蛋白约30％，维生素A、E丰富，并含碘、磷、钙等稀少

图2-6　海苔外观图

元素[1]。有人以为海苔就是紫菜，但紫菜不全是海苔。海苔、紫菜、海带，还有昆布，都是海藻类植物，也是我国常见的海产食物之一，在我国沿海都有分布，尤其是在中国南部海湾更有大规模的生长与繁殖。

海苔在古籍中多有介绍，如明·陈懋仁（生卒年不详）撰写的《庶物异名疏》中记载，陟厘（即海苔）是水中的粗苔，青绿色，适于造纸[2]。明·李时珍（1518—1593）在《本草纲目》中说得更详细：陟厘有在水中石头上生长的，蓬蓬茸茸如发，或在污水中无石依附而浮生。缠绵拉牵像丝绵一样，俗称水绵或水苔，别名石发。江东地区人作食物吃。石发又分为两种，生在水中的名陟厘，长在陆地的叫乌韭。苔衣又有五种（湿态）：生在水中的叫陟厘，长在石头上的叫石濡，生在屋瓦上的叫屋游，长在墙上的叫垣（yuán）衣，生得地上的叫地衣。蓬松绿翠长数寸的也有五种（干态）：石头上生长的称乌韭，屋瓦上生长的称瓦松，墙壁上生长的称土马鬃，山崖上生长的称卷柏，淹在水里的称为蕈（xùn，高等菌类之意）[3]。如此众多的蕨类植物，挑选出其中适合造纸的到底是哪一种？绝不是一个简单的问题。况且，不同的植物原料还与相应的造纸工艺、工具和设备不无关系。

宋·赵希鹄（hú）（约1231年在世）《洞天清录集》中载：“北

① 孙中武．植物化学[M]．紫菜之化学成分．哈尔滨：东北林业大学出版社，2001：81-82．
② 戴家璋．中国造纸技术简史[M]．北京：中国轻工业出版社，1994：83-84．
③ 李时珍．本草纲目[M]．北京：北京科学技术出版社，2006：215．

纸用横帘造，纸纹必横，又其质松而厚，谓之侧理纸……南纸用竖帘造，纸纹必竖……盖东晋南渡后，难得北纸……其纸高一尺许，而长尺有半，盖晋人所用大率如此。”对这一段文字里所说的横帘、竖帘有两种不一样的解读。过去的一种说法是，因抄纸用的竹帘有以横向编织和竖向编织两类，故纸纹不同。笔者认为：不能就字论字。本文内说的横者，平躺之意也，即平铺于架上的草帘。海苔又名石发（《本草纲目·草部十》），取于水边的石头上，属于藻类，其纤维细胞短少，故抄纸时必须混有其他植物纤维，采取浇纸法（把纸浆泼倒在草帘上，以羽毛刮平、横帘平放于地上晒干），方可成形。又因纸上有纹理纵横斜侧，被命名为侧理纸。在麻纸流行之时，异样的侧理纸引起人们的关注，这也符合人们的“物以稀为贵”的社会心态。文内所说的竖帘，竖者直立之意也，即能提起的竹帘。而那时在南方已有竹帘出现，竹帘可卷可伸可提，采取捞纸法（帘子竖立日光晒干）即可成纸。从技术上说，竖帘比横帘前进了一大步。

这里有一个尚待探讨的问题，就是造纸初始时期使用的帘子在不断地变化。汉代发明造纸时，很可能使用的是草帘（北方缺竹）。这种抄纸工具使用的缺点是：挺度太小（无法竖立）、漏水太慢（草隙小、阻力大）。因此，只好呈平放状态，便于从上倒入浆流。而海苔纤维短少，易于流失，不宜加压滤水，成纸必是“其质松而厚”。这种非一般帘抄，而为浇纸法，也是早期人们造纸常采取的手段之一。

图2-7　侧理纸（南宋仿制品）

晋代的侧理纸，无实物传世或出土，只能根据史籍记载去推想。1963年由“民国四公子”之一、收藏家张伯驹（1898—1982）向国家历史博物馆捐献了一张宋代（可能是南宋）侧理纸遗物。该纸长284cm，宽172.7cm，“纸色淡白且厚，质地轻软，纹路斜侧错落，有摺痕多处”（图2-7）。“纸下部竖写两行墨书：宋侧理纸，中州张伯驹藏，下钤张伯驹印。”如果肯定这张纸是用海苔为原料制作而成，那么其纸在宋代必为宫廷用纸之一。北宋学者黄庭坚（1045—1105）有诗云：“侧理数幅冰不及，字体欹倾墨犹湿。”这就是说，在侧理纸上写字，平滑如砥，起伏跌宕，纸墨俱佳，真幸事也。

当然，也有人提出不同的意见，并指出：所谓以（海）苔为纸，大约是“加胶”用苔，而非以苔代替其他纤维。故而认为海苔是不能用来造纸的。还有人说，“因水苔中并无坚韧之纤维，造纸亦不可能”，“侧理纸究其实际，实为麻所造”[①]。换言之，侧理纸即为麻纸。但是，历来的典籍中对海苔纸都有肯定的记载，如隋代薛道衡（540—609）写有《咏苔诗》一首：“昔时应春色，引绿泛春流。今来承玉管，布字改银钩。”宋朝的苏轼（1036—1101）在《东坡志林》中说：“昔人以海苔为纸，今无复有。今人以竹为纸，亦古所无有也。”明代李时珍（1518—1593）在《本草纲目·草之十》中记载：“陟厘生江南池泽……此即南人用作纸者。”

由以上所述即可知，在古代出于不同的原料，也会引起方法的改变。使用海苔或浅海藻类植物是可以造纸的。不过，晋代之后，却很少见到侧理纸再次流入社会。它渐渐地淡出了人们的视线。其制法也随之失传了。

有趣的是，即使到了现代，也有用海藻类（与海苔相近者）造纸的报道。据称，1992年意大利的一家造纸厂成功地制成了以海藻为原料的“海藻纸”[②]。该厂每年从意大利的威尼斯湖采集5万吨海藻用来造纸，这种纸是不含氯化物和不显酸性的环保纸，其性能与木材制成的纸张无异，甚至更为优良。具体的生产工艺没有透露。海藻纸在欧洲、美国、日本等国受到了广泛欢迎。这种环保纸节省了大量的森林

① 蒋玄佁．中国绘画材料史[M]．上海：上海书画出版社，1986：23、25．
② 周悦．意大利研究用海藻造纸[J]．国际造纸，1998（6）：44．

资源，显示了很好的发展前景。这则消息仅供参考。

三、失传之谜

海苔除了造纸之外，人们发现它还可以作为日常食物、保健药品，对人类都有着极大的好处。海苔烤熟之后，质地脆嫩，入口即化。如果经过调味处理，就摇身变成了特别美味的“海苔”食物了。海苔浓缩了紫菜当中的各种维生素B，特别是核黄素和尼克酸的含量十分丰富。还有不少维生素A和维生素E，以及少量的维生素C。海苔中含有15%左右的矿物质，其中有维持正常生理功能所必需的钾、钙、镁、磷、铁、锌等，其中含硒和碘尤其丰富，这些矿物质可以帮助人体维持机体的酸碱平衡，有利于儿童的生长发育，对老年人延缓衰老也有帮助。海苔热量很低，纤维含量却很高，几乎没有令人发胖的风险，是女性和孩子可以放心食用的美味小食。

海苔的好处不仅在营养方面，它的保健效果更令人称道。海苔具有独特的风味和营养价值。海苔可以作为肥胖病人的减肥食品，因为它热量低，而且含有大量纤维素，食用少量后即有饱胀感；海苔还可以作为糖尿病人的充饥食品，因为它不含糖分，有利于血糖量平稳降低。海苔自古以来就是药用植物。在明代李时珍编写的《本草纲目》中就已经列举了海苔的药用价值。人们日常生活中吃的紫菜，可治脚气和咽喉肿痛；海带可治大脖子病，这是民间流传已久的方法之一。

根据现代研究，海苔非常轻薄，每天只能吃几克到十几克，所以它在提供蛋白质和脂肪方面意义并不很大。相比之下，它提供微量元素的意义更受人们重视。海苔虽有种种好处，但中医认为紫菜味甘咸，性寒，能清热、化痰、利尿，夏天多吃紫菜有消暑热、补身体的作用，高血压患者、结核病人、脚气病人、肺热多痰的人适合多吃海苔，但脾胃虚寒、容易腹胀的人就不宜多吃。由于海苔在加工中经过调味，含有较多的盐分，因而需要控盐的人也要适当克制调味海苔的食用量，可以适当吃些没有调味的紫菜片（烤海苔，也就是常见日式制作的“寿司海苔”“海苔手卷”）。海苔的盐分含量很高，不宜过量食用，一次最好不要超过1两（50g）。

除了食用与药用外，海藻亦常用来做家畜（猪、牛、羊）的饲料添加物，以增进它们的生长与抗病力。在水产养殖方面（如鱼、虾、蟹、贝类），海藻亦是重要饵料之一。

正是由于海苔类具有上述许多功能，那么用它来造纸，其不合理性就日渐凸显。这样一来，在海苔的使用途径上，就发生了巨大的转变。从先造纸而后改为食品和医疗方面，方向的改换，后果是侧理纸的制法迅速地失传了。

四、清代仿造

清代《桃花扇》的作者孔尚任（1648—1718）在《享金簿》中云：“侧理纸方产丈余，纹为磨齿。”又有清代孔毓埏（shàn，生卒年不详）的《拾箨余闲》一书中称：“海苔侧理纸长七尺六寸，阔四尺四寸五分，纹极粗疏，犹微含青色。”再有清代梁章钜（1775—1849）的《浪迹丛谈》中曰：“乾隆间，苏州王月轩以四首金得于平湖高氏，有裱工张姓者，以白金五两买侧理纸半张，裁而为二，以十金嘱翟云屏临成二幅。”苔纸幅宽大，可能是用浇纸法直接泼洒在草帘席面上所制，尺寸大小无妨。

至于具体的操作，无法找到更详细的记载。猜想与一般抄纸法大体上差不多，只不过由于原料采集不易，大量制造更困难。因此，市面上的售价比较昂贵，更会引起文人墨客的青睐。

在清朝乾隆年间，内府曾仿制造过两张侧理纸——取名清仿侧理纸。乾隆（1736—1795）皇帝还为此写有两首诗[①]。诗云：

一、咏侧理纸

海苔为纸传拾遗，徒闻厥名未见之。

何来暵坐光配藜，不胫而走翳予思。

囫囵无缝若天衣，纵横细纬织网丝。

即侧理耶犹然疑，张笔李墨试淬妃。

羲献父子书始宜，不然材可茂先追。

何有我哉宛抚兹，万番毋乃侈记私。

两幅已足珍瓌（guī）奇，藏一书一聊纪辞。

清风穆如对古时，澄心金粟父视儿。

寄情枕胙宜喻糜，博览缺咏又何其。

宣毫绨几为擒词，仿佛尚卿首肯斯。

二、再咏侧理纸

南巡获陟厘，两幅珍琼玖。

锦囊藏其一，说项刱（chuàng）吾口。

西清有典司，检点所弃守。

五番裒时对，谓是束置久。

谁知为海苔，徒观粗且厚。

恐不宜墨卿，未敢供几右。

新获与兹同，呈览听去取。

抚掌冁（chǎn）然笑，天府何不有。

或且当面失，奚藉不胫走。

抑且瞿然惧，将毋人似否。

① 故宫珍本丛刊，清高宗御制诗[M]．北京：紫禁城出版社，1998：155-157．

请设想一下，连皇帝下令需要的纸，费了好大的气力，才造出了两张，这是怎么一回事？同时，乾隆对所见的清仿侧理纸，赞美有加。他舍不得用，觉得实在太珍贵了，只用了一张纸，而把另一张纸收藏起来（究竟放到什么地方去了呢？难睹芳容），真可谓是稀世珍品。但是，清仿侧理纸与晋代的侧理纸是否完全一样，那就不得而知了。

五、研讨意义

侧理纸的出现距今已有1600多年了。今天我们来讨论这个问题，究其意义在于：

第一，我国古纸的花样很多，这与文化典籍又有密切的关系，有些纸种带有神秘的色彩，搞清楚它的演变过程，对于我们了解中国的文化史、造纸史、印刷史等会更有帮助。

第二，从一种纸（侧理纸）的演变过程，使我们看到尽管由古到今为了寻找优良的造纸原料，做过许多尝试。但是，必须把握好以保持“持续性”生产为准则。要先有比较，而后再有选择。海苔虽可造纸，但在食用、保健上的价值更大，最终失传了。这段历史的经验说明，任何纸种都有一个从产生、发展到消亡的过程，这当然与社会经济、技术的进步息息相关。

第三，从历史上看，造纸原料虽然不少，可是如果来源日渐减少，经济上不再划算，照样会被淘汰出局。由此联想到，在造纸科研上，采用一些没有经济意义的原料，是不可取的。过去，曾有某些媒体报道，澳大利亚用袋鼠的粪便、泰国用大象的粪便、或者某处用排水污泥也能造纸等稀奇古怪的消息，这完全是一种“新闻作秀”，应该坚决地加以摒弃。

第四，造纸工业发展到21世纪，机制纸与古代的手工抄纸有了很大的不同。我们要有现代意识，学会科学地分析，探讨古代名纸为何能够赢得广大人士的喜爱，今天抄出的纸种，为何不带有“精品”色彩？就是一批名牌产品，过了一段时间之后，或许会消失得无影无踪。追查其根由，是很值得一些“企业老总”、政府官员和科技人员仔细地深思一番的。

第三节
蜜香纸

一、史书记录

蜜香纸（Mixiang Paper）为晋代纸名。蜜香之名众多，亦称木香、木蜜、沉香等。蜜香纸的最初记载，可见晋朝人嵇含（263—306）所撰的《南方草木状》（304年成书）卷二，其曰："蜜香纸，以蜜香树皮叶作之，微褐色，有纹如鱼子，极香而坚韧，水渍之不溃烂。太康五年（284年），大秦献三万幅，帝以万幅赐镇南大将军当阳侯杜预（222—284），令写所撰春秋释例及经会集解以进，未至而预卒。诏赐其家令藏之。"

据《晋书·忠义传》载：嵇含，字君道，自号亳丘子，谯郡（今安徽亳州）人。晋代"竹林七贤士"之一，嵇康的孙子。其父嵇蕃为太子舍人，又与杜预同事，时时有机会进出宫廷。对大秦或林邑进贡之事，这两个人自然知晓。而因嵇含不能入宫，极有可能是听其父转述。会不会是大秦、林邑同时献纸，嵇含听完后没有记全？而漏掉了林邑？因为据《晋书·杜预传》称：杜预在临终前曾撰春秋释例及经会集解，证明嵇含所写的无误。杜预也未言明大秦所献的蜜香纸，是自造的还是从别处买来的。所以这段记录有些不十分清楚之处，令人存疑。

不过，嵇含自幼好学，聪慧，能文，虽官位不高，曾出任广州太守。但他著述的《南方草木状》有三卷，该书介绍岭南地区植物，分草、木、果、竹四类，凡八十种。内容完备，文字简洁，叙述典雅。非唐以后人所能作伪，不得以始见《宋志》等书而疑之。

《南方草木状》中对蜜香的说明是[①]：蜜香、沉香、鸡骨香、黄熟香、栈香、青桂香、马蹄香、鸡舌香，案此八物，同出于一树也。交趾有蜜香树，干似榉柳，其花白而繁，其叶如橘。欲取香，伐之；经年，其根、干、枝、节，各有别色也。木心与节坚黑沉水者，为沉香；与水面平者，为鸡骨香；其根，为黄熟香；其干，为栈香；细枝紧实未烂者，为青桂香；其根节轻而大者，为马蹄香；其花不香，成实乃香，为鸡舌香，皆系珍异之木也。

关于蜜香树造纸过程的具体描述，查遍现存的有关史料，都没有获得任何资料。我们只能凭借只言片语，推测它的几种可能性。由于没有翔实的文字、物证，因此仅仅是一种假说，不能定论。

二、几种解读

对上述（《南方草木状》）记载，有以下3种不同的意见。

第一种看法认为，太康五年（284年）为西晋武帝司马炎的年号，而大秦则系“罗马帝国”之代名。自西汉张骞通西域后，打开了东西方交通的大门。中国的丝绸等货物便不断地经过西域通道运往欧洲，这就是闻名世界的陆地“丝绸之路”。于是乎，丝绸、瓷器、黄金、玉石等货物相互交贸，纷至沓来，“大秦人”也深受东方文明的感染。大秦国在西罗马时代，用武力征服了一大片地区。他们的臣民，包括有罗马人、阿拉伯人、印度人等。那些东来西往的商人，为了贸

① 若按此类植物属瑞香科。

易上行动方便，常自称为大秦人。东汉桓帝刘志延熹九年（166年），有大秦商人冒充受该国国王安东尼之派遣，向东汉朝庭献出象牙、犀牛角等礼品。到了晋朝太康五年（284年），大秦又有人以使臣名义向中国皇帝献蜜香纸三万幅（张）[1]。这到底是怎么一回事？

原来大秦（帝国）是古时候中国人对西欧和北非（从意大利至埃及的地中海沿岸）的混称。随着公元前2世纪丝绸之路的开通，加速了东西方文明的交流。当时的中国人认为罗马帝国也跟中国一样拥有高度文明，如果说长安（今陕西西安）是丝绸之路的起点，那么罗马就是这条贸易路线的终点，因此把它叫作“大秦”。《后汉书·西域传》有关“大秦”的记载是：“大秦国一名广鞬，以在海西，又称海西国。地方数千里，有四百余城。小国役属者数十。以石为城郭。列置邮亭，皆垩塈之。有松柏诸木百草。”那时，大秦国会不会造纸，未见有史书记录。大秦国所献的“蜜香纸”，很可能并不是真正的植物纤维纸，而是“莎草纸”（papyrus）。因为从“……坚韧，水渍之不烂”等字句形容该纸的特性来推想，莎草纸就是由莎草片敲打压成的薄页，确有“水渍之不烂”的功效。况且（大秦）罗马帝国在极盛时期（从公元前27年到公元180年），曾统治着“两河”流域和尼罗河流域，埃及出产的莎草纸也是大秦人平常使用的记事书写材料。所以把它当作礼物是有可能的。

当然，那时的中国人不认得莎草纸，误以为叫“蜜香纸”，嵇含也没有搞清楚，就不明不白地记录下来。这种可能性也是存在的，但不能由此而轻率地得出什么结论来，故立此存照。

第二种意见认为，经查《晋书·武帝纪》中称：“（太康）五年……十二月庚年（初十），大赦。林邑、大秦国各遣使来献。”在这段记载里，虽然没有提及蜜香纸。但是，进贡蜜香纸的不只是一个大秦，而是林邑、大秦两个[2]，而林邑产纸的时间也比较早一些。林

① 陈大川．中国造纸术盛衰史[M]．台北：中外出版社，1979：69.
② 刘志一．蜜香纸非大秦贡物考[J]．浆与纸（月刊），1996（6）：4-6.

邑国，位于中南半岛东部之古国名，又作临邑国，约在今日之越南南部顺化等地。此处原系占族（Cham）之根据地。据记载，“西汉时设为日南郡象林县，又称为象林邑，略去象，故称林邑。东汉末年，有名为区连者，杀害县令，自称林邑国王。从晋代起，以后屡次向中国朝贡”。唐至德年间（756—758）改称环王。其后定都于占城（Cham Thanh），故此地又称占城、瞻波（Champa）、占婆、占波、摩诃瞻波、占不劳（Cham-pura）等。后来，占城（或占婆）的领土扩大为今越南中部岘港与附近的占婆岛一带，当地生长瑞香科植物多种（其中不乏有蜜香树）。而因为晋朝时，各地都在试用新原料作纸，并且都以原料名称为纸名。采用树皮造纸的思路是殊途同归，在植物学上蜜香与芫香同类，与荛花（即雁皮）是近亲。采用的还是起初原始的“树皮布法”。

第三种观点认为，蜜香纸并非是国外的纸，疑似我国古时南方某地所制[①]。唐朝人刘恂（860—920）《岭表录异》（890年写成）一书中，云：“广管（广州总管府）罗州（今廉江县）多栈香树，身似榉柳，其花白而繁，其叶如橘皮，堪作纸，名为香皮纸，灰白色，有纹如鱼子笺，雷、罗州，义宁（今广东开平）、新会县率多用之。其纸漫而弱，沾水即烂，还不及楮皮者，又无香气。或云：沉香、鸡骨、黄熟、栈香同是一树，而根干、枝节各有分别者也。”从这段记载来看，蜜香树又以栈香树相称；蜜香纸也与香皮纸相同。它补充了产地以及记述了造成的纸“沾水即烂”之情形。这两段记载虽有不同、但又相近，只是对纸的品质评价不一，很可能是同一物种之异名。但蜜香树除可用于采取香料之外，其树皮可用来造纸，这个认识是基本一致的。

至于蜜香纸的制法，如从晋初陆机（261—303）诠释《毛诗》中所说的，荆杨交广谓之谷（穀），中州人谓之楮，今江南人绩皮以为

① 刘仁庆．中国古纸谱[M]．北京：知识产权出版社，2009：71-72.

布，又持以纸，谓之谷布纸，长数丈，皓白光辉……从技术观点上说，这种利用拍打方式，将剥下的树皮打平打紧，然后晒干就可以当作纸来写字。这种方法对比东汉人许慎（58—147）在《说文解字》（成书于100年）里收录之对“纸”字的注明“纸，絮一苫（shàn）也，从糸（mì）氏声”可知，“苫，敝絮箦也”与它并不相同。这两种方式，其区别之处是：前者在南方流行，后者在北方推广。

三、考证意义

我们从以上的讨论中，可以获得什么呢？

第一，在东西方科技交流史中，早先学术界普遍认为：中国造纸术的西传时间是公元8世纪，即唐朝天宝十年（751年）在西北边陲发生的“怛（dá）罗斯”之战[①]。但是，若从晋代有了蜜香纸出现，似乎说明在公元3世纪东西方在造纸上的交流已经开始了。晋朝与唐朝，前后相距约500年，到底如何看待这个问题呢？这还需要我们从更多的史料上去寻找新的线索。

第二，东西方造纸的起源，因其自然环境、资源条件和人文背景的不同，有可能沿着自身发展的轨迹，选择了不一样的造纸方式。但是，事物发展的基本规律是：先进的必然取代落后的。晋代出现了蜜香纸之后，不久就销声匿迹了。这种纸的“寿命”为何如此之短？唐代以降，人们仿制过蚕茧纸、侧理纸等晋代纸，却没有人再去重新制造蜜香纸，到底是什么原因呢？这个问题值得进一步深入研究。

第三，从史籍的考证上，树皮布文化与造纸术文化是有区别的。前者系物理性加工，所获得的成品，存在着某些方面的缺陷。后者为化学性处理，所获得的成品，自然有较大的进步。通常，一个发明或创造，都要经过从简单到复杂、从粗糙到精细、从低级到高级的演变

① 刘仁庆．中国古纸谱[M]．北京：知识产权出版社，2009：71-72．

过程。蜜香纸的品质，虽然有坚韧、水泡不烂的特性。但是，是否还具有轻巧、平滑、利于润笔之功能，不得而知。中国竹简和埃及莎草纸都具有与蜜香纸相同的“这个”特性，可是它们并非是传统意义上的植物纤维纸，或许是纸前史上的“先用物品”，也可叫作“纸的前身”，也未可知。因此，尽管密香纸也被称为纸，但不要完全等同于传统纸，这种理解不知对不对？

第四，对待古代的产品和记录，尤其像纸张——如此轻薄度高、如此脆弱性大的物品，应该从多方面进行认证。还有结合历史文化（如古代文化史、中外交通史、中国造纸史等）、文物考古、技术发展水平等多个因素，进行全面地分析，允许争议，宁可存疑，也不可轻易地下结论。

第四节
藤纸

一、名纸兴衰

汉代是造纸业的初制时期，它从西汉初年（公元前206年）至东汉末年（公元220年），总共有426年的时间。那时候制造出来的麻纸，起初纸面比较粗糙，质地不够理想。一般也只沿于杂用（包装，供卫生，或作点火纸），暂时不完全用作“记事之物”。故麻纸还缺乏与帛简竞争的能力，社会上仍以缣帛和简牍为主要的书写材料。

到了魏晋至南北朝，是造纸的发展时期，它从265年起直到公元589年，总共有324年。在这一阶段，造纸业才真正地成长起来，纸张赢得了社会承认，进入人们的日常生活。抄书、读书、藏书之风日盛。其中最主要的一点，随着造纸产地的扩大、生产技术的提高，造纸原料出现了多样化的趋向。除了麻类、渔网外，各种树皮也纷纷用于造纸。于是，纸张品种明显地增加了。这时候，一种用野藤树皮造的新纸种——藤纸便登上了历史舞台，开始崭露头角。

藤纸（Liana Fibers Paper），系晋代纸名，又为晋代名纸之一。它是以野生藤类植物——主要是青藤（*Cocculus trilobus* Dc.），其他还有葛藤（*Pueraria pseudohirsuta* Tang et Wang）、紫藤（*Wistavia sinensis* Sweet）、山藤（*Wistaria brachybotrys* Sieb.et Zucc.）、胶藤（*Bauhinia* hwangfungensis Merr.）等为原料所造成之纸的统称。据张

华（230—300）在《博物志》中说："剡（shàn）溪古藤甚多，可造纸。故即纸名为剡藤（纸）"。剡溪在浙江省嵊县之南，位于曹娥江上游，其水清而沿岸盛产野古藤（青藤）。剡溪所产之纸，又名剡纸。剡溪自晋代开始，创以藤皮造纸名噪一时。故浙江所产的传统名纸，亦有"剡藤""剡纸""溪藤"之称。剡藤纸是以藤皮为主要原料质成的纸。纸质匀细光滑，洁白如玉，不留余墨。主要产地在古越州（今浙江省东部，辖绍兴、余姚、曹娥江流域）地区。这种纸甚是有名，"剡纸易墨"流行，并明于世。一般用于造藤纸的原料是青藤、葛藤（又叫葛麻、毛角藤），通常是把枝上的侧叶除去，用刀斩断，束成小把，淹泡在水里10～15天。然后取出一边洒清水（或浸于水里），一边用木棒捶打，把藤皮打开、剔除杂质。再放在阳光下曝晒，使其纤维变白[①]。最后，再进一步处理浆料，进行抄纸作业完成。

公元四世纪，河南人范宁（339—401）在浙江为官时，发出"教令"（通告）说："土纸不可作文书，皆令用藤角纸"。被范宁赞赏的藤角纸，究竟是什么样的纸呢？对角字作何理解？有如下几种说法：（1）角是纸的量词，古时称公文一件为一角，故能引申为"公文"之意。藤角纸就是用藤料造的公文纸。（2）藤角纸中的角（jué）系古代"五音"（宫、商、角、徵、羽）中的第三位，相当于现在简谱中的1、2、3、4、5。即中等的意思。故藤角纸为人们常用的一种良纸。（3）藤角纸是"造精纸所余下的粗角，加工而成之纸，比土纸更加坚白"。即用剩余的藤皮下脚料，再抄造而成的藤纸。（4）藤角纸中的"角"字，实是一个无用之虚词。藤字为词根，角字为后缀，组合为一个词组，没有实际意义。所以藤角纸与藤纸是同一个词意，两者相同[②]。（5）在浙江方言里，角与榖是同音。而榖就是楮（chǔ）亦即构（树）。因此，藤角纸可能是用藤皮和楮皮混合抄造

① 刘仁庆．纸的发明、发展和外传[M]．北京：中国青年出版社，1986：48-49.
② 戴家璋．中国造纸技术简史[M]．北京：中国轻工业出版社，1994：82.

的一种皮纸。（6）野藤中有一种俗称毛角藤的植物——即葛藤，或许是以它为原料而制成的才叫藤角纸，也未可知。到底是哪一个说法经得起推敲？目前笔者的倾向意见，以（3）为妥。

藤纸早在东晋时已有制作，延至唐朝时则大量生产。它的原产地是剡溪（浙江），后来推广到杭州、衢州、婺州、信州等地。其后更是大面积采伐藤树，扩大生产。《浙江通志·物产》引《元和郡县志》："余杭县由拳村出好藤纸。"杭州余杭由拳村所造的藤纸取名"由拳纸"，天台郡出产的台藤纸，都享有盛名。据唐人李肇（791—830在世）在《国史补》中称："纸之妙者，越之剡藤"。他又在《翰林志》一书里谈到官方对书写文书的规定："凡赐与、征召、宣索、处分曰诏，用白藤纸。凡太清宫道观荐告词文，用青藤纸。敕旨、论事、敕及敕牒，用黄藤纸。"一般认为，藤纸的品质为平滑、牢固、细腻，且又具有不同的颜色，宜于用来缮写公文、抄录书卷、润笔书画等。有人（如陆羽的《茶经》中提及）用厚密的藤纸，贮存炙茶，"使不泄其香也"[1]。由此可知，早年藤纸的用途甚多，特别是在宫廷、官场或社会上层中流行，故历来文士们当以用藤纸为荣。唐朝诗人顾况（约730—806）写有一首《剡纸歌》来赞美藤纸，诗云：

云门路上山阴雪，中有玉人持玉节。
宛委山里禹余粮，石中黄子黄金屑。
剡溪剡纸生剡藤，喷水捣后为蕉叶。
欲写金人金口偈，寄与山阴山里僧。
手把山中紫罗笔，思量点画龙蛇出。
政是垂头蹋翼时，不免向君求此物。

唐朝诗人皮日休（834或839—902）在《二游诗》中曰："宣毫

① 钱存训．中国科学技术史 第五卷 第一分册纸和印刷（中译本）[M]．北京：科学出版社，上海古籍出版社，1990：49．

利若风，剡纸光于月。”宋代名人欧阳修（1007—1072）赞誉：剡藤（纸）莹滑如玻璃。宋代书法家米芾（1051—1107）对藤纸更是情有独钟。他说：“台藤背书滑无毛，天下第一余莫及。”他们均盛称藤纸之精良。

根据史料记载，自三国时代的孙吴年间，剡县已经制作出了剡藤纸。晋时，剡县的造纸业非常兴盛，是全国藤纸的制作中心。剡藤纸被官方规定为文书专用纸。唐时更负有盛名，皇帝用剡藤纸作诏书。因此称公牍为“剡牍”，举荐人才的公牍也称为“剡荐”。凡此种种，证明藤纸不愧为一代名纸。正是由于剡藤纸是纸中珍品，用之者众。“剡中日夜砍伐古藤，使之长不及伐多而日渐减少”。到南宋嘉泰（1201—1204）年间，剡藤纸逐渐衰落，取而代之的是剡中竹纸，名声盖过了藤纸。藤纸到明朝成化（1465—1487）、弘治（1488—1505）年间，“今莫有传技术者”。至此，剡藤纸因技术几乎近于失传而趋于绝迹。这不能不说是一大憾事。这其中到底是什么原因呢?

二、工艺调查

为了搞清楚曾经美名远扬的藤纸（剡藤纸）的制造技术，在很多年以前，笔者曾分别去过浙江余杭、富阳、龙游，以及绍兴、上虞、嵊县等地区进行过手工纸的调查。经过这些年的“沧桑岁月”，原来以为许多资料已不复存在了。有幸的是，在一次偶然的机缘，我居然发现了藤（皮）纸的生产流程的记录，令我惊喜不已。

回忆那段往事，至今还依稀存留有一些没有消褪去的印象。因篇幅所限，略去不谈。现根据所采访纸工的口述，以及我的部分记录和记忆，对该生产过程说明如下：

斩藤→切条→浸泡→浆灰→发酵→洗料→踏料→水洗→打料→入槽→抄纸→晒干→整纸（产品：藤纸）。

（1）斩藤、切条。浙江嵊县、婺州（今金华市）等地盛产古藤（青藤或葛藤），沿曹娥江流域，水源丰富。藤枝缠徊，需要斩断，再进行理顺，切成一（晋）尺左右的长度，扎束。（2）浸泡、浆灰。在河水中，将成束的藤条浸泡，上边压有石头，周边砌有栏堤，防止藤条流走。浸泡两三个月之后，藤条变软。把成束的藤条放入石灰池内，历时半日或一夜，务使浆灰沾满藤条。（3）发酵、洗料。再将藤条从石灰池中取出，置入铺有稻草的泥地上，成束堆积，再淋些石灰浆，预部覆盖稻草，夯实。此为发酵处理，夏季1~2个月；冬季4~5个月，至藤条呈泥浆状为度。再将藤浆投入萝筐内。（4）踏料、水洗。将萝筐移至水坑内，以脚踏藤浆，选出粗大片和杂质。然后再加清水反复洗涤，直到藤浆达到干净为止。另用手掐成藤浆饼，备用。（5）打料、入槽。把藤浆饼放在硬木板上，用木板大力拍打，少者几百次；多者上千次，使藤浆饼分散到呈泥浆状。在纸槽中加进清水，同时把藤浆放入，用木杆不停地搅动，使槽内浆料分散均匀。然后进入下一道工序。（6）抄纸。虽然尚不能最后确定藤纸是采用浇纸法还是捞纸法来制取的。但笔者认为以“一帘一纸”的可能性较大。该纸必定洁白而且至少一面是平整、光滑的。（7）晒干。将纸帘放在阳光下晒干。待纸干透后从纸帘上揭下。（8）整纸。按藤纸的大小切齐，包扎成捆。

虽然这一段是后世的“补丁”操作（晋时的造纸工艺，可惜无法再现），但也具有一定的继承性。从过程的总体“程式”来看，是符合历史上传统手工纸的制作规律的。

三、深刻教训

前已述及，自晋代兴起使用藤造纸后，到中唐藤角纸极为流行。从晚唐乃至宋代，这种纸逐渐地消亡了（被竹纸取代）。其主要原因是当时“剡藤纸”供不应求，把持制造纸的商人一哄而上，雇工对藤纸所用的原料野生藤条乱砍乱伐，失去了生态平衡，造成藤条与剡藤纸一起绝迹。因藤类是野生植物，成长缓慢。当宋代剡溪的藤类耗尽、藤纸逐渐衰落之时，而唐代中叶兴起的以竹造纸大展雄风，宋代以降竹纸逐渐取代藤纸。从此，一代名纸，魂飞天外。

唐朝进士、大臣舒元舆（？—835）在去剡溪考察后，预见这一可悲的事实将要发生。他含愤地疾书了《悲剡溪古藤文》一文，全文如下[①]：

剡溪上绵四五百里，多古藤株枿（niè，枝芽）逼土。虽春入土脉，他植发活，独古藤气候不觉，绝尽生意。余以为本乎地者，春到必动，此藤亦本于地，方春有死色，遂问溪上人。有道者，云：溪中多纸工，万斧斩伐无时，擘（bāi，分开）剥皮肌，以给其业。噫！藤虽植物，温而荣，寒而枯，养而生，残而死，亦将似有命于天地间。今为纸工斩伐，不得发生，是天地气力为人中伤，致一物之疾疠之若此。异日过数十百郡，洎东雒西雍，历见书文者，皆以剡纸相夸。予悟曩见剡藤之死，职正由此，过固不在纸工，且今九牧士人，自专言能见文章户牖（yǒu，窗子）者，其数与麻竹相多，听其语其自安重，皆不啻握骊龙珠，虽苟有可晓悟者，其伦甚寡。不胜众者皆敛手无语，胜众者果自谓天之文章归我，遂轻傲圣人道，使《周南》《召南》风骨折入于《折杨》《皇华》中，言偃、卜子夏文学陷入于淫靡放荡中。比肩搦管，动盈数千百人，数千百人笔下动盈数千万言，不知其为谬误，日日以纵，自然残藤命易甚。桑菓波靡，颓沓未见止息。如此则绮文妄言辈，谁非书剡纸者耶？纸工嗜利，晓夜斩藤以鬻（yù，卖出）之。虽举天下为剡溪，犹不足以给，况一剡溪者耶？以此恐后之日，不复有藤生于剡矣。大抵人间费用，苟得著其理，则不

① 舒元舆．悲剡溪古藤文．（《全唐书》）卷七二七，第二十、二十一页）转引自《古今图书集成》理学汇编学学典第152卷，纸部．

枉之道在。则暴耗之过，莫由横及于物。物之资人，亦有其时，时其斩伐，不为夭阏（è，阻挡）。予谓今之错为文者，皆夭阏剡溪藤之流也。藤生有涯，而错为文者无涯。无涯之损物，不直于剡藤而已。余所以取剡藤，以寄其悲。

综观上文，还在一千多年以前，该作者似乎很有眼光和远见，说句玩笑话，舒元舆先生颇有点“环保”意识，又具备“低碳”观念，还兼有“打假”的斗志咧。他悲叹由造纸而将古藤斩尽，影响它的生长。藤的生长期比麻、竹、楮要长，资源有限，事实上藤纸从唐以后就走向下坡路，该文从四个方面来评论当时的造纸业和社会状态，至今读来仍有一定的警示作用。

第一是自然资源是有限的。藤和其他植物一样，不可能“用之不竭”。所以要保护、爱惜它们。不要乱砍乱伐，伤害藤（资源）的生机。

第二是劝告人们要节制消费，不要浪费纸张。尤其是某些无聊文人，滥用笔墨，写些又臭又长的文章，无病呻吟，多余耗纸，不足为训。

第三是生产要有持续性。造纸原料如不重视培植更新，势必走向枯绝。故而在采伐的同时，千万别忘了要多多种植造纸原料，以便获得更大的发展。

第四是不要唯利是图。为了赚钱发财，雇工砍伐，不计后果。这么干下去，只能得到“自食其果”的厄运，造成了一代名纸的消亡。

所以，从藤纸的兴衰过程，我们便能得到一个深刻的教训。那就是：经济落后不可怕，是可以扭转、改变、向前发展的；文化丧失很可怕，是难以恢复、苏醒、再闪光辉的。呜呼，嵊州！吾将愧对创造璀璨的先民。呜呼，藤纸！吾将无颜面向继往开来的后人。

第三章 唐代古纸

第一节
薛涛笺

一、薛涛简介

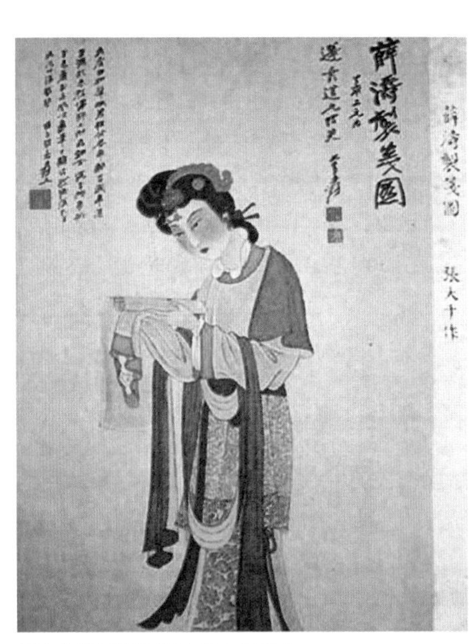

图3-1 薛涛制笺图（张大千绘）

薛涛（759—832），字洪度，又名弘度或宏度，曾住长安（今陕西西安）后迁成都。为唐朝女诗人、艺术加工纸（笺纸）的首创者，她的生年、籍贯，众说多异（今之学者，自然也持议不一）。[①]

薛涛（图3-1），性敏聪慧，洞晓音律，多才艺，工诗赋，名噪一时。据明代学者钟惺（1574—1624）等人选编的《名媛诗归》一书中介绍："涛八九岁知音律，其父（薛

① 辞海编辑委员会．辞海[M]．（第六版．缩印本．）上海：上海辞书出版社，2010：2162．

郧）一日坐庭中，指井梧示之曰：‘庭除一古桐，耸干入云中’。令涛续之，即应声曰：‘枝迎南北鸟，叶送往来风’。父愀然悦之。”可见，她的才思敏捷，文气满胸。薛涛早年丧父，母亲孀居。母女相依为命，生活窘困。直到16岁时，她的诗名已遐迩皆闻，成为当时著名的女诗人之一。

在唐代的女诗人中，以薛涛和李冶、鱼玄机三人最为著名。薛涛曾与卓文君、花蕊夫人、黄娥合称蜀中“四大才女”。薛涛常写诗作，与唐朝许多文人名士交际甚广，如著名诗人元稹、王建、白居易、刘禹锡、杜牧、张籍等人都有唱酬。身后，被人整理出版有《洪度集》——收录有诗作89首。与同时代的其他闻名女性们的不同之处，则是薛涛不仅在文学上有突出的成就，而且在造纸技术方面的表现也有令人敬仰的事迹。

唐朝德宗贞元（785—804）中，剑南西川节度使韦皋（745—805）召令薛涛侑酒赋诗，遂入乐籍。薛涛以歌伎而兼清客的身份出入幕府。韦皋曾拟奏请朝廷授其以“校书郎”的官衔，格于旧例，未能实现。但是，世人仍尊称她为“女校书”。后来，人们俗称歌伎为“校书”就是由她开始的。薛涛为写诗之便，在居住浣花溪时，自资加工造成深红色的小彩笺，用以写诗赠友，引起轰动，后世被称为“薛涛笺”。晚年好作女道士装束，建吟诗楼于碧鸡坊，在清幽的生活中度过她的暮期。唐代诗人王建（约767—约830）在《寄蜀中薛涛校书》诗中称道：

万里桥边女校书，枇杷花里闭门居。
扫眉才子知多少，管领春风总不如。

由此，“女校书”和“扫眉才子”就成了薛涛才名的代称。她以具有一定思想深度的、清词丽句见长的诗作，赢得了众人的欣赏和赞美。在封建时代的妇女中，特别是像她这一类的弱女子，在文学上有如此突出的表现是难能可贵的。

薛涛对造纸的贡献在于，她是古代手抄加工纸的研制者之一，以题写小诗出发，制成染有“中国红”色（或者附有隐性花纹或图案）的短笺，被后人尊称薛涛笺。开创了早期手抄加工纸的新品种之一：“笺纸”。在世界造纸史上，以“一人一纸”而闻名的女性除了薛涛外，再也找不到第二个人了[①]。她真可谓我国造纸界之精英，不愧为中华巾帼之翘楚。

二、薛涛笺考

薛涛笺（Xue Tao Paper）从何而来？依薛涛的身份——入乐籍、女诗人，怎么会与造纸联系起来？薛涛笺到底是什么样子的？

薛涛在贞元十二年（796年），因偶然得罪了上司韦皋，被罚赴松州（今四川松潘县）服役受苦，不久释回。元和元年（806年），薛涛第二次被“统领”刘辟所罚去边。元和二年（807年）被朝廷派来蜀、新任西川节度使武元衡旋即释回。脱乐籍，退隐居住成都西郊之浣花溪。因浣花溪地区之人多数从业造纸，耳濡目染，故对造纸业有了较深的印象。又因薛涛常写诗、用纸墨，且惜其纸幅较大，写己所作小诗多有不便，起初由外购大纸、改制小幅纸。并且在形制、设色、图画和质量上都狠下了一番功夫，例如笺纸尺寸要适合写诗，所谓“才容八句”；用毛笔或毛刷以涂刷法染色、压平阴干等。其工艺与传统的浸渍法染色相比，具有省色料、成本低、加工方便等特点。后来便出资建坊，雇工自制纸张。借用薛涛宅旁浣花溪之溪水制作，把纸取名为“浣花笺”。

四川原来盛产麻纸。唐人多崇迷信。写诗送人忌用白纸，薛涛性

① 刘仁庆．中国书画纸[M]．北京：中国水利水力出版社，1986：48-49．

喜红色，乃创用胭脂染成深红色小笺。后世流行之红色小八行纸，即薛涛笺之成品之一也。相传有人说，由于该纸原色单一不艳，薛涛曾把植物花瓣撒在纸面上加工制成彩笺，这种纸色彩斑斓，精致玲珑，故又把它称为“松花笺”。

元和五年（810年）薛涛创制的“浣花笺”（一种深红色小笺）获得了唐代诗人李商隐（约813—858）的称赞。他在《送崔珏往西川》一诗中写道：

年少因何有旅愁，欲为东下更西游。
一条雪浪吼巫峡，千里火云烧益州。
卜肆至今多寂寞，酒垆从古擅风流。
浣花笺纸桃花色，好好题诗咏玉钩。

五代·韦庄（约836—910）在《浣花集·乞彩笺歌》一诗中称曰：

浣花溪上如花客，绿暗红藏人不识。
留得溪头瑟瑟波，泼成纸上猩猩色。
手把金刀擘彩云，有时剪破秋天碧。
不使红霓段段飞，一时驱上丹霞壁。
蜀客才多染不供，卓文醉后开无力。
孔雀衔来向日飞，翩翩压折黄金翼。
我有歌诗一千首，磨砻山岳罗星斗。
开卷长疑雷电惊，挥毫只怕龙蛇走。
班班布在时人口，满袖松花都未有。
人间无处买烟霞，须知得自神仙手。
也知价重连城璧，一纸万金犹不惜。
薛涛昨夜梦中来，殷勤劝向君边觅。

根据以上两首诗的意思和宋·苏易简（957—995）《文房四谱》中的两段记载："元和之初（9世纪初叶），薛涛尚斯色，而好制小诗，惜其幅大，不欲长，乃命匠人狭小为之。蜀中才子既以为便，后裁诸笺亦如是，特名曰薛涛笺。"又说："府城（指成都）之南五里有百花潭，支流为一，皆有桥焉。其一王溪，其一薛涛，以纸为业者家其旁。以浣花潭水造纸故佳，其亦水之宜也。"清代诗人许友（约1674年在世）也写诗赞道："春城御柳韩生句，锦水桃花薛氏笺。"由此我们或许可以合理地推论一下，薛涛笺制作的演变过程。

第一，前一阶段，薛涛笺曾经是一种把从外边买回的大幅原纸（原名便叫松花笺，但笔者以为不可。而是薛涛把这种原纸经过加工后借用旧名而称松花笺）裁成小张纸，再经自己染成红色，供题诗交友之用。故松花笺即是后来的薛涛笺。第二，后一阶段，鉴于外购纸得不到充分保证，于是薛涛在成都郊外浣花溪的百花潭雇工自制红色小笺，开始或称松花笺，或者没有纸名。由于被她用来写诗与元稹、白居易、杜牧、刘禹锡等相唱和，才被众人誉为"薛氏笺"（薛涛笺），从此而名著于文坛。因此，应以动态的观点来看待薛涛笺的变化。

试问：薛涛设计"命匠人狭小为之"的小笺（松花笺），究竟有多大？唐朝时一般纸的幅面并不大，通常为直高25~29cm，横长42~52cm[①]。但写诗仍嫌过大，裁成约16开大小比较合适。宋代人乐史（930—1007）在撰写的《太平寰宇记》中说，益州旧贡薛涛笺，短而狭，才容八行（字）。她常用这种自制纸笺写诗词赠友人，清新雅致，别有风趣，盛传一时。明代人宋应星（1587—约1661）在《天工开物》中称："薛涛笺其美在色。"这种纸在其后历代都有仿制。薛涛笺不止深红色的一种，而且可能有多种雕版印花或手绘图形的（图3-2）[②]。当然，或许这只是后世的仿制品，与唐朝的原纸可能不一样。这个问题可以暂且存疑，或另行研究。

① 王明．蔡伦与中国造纸术的发明[J]．考古学报，1954（2）：213-221．
② 吴伟．文化西游：印刷术[M]．北京：华文出版社，2001：10．

图3-2　后世仿制的薛涛笺（深红色）

薛涛笺的外观到底是个什么样子？查遍史书都没有具体的描绘。见过那种纸笺的唐朝人当然会有印象。但是，他们留下来的说法，彼此又很不一致，大体上可以用“小幅、呈红色”来形容。纸面上还有没有“别的”呢？这里潜伏着一个十分有趣的悬念。比方说如果是一张红色纸，就叫红（色）笺就行了；如果是把大红纸改裁成小纸，也用不着另外取纸名（即使另外取名，别人也不会承认）。薛涛把它叫作松花笺必定有其理由。而且其他人又何必会众口一致地把松花笺改口称为薛涛笺？上边说的这个“别的”——到底是指什么呢？

通过多方面的分析、比较和推理，一个最大的可能性，那就是：薛涛笺的特色就是红色笺上有画（包括刻印或手绘的）。例如，考古学家、文学家、书法家郭沫若于1949年曾在一幅日本纸上题诗，他写道①：

画上题诗非作俑，古来薛涛曾利用。
画者倭人不必悲，当忆枝头宿鸾凤。
心如不甘谓我狂，藉尔摧残帝国梦。

① 郭平英. 郭沫若题画诗存[M]. 太原：山西教育出版社，1997：70.

画幅上有明显的手绘图画（图3-3），这是其一。1973年，著名作家、文博学家沈从文亲口对笔者说过：“（20世纪）30年代，有人告诉我说故宫收藏有（薛涛的）松花笺，后来他们印制了一批信纸，就是仿照薛涛笺的样子做的。那些信纸我亲眼看过，的确有画，一点不假。”如果说薛涛笺上真有画，笔者推测那画有可能是出自她本人之手，这是其二。2006年，图书市场上出现了刘远峰写的一本书[①]，其中介绍了笺纸的来历与演变，还有笺纸的制作、用途和绘制方法。书中明确指出：笺纸，即早在唐代元和年间问世的薛涛笺。同时列举了多幅各种题材的笺纸，张张有图画，这是其三。因此，可以说薛涛是融诗、书、画于一纸的创作者。但令人不解的是，为什么自唐代以降，宋元明清诸多介绍薛涛笺的文章却只字不提笺上有画，这是什么缘故呢？笔者认为：可以这样解释，由于唐代那些文人墨客注重的是诗句，加上刻印上的衬画线条较浅，或者手绘的花纹较细，而纸面的红色十分突出，把画面掩盖得不甚清晰，因此就被忽略了。后人跟着前人照猫画虎，人云亦云。于是便留下了一个悬念——笺上只有色而无图？

图3-3　郭沫若《题倭画》

根据有关文献记载，这种纸后来历代有仿制品，如宋仿薛涛笺、明仿薛涛笺、清仿薛涛笺等，甚至在清末民初在北京琉璃厂偶尔也见

① 刘运峰．文房清玩——笺纸[M]．天津：天津人民美术出版社，2006：6-11．

到盒装的薛涛笺（仿品）。1997年夏季，在中国书店书刊资料拍卖会目录上，标出223号拍品是（北京）荣宝斋制薛涛（诗）笺。一盒，47张，12.3cm×22.5cm；另一盒，49张，15.8cm×23.5cm，系民国期间的产品。拍品后来不知所终（收藏者未留名）。据说，这些笺纸多是以皮纸或宣纸为原纸（底料与唐代的木芙蓉不同了），或浸红色染液后干燥而成；也有印有隐花或手绘花样的，两样都有。到底是以一种深红色之小笺，博雅士文人写诗之用；还是另有雕版印花等的小笺？会不会因为薛涛笺在仿制前后有变化？还是这两种不一样的薛涛笺都同时存在过？至于它们的加工方法因缺乏记载，无法细说。毫无疑问，薛涛笺在我国纸笺的发展史上，占有一页重要的地位。

三、制作方法

虽然有关薛涛笺的具体制作过程缺乏记载，但是我们从各方面所得到的零星文字中，也可以对这一种红色的小幅诗笺的加工工艺，进行初步的分析和探讨。换言之，薛涛笺到底是用什么原料、采用何种方法制成的？

图3-4　木芙蓉外观

首先，看一看成都的自然环境。成都自古为“天府之国”，物产丰富，人杰地灵。从自然环境看，成都在唐以前便是产纸地区，到了中唐成为重要的纸产地。成都的造纸中心，历来围绕在浣花溪一带。为什么呢？这是由于当时浣花溪周围盛产竹、麻、楮、桑、木芙蓉等植物，取材容易；浣花溪的水质清澈，有利于造纸制笺；且浣花溪直通锦江，水路交通，运输方便。

据《东坡志林》载："浣花（溪）溪水清滑异常，以沤麻楮作原料，洁白可爱……故造纸者多沿溪而作"。同时，这个地方在唐朝时，是我国著名的丝绸产区，也是生产蜀纸的集中地。锦江沿该城蜿蜒而过，薛涛住宅就在西郊的浣花溪，它是百花潭的支流。百花潭又是锦江的支流，三条河流互通。锦江原是古人洗濯锦缎之江，故成都又名锦城。锦江之水来自岷江，其源头则是"千里岷山"之雪水，温度低，泥沙少、杂质量微，水质优异。如此优良之清水，不论是洗濯丝绸还是制浆造纸，都是十分合适的。

其次是造纸原料的供应。成都地处平原，气候温和、潮湿，植物生长茂盛。成都周边遍种木芙蓉，故又名蓉城。起初，薛涛或许也用过"沤麻楮作笺"之法，结果不甚理想。后改用木芙蓉，成效颇佳。由此得知，唐代的薛涛笺所用的原料是木芙蓉。而后来历代仿制的薛涛笺，就很可能原料有所变化了。

木芙蓉为锦葵科，木槿属，拉丁文学名：*Hibiscus mutabilis* L.系落叶灌木或亚乔木，叶大，阔卵形或近于圆卵形（图3-4），单秆直立，很少发枝。本种为观赏植物，其皮部纤维细长，木素含量低，有适合制造书画纸的条件。1000多年前，成都城郭遍植木芙蓉（成都亦名蓉城之由来）。这样看来，用它造纸很是符合"就地取材"的原则。枝条采回后，立即进行剥皮、脱胶。将剥下的鲜木芙蓉皮，去其外边的粗皮，束成小捆，放入溪水中浸泡。直至纤维变软、容易分开时为止。一般约需时7~8天，然后取出，洗净，备用。浸泡时应尽量少沾污泥，必要时可搭架，束捆不宜过紧，以防浸泡不透。

木芙蓉纤维的平均长度1.9mm，宽度0.018mm，长宽比105。木芙蓉的化学成分是：综纤维素43.27%，木素12.19%，多戊糖22.08%，苯醇抽出物2.85%，果胶6.03%等。其中纤维素含量较高，杂质（如抽出物、果胶）较少，成浆容易[1]。

第三是对原纸的加工技术。按理说，薛涛笺属于毛笔书画用纸类，具体地讲应该是写诗专用纸。这种纸可能由两种方法制取获得。一种方法是利用原纸染色（上文已经做了部分介绍）；另一种方法是造纸染色。所谓原纸染色，在技术上说是比较简单的。因为制浆造纸一大套生产流程被省去了。原纸是现成的，主要是染料和涂刷加工工艺。染料的选择与配方，是首先应该解决的。唐朝时的染料，以植物性和矿物性的较多，如红花、胭脂等。我国的丝绸染色，技术成熟，绚烂多彩，早已名扬中外。而成都在唐时为著名的丝绸产地之一，染色工艺不成问题。关键是薛涛针对原纸而加工成“深红色小笺”，采取什么步骤。薛涛采用的涂刷法染色，最为简单：需要一些色料、拿毛刷蘸色加工、最后将其晾干即成。或许有人说，那么简单，算什么首创、发明？是的，在今天连小娃儿都会干的事，上推至一千多年前，就是一件了不起的事。发明是一张窗户纸，一捅就破。大家熟知的“哥伦布竖蛋”就是一个例子。

所谓造纸染色，就是从处理植物原料起，采用蒸煮、洗浆、漂白、打浆、调制色、捞纸、晾干、裁纸等一系列制浆抄纸工艺而得到纸张，其中少一项也不行。薛涛从采集原料，监制蒸煮制浆、抄纸加色，完成了全过程，最后生产出了“浣花笺”。诚如明·宋应星《天工开物》中指出：“四川薛涛笺以芙蓉皮（即木芙蓉）为料，煮糜，入芙蓉花末汁，或当时薛涛所指，遂留名至今……”

在唐代，因为造纸属手工操作，所以采用的生产工具石臼、木杵之类，与农业器具相近。而造纸过程中的“杵之使烂，涤之使洁”，是极其重要的两项工序，即打浆和漂白，大约是“先舂后洗，洗后再舂，反复进行，至白为度”。注意，古代的“漂白”方法之一是指反复洗涤，与现代的漂白含义完全不一样。古代的晒白即相当于今天的

---

① 孙宝明，李钟凯．中国造纸植物原料志[M]．北京：中国轻工业出版社，1959：341-343.

臭氧漂白。薛涛所用的泡料、洗浆之水，先期用的是溪水；后期可能用的是距锦江不远的井水。据明代曹学佺（1574—1646）在《蜀中广记》中称："每岁三月三日汲此井水，造（纸）24幅，入贡16幅，余者留存"。今天，成都望江楼公园茂林修竹中还保存有"薛涛井"，即为明藩取水仿制薛涛笺的故地。因江水透过沙层滤过进入井中，故井水的清洁度优于江水。利用井水造纸也是薛涛的一个创举。这个说法有明史册、薛涛井作佐证。

凡造纸者都知道，本色纸是不宜染色的。原纸越白匀，染色越鲜明。薛涛不用麻（或麻纸），而用韧皮（木芙蓉）纤维是很有道理的。经过以上的工序，才能如愿地得到原纸。接下来就是涂刷染色，单一染色（如红色）比较方便。如果要搞"十色笺"，则是复杂许多。过去，曾有薛涛制十色笺之说，这是不确切的。大概是把宋代的谢公笺也混淆进来。

第四是主观能动性。做事离不了人，尽管人的因素与水平和条件有关，可是发挥自我的积极性到极致，力量不可低估。薛涛在遭到羞辱迫害之后，她终于洗尽铅华，不再参与诗酒花韵之事，穿上道袍隐居浣花溪。这一退隐，却在不经意间成就了一个发明家。她不屈不挠，自食其力，用红色的胭脂和着她的才思制成了"薛涛笺"。该笺纸不仅精致、细腻而富有情调，而且多有色彩、花纹等。这种美丽、典雅、经济、实用，便于书写和携带的纸张，在风花雪月文学色彩很浓的唐朝，迅速风行天下，成为时尚和新潮的象征。

从此，中国造纸史上也就多了中唐薛涛造出的第一批彩笺（笺纸）。襄樊（湖北襄阳）古隆中有一个奇联，上联是："南华经，相如赋，班固文，马迁史，薛涛笺，右军帖，少陵诗，摩诘画，屈子离骚，古今绝艺"；征求下联，久未有人接应。后有人对曰："沧海日，赤城霞，峨眉雾，巫山云，洞庭月，彭蠡烟，潇湘雨，广陵涛，庐山瀑布，宇宙奇观。"上联中所列8项，都是古今之绝艺。薛涛名列第五，侧身于一流大师之列，这大抵也是这位一生际遇坎坷的女子所始料不及的。

四、悬念求解

综上所说，从薛涛笺诞生的时代背景、使用范围和流传经过等来看，作为一名造纸科技工作者所关心的、需要讨论的问题是：薛涛笺到底是什么样的纸，是染色加工纸还是艺术加工纸？

唐代的名纸之品种甚多，而以“人”命名者只有“这一个”。因此，薛涛笺必定有与一般纸不同的特色。许多文献中指出，它是猩红色或（浅）红色。但是，笔者认为应该用动态的眼光去判断：薛涛笺有可能是两种加工纸的统称，既有单一的深红色纸——染色加工纸，也有具有图形的浅红色纸——艺术加工纸。不过，前期的薛涛笺是染色加工纸；后期的薛涛笺是艺术加工纸。前者制作的数量多，后者的数量少。道理很明显，两者的加工手续“前简后繁”、加工成本“互有高低”。同时，后者只有少数人可以获得薛涛的优待馈赠，分享殊荣，这也是容易理解的。而薛涛的代表作——薛涛笺即艺术加工纸。

由于上述两种纸存在着较大的区别。我国从晋代起就有葛洪（284—363）采用黄檗为染料对麻纸进行（浸渍）加工而制成黄麻纸[①]，葛洪是染色加工纸的发明人。又因为此纸的加工方式比较简单，流传到唐朝时民间皆悉，这种染色纸早已司空见惯。而艺术加工纸的制作则不然，不论是进行刻花，还是进行手绘加工，首先要进行充分构思图案，避免雷同。其次应进行必要的加工准备，如刻版、刷子、毛笔、颜料等，最后才能得到令人满意的成品（笺纸）。

我们期盼社会上若有收藏薛涛笺的个人和有关单位，如果有实物或历代的仿薛涛笺样品，奉献出来为澄清这一问题提供佐证。同时，

① 刘仁庆．中国古纸谱[M]．北京：知识产权出版社，2009：76．

我们也会就薛涛笺的加工工艺做进一步的探求，以拓展薛涛笺在文化领域方面的应用。

综上所述，薛涛笺是唐代的名纸之一，属于加工类的皮纸（韧皮纤维）之列。薛涛既是中国文学史上不可多得的女诗人；又是艺术加工纸（笺纸）的首创者。在世界造纸史上，以“一人一纸”而闻名的女性除了薛涛，再也找不到第二个人了[①]。她真可谓是我国文学界与造纸界“双肩挑”之精英，不愧为中华巾帼之翘楚，这就是本文的结论。

① 刘仁庆．中国书画纸[M]．北京：中国水利水电出版社，2007：226-227．

第二节
宣纸

根据现有的资料，晚唐学者张彦远（约815—875），山西永济人，出身于宰相世家，他写的著作——《历代名画记》（唐大中元年即公元847年成书）中这样写道：“江东地润无尘，人多精艺。好事家宜置宣纸百幅，用法蜡之，以备摹写。古时好塌画，十得七八，不失神采笔踪。”[①]这是现在已知的古籍中首次提及的“宣纸”（Xuan Paper）一词，白纸黑字，凿凿有据。如果以此为据，那么宣纸至迟起源于唐代之说，就可以确认了。这个意见，已经为大多数学者、专家所共识。

为何取名为“宣纸”？其中的“宣”字是什么意思？这是因为宣纸产于宣州（今安徽泾县地区），以地域来命名，所以被称为宣纸。不论是古代还是现在，我国有许多物产都随地取名，如莱阳梨、茅台酒、涪陵榨菜等，已成惯例。安徽学者胡朴安（1878—1947）在《宣纸说》一文中指出：“泾县古属宣州，产纸甲于全国，世谓之宣纸”。

笔者认为：宣纸，作为中国历史上的一种顶级的书画艺术用纸。

① 张彦远．历代名画记[M]．卷五．北京：人民美术出版社，1963.

它“源于唐代、兴于明代、鼎于清代”。唐代是中华民族历史上值得引以自豪的一个时代，社会经济全面发展，文化事业欣欣向荣，出现了诸如李白、杜甫、怀素、吴道子等一大批诗书画名家，同时也把文化艺术推向了一个新的高峰。于是，对纸的需求不论在数量上，还是在质量上都提出了更多、更高的要求。在这种形势下，各种好纸便应运而生。宣纸便是其中的佼佼者。现在，社会上绝大多数人士都倾向于上述看法，即宣纸为因产地而得名，沿用历史习俗而称之。

关于宣纸的专著和文章，历年来已经出版和发表不少了。据笔者统计，截至2009年共有著述8种，它们（按出版时间先后为序）是：《宣纸与书画》（1989年4月）、《中国宣纸》（1993年7月、2000年9月第二版）、《中国宣纸史》（2005年3月）、《宣纸制造》（2007年3月）、《漫谈宣纸》（2008年9月）、《中国宣纸工艺》（2009年3月）、《中国宣纸史话》（2009年5月）、《国宝宣纸》（2009年9月）等。各种报刊发表的有关宣纸文章200多篇（参阅《国宝宣纸》附录225—235页）。真可谓连篇累牍、汗牛充栋了。

“宣纸”仅仅二字，阐述它的文章、专著如此之多，几乎包揽了所有宣纸的历史、制法、性能、应用、掌故、趣闻等。如果我再写些众所周知的内容，必让人感到有“画蛇添足”之嫌。因此，我在执笔写作本节时，经常思考着应该论证的主题究竟选什么为好？由此而把撰文的时间拖得很长，迟迟不能脱稿。考虑再三，我才决定就以下：涉及宣纸原料的（青檀纤维的微观结构）、宣纸定义的（宣纸之名常被人误会）和宣纸工艺的（传统工艺的改革问题）等3个重要问题进行探讨，发表一点个人看法。

一、青檀纤维的微观结构

众所周知，宣纸的主要原料是青檀（图3-5），辅助原料是沙田稻

图3-5 青檀树

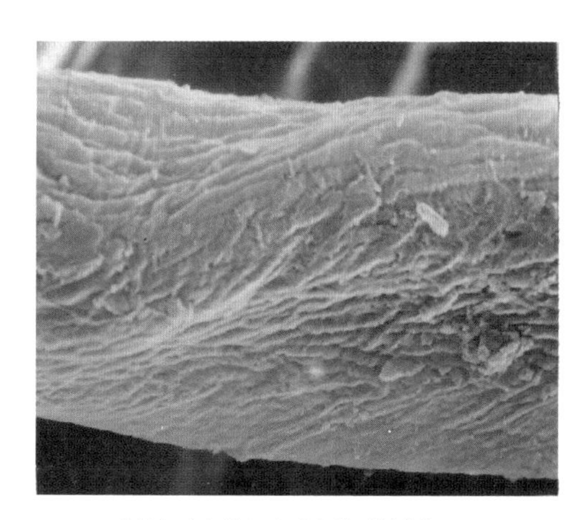

图3-6 青檀韧皮纤维细胞壁上的“皱纹”

草。制造宣纸的“主角”必须使用青檀树两年至三年生枝条的韧皮部分，从宏观上看此时青檀皮纤维不但坚韧，而且色泽也比较白。但是，如此的认识还是远远不够的。而且青檀树有野生和自种之分，两者的纤维形态是否相同？青檀树的解剖学研究从1964年胡玉熹等发表了论文之后，40多年未见有新的研究报道。青檀树经过人工培育后有没有变化？环境变化、土壤酸化后对青檀树及其纤维形态有何影响？我们很希望能看到有这方面的论文发表，然而却让人深感遗憾。

根据多年以前我的研究结果，从微观上看，青檀皮纤维不仅均整度良好（88%）[①]；而且青檀纤维细胞壁较薄、柔软，胞腔适中，这种“壁薄腔大”，意味着纤维内表面积越大，对水或混合液体（墨汁、颜料等）的吸附力越大，润湿作用也越强。最为突出的是青檀单根韧皮纤维上存在有

① 刘仁庆．宣纸与书画[M]．北京：中国轻工业出版社，1989：151．

许多的“皱纹”，也就是许多的“横纹道”，而且分布得比较理想。为了搞清这种情形，先把青檀韧皮纤维经过“临界点干燥”，通过扫描电子显微镜观察、拍照，发现纤维的表面较光滑。可是，当经过自然干燥以后，纤维表面却出现了许多与细胞长轴呈平行（部分稍有倾斜）状的皱纹（图3-6）。这可能是因为细胞壁（主要是初生壁）收缩的结果。此一现象与自然干燥后的青檀韧皮纸浆的纤维状况十分吻合。由此可见，这种细胞壁上大量皱纹的存在，是青檀韧皮纤维所特有的。它对纸的润墨效果可能产生很大的影响。

严格地说，扫描电镜所观察的结果只是定性的。如果要求量化的数据，就应该测出这些皱纹的长度、宽度和深度，甚至还有单位面积上皱纹所占的百分比。这样就能够精确地细化到润墨性的扩展大小和形状了。然而，采用什么仪器，采取什么方法来进行此项工作，则还需要进一步加深研究。

为什么要深入地研究青檀纤维的微观结构？这是因为它至少涉及宣纸的“四性”中两项重要性能：润墨性和耐久性。20多年前，我们曾经通过采用扫描电子显微镜（SEM）、红外光谱（IR）、X射线衍射图（XRD）等，对青檀纤维的微观结构进行了研究，获得了一些认识，解读宣纸的润墨性好和耐久性高的形成原因。我所发现了青檀纤维细胞壁上有多量、呈平行排列的“皱纹”，并且把皱纹与润墨性联系起来加以说明①（同时观察过桑皮、构皮、三桠又名结香、棉花等纤维，它们的表面没有或者只有少许的、分布不规律的皱纹）。因此，在一定的范围内，宣纸中的檀皮浆越多，其润墨性也越佳。可以毫不夸张地说，润墨性是宣纸的灵魂之一，如果缺少这一特性，宣纸将大为逊色，并丧失其艺术魅力。我们应该极端重视这一点，它对于制造和使用者实在是太重要了。对于皱纹的量化测定至今仍是一道难题，能用什么方法去解决呢？

① 刘仁庆，胡玉熹．宣纸润墨性之研究[J]．中国造纸，1985（2）：26-27．

另外，我们对宣纸的润墨性的理解仍很不够。宣纸的润墨性虽然可以用这样的简化语言来描述：它着墨于纸上，呈圆形化开，吸墨力强，层次清晰，表现力好。只有这样，才能够满足书画家们的要求，达到理想的艺术境地。明瞭宣纸的润墨性是一回事，而掌握润墨性却是另一回事。起初，笔者曾经有过困惑：弄不清楚究竟为什么书画家买宣纸，一次要购入十多刀甚至上百刀（每刀100张）纸保存起来。后来才明白：为了把握润墨效果，他们要在同一批纸上反反复复地画几百上千次，直到能够产生熟悉“落笔到底多重、墨迹扩散多大”的自我感觉为止。一旦有了手感“好使”的意念的时候，画家们才会如醉如痴，潇洒脱逸地创作出更多、更好的精彩作品来。

笔者与国家档案局科学技术研究所的朋友合作，花了约4年时间，对宣纸和其他“对照纸样”进行了不同温度下的老化试验、预测“寿命”的对比试验，分析测定了几千组数据，终于获得了（特净皮）宣纸的耐久性是所有试验的7种纸中最好的。它的“寿命”（模拟人工老化时间）的“下限”是1050年①。这样就为宣纸的耐久性作出了一个“量化”概念的划定，并且还对“下限过千年，上限再推前”的原因进行了探讨。

在这里，需要对“下限”加点说明，如果从纤维水平的角度上看，宣纸寿命的最少时间是1050年（即青檀纤维在如此长的时间内不损坏）。如果保存妥当，还可延长到更久的时间（年代）。因为实验进行到这一阶段，其他“对照纸样”（即参照物）均有变质和损坏，唯有青檀宣纸“岿然不动”，所以只能得出它的“下限”年代。至于“上限”是多少？目前暂时无法最后确定，只能有待今后科技手段提高了，再做进一步地研究。

我国各地不少的美术馆、图书馆和博物馆内收藏的宣纸书画，至今完好如初，还可以继续流传于世。这就间接地证实：宣纸的耐久性

① 刘仁庆，瞿耀良．宣纸耐久性的初步研究[J]．中国造纸，1986（6）：36．

是可信的、经得起时间的考验的。因此，有把握地说，宣纸的“上限”时间还可以更展开一些、延长一些。

为什么宣纸的寿命会如此之长？可能有两个原因：一个原因是与纸的酸碱性（即pH值）有很大的关系。据测定，宣纸的pH=7.1~8.3，呈中性或偏碱性，保持这种“状态”具有很大的实际意义。一方面，表明纸中的“羧基”少，不容易诱发出变色“基团”；另一方面，即使是有空气中的“酸分子”侵入，也会先与碳酸钙发生反应，生成了二氧化碳又返回到空气中，从而保护了纤维素分子不被破坏，分子链不会断裂。这样就能保持纸的原有强度、色泽，也不会出现纸面“发黄”“变暗”等劣化现象，从而提高其耐久性。

另一个原因是与纸的原料和加工过程密不可分。有人说，宣纸之所以叫宣纸，就是因为使用了青檀，不用青檀为原料的不应叫宣纸，所以严格地说应该叫作“青檀宣纸”才比较好。不过，长期以来宣纸之名早已深入人心，大家应该理解宣纸——就是以青檀为主要原料做成的。总之，要从青檀纤维的微观结构、碳酸钙粒子的沉积和对酸性环境的抵抗等多方面综合性地加以解释。

综观宣纸的加工工艺，由于处理青檀的条件温和（常温、常压），使纸内纤维纯洁、坚固，没有受到损伤。再者因制作时较少接触金属器具，故纸中所含金属离子（它们都是容易引起复杂化学反应的各种催化剂）极少。同时，优质的泉水保证供给，以及青檀纤维本身的皱纹结构，使纸内存有多量的碱性微粒（如碳酸钙），从而确保宣纸的耐久性高，这是完全可以理解的。

因此，诚如曹天生博士在《中国宣纸（第二版）》中所说的[①]：“刘仁庆关于宣纸的润墨性，是国内最早全面论述这一问题的研究，也是国内迄今为止最具说服力的研究”。同时，还指出：“刘（仁庆）、瞿（耀良）二位的研究，将人们通常所说的（宣纸）“纸寿千

① 曹天生．中国宣纸[M]．第二版．北京：中国轻工业出版社，2000：17-19.

年”的说法进行了论证，并明确了具体的量化年数，且分析了宣纸寿命性长的多种原因，这也为宣纸研究由定性研究向定量研究作出了表率”。其实笔者虽然埋头地做了一点工作，但他的评论过奖了，实在有点担当不起。在青檀纤维的精细结构研究方面，还有很多课题等待我们去深入地研究。

二、宣纸之名常被人误解

什么才是宣纸？什么不是宣纸？这个问题对于非专业的普通读者来说，感到困惑不解。因为过去很多人习惯地把用于书画的手工纸统统称为“宣纸”，以为宣纸就是手工书画纸的通称。这个概念是不准确的，叫法也是不对的。

实际上，中国手工纸中用于书画的分为两种：一种叫宣纸；另一种叫书画纸。这两者应区分开来，不要混为一谈。经常被人误解之处有三个：

第一是乱叫宣纸。为什么会出现这种乱叫的情况？究其原因是早在很多年以前，我国造纸界就有人认为，宣纸一开始就是用楮（构）皮、桑皮或竹子为原料制成的，后来才改用青檀皮，于是便有了“古宣纸”和“今宣纸”之分[①]。由此，便出现了不论是什么原料，凡是供书画之用的手工纸，统统被称为宣纸。这是名称上的误解和错读。这种说法导致的后果是，各地纷纷都生产名为宣纸（实际不是宣纸）的纸，搅得使用者购买时“无所适从”。同时，因为各地出产的纸的品质相差悬殊，直接影响宣纸的声誉。因此，1982年1月，中华人民共和国轻工业部发文（轻二局字第07号），强调指出：鉴于泾县宣纸在工艺、原料、质量、性能、用途及书画效果上与其他书画纸均有所不

① 黄河．古今纸与古今宣纸综议[R]．泾县：中国宣纸艺术国际研究讨论会论文选编，1995：16-19．

同。今后除安徽泾县宣纸厂的产品继续使用宣纸这一名称外，其他各地生产的改称书画纸。2002年5月，由国家质量技术监督局与中国文房四宝协会在杭州联合组织对宣纸原产地域产品国家标准进行审定，对宣纸赋予更加确切的含义（即纸的组成中必须含有一定数量的青檀纤维），凡是符合该定义标准生产的纸才能称为宣纸，否则称为书画纸。为了恢复宣纸的原本含义，维护宣纸的声誉，2002年8月6日，国家质量监督检验检疫总局以75号文发布公告，对宣纸实行原产地域产品保护。由此可知，原来曾经被称之为夹江宣（四川）、腾冲宣（云南）、迁安宣（河北）等地的手工纸名，都应该把"宣"字改为"书画"。这样一来，四川省有了大千书画纸、云南省有腾冲书画纸、河北省有迁安书画纸……然而，习惯一旦形成是很难纠正的。所以至今仍然有"宣纸"之名到处飞，引起了不少不应该有的混乱情况。

第二是对实物（纸）的误解，最突出的例子是：比如唐代画家韩滉（723—787）绘的《五牛图》所用的纸，许多书刊中一直说它是宣纸。这对古书画的毫无根据的猜想，曾经造成了长时间的错误。到了1985年，经中国制浆造纸研究院王菊华高工等取样化验后证明，它的原料不是青檀纤维，而是100%的桑皮纤维[①]，这样才订正为桑皮纸。不过，至今还有的书上仍然维持旧说，改不过来。还有人很不负责任，对一些古书画未经化验，随便说这是宣纸或什么纸。说话一定要有根据，凡是引用前人的记载，应当首先判断其是否正确。若果能确定这个记载不正确，那么为什么还要引用它呢？

第三个误解是，搞不清楚宣纸是一类纸的总称。宣纸的品种很多，按原料组成划分，有三大品种：即特净皮、净皮和棉料。非专业的普通群众常以为宣纸没有优次之分、高低之别。其实，以前宣纸按用料配比不同，曾经约定特净皮（含青檀皮80%，沙田稻草20%）的品质最高，净皮（含青檀皮60%～70%，沙田稻草30%～40%）次高，棉

① 王菊华. 中国古代造纸工程技术史[M]. 太原：山西教育出版社，2005：194-195.

料（含青檀皮50%，沙田稻草50%）较好，后来各生产厂商自行规定。按幅面尺寸划分，为四尺宣、五尺宣、六尺宣、丈二宣等。按纸的重量划分，有单宣、夹宣、二层贡、三层贡等。按纸的性能划分，有生宣（习惯上称宣纸）、熟宣（包括半生半熟宣）和加工宣（品种很多）[①]。很多人以为一说宣纸，仅指一个单一品种，实际上完全不是这么一回事。因此，还应该多做一点宣纸的科普工作，以消释一般使用者对它的疑惑。

三、传统工艺的改革问题

宣纸制造的传统工艺过程是极其繁杂的，将原料分为制皮料和制草料（不是泥田而是沙田稻草）两个系列。按照实际需要，经过浸泡、灰腌、蒸煮、晒白（山坡摊晒，日晒雨淋）、打料（碓臼捶打）、加胶（加杨桃藤汁）、捞纸（竹帘）、烘干（焙房）、整纸等18道工序，108项操作（具体名称从略），历时300多天，方可制成。有人把其制作宣纸的过程浓缩为“日月光华，水火周济”八个大字，足见其制作之难。故而自古泾县民间纸工中就流传有“一张宣纸，千滴血汗”之说。

正是由于如此精工细作，一方面保存了技艺的精华；另一方面也拉长了制作的时间，鉴于传统方法的生产周期太长（300多天）、体力劳动繁重等原因，所以，业内的一些人士认为要分利用现代科技来加以改进，以利于提高宣纸的产量为目的。于是乎造成了以后一系列的不合理的改进。据我所知，20世纪50年代，原国家轻工业部的领导（分管造纸工业的副部长王新元）曾指示要针对泾县宣纸的“落后生产方式”进行改造（这显然是受了苏联专家的影响所致）。1957年当

① 刘仁庆．国宝宣纸[M]．北京：中国铁道出版社，2009：67．

时造纸工业管理局的总工程师陈彭年，曾撰写过一篇长文①，表达了对于宣纸生产机械化的看法，主要是工艺如何适应设备。到了70年代，原泾县宣纸二厂在科技部门积极推动下，开始进行机械化抄纸的实验研究，并取得了小试成功。于是，便有了手抄宣纸和机制宣纸两个新名词。

所谓手抄宣纸：就是把采取传统方法生产的青檀皮浆和燎草，经过“打料”后以竹帘抄造的宣纸。所谓机制宣纸：就是借用现代造纸法（即仿制机制纸的生产工艺与设备）以抄纸机来制取的宣纸。然而，与人们的美好愿望相反，机械化抄纸并没有带来什么可观的经济效益。投产后不久被迫停止了生产。失败的根本原因是，按新工艺生产出的宣纸质量无法与传统工艺相比，产品不能出口，国内的书画家也不认可。

笔者对宣纸的机械化是有想法的，故一直抱有谨慎的正视态度，不赞成轻易改动，为此还得罪了某些同行。因为从造纸学原理上讲手工抄纸与机械抄纸是完全不同的两个体系。而且如果从浆流形成时的流体力学的规律上看，企图完全借用普通的长网造纸机来抄造手工纸，在理论、实践上都有难以解决的问题。所以我认为：机制宣纸，如果想要利用长网造纸机来抄造，会遇到两个麻烦，一个是有形的，叫作润墨性不理想；另一个是无形的，叫作耐久性不“入围”。尽管机械化作业大大提高了生产效率、增加了产量，然而机器生产毕竟会过于生硬强制和整齐划一，缺少手工操作的灵性和气质。只图快点，反而欲速则不达（目的），不消除这两个麻烦，则造出的宣纸将失去“灵魂”，结果则是得不到书画家的首肯和支持。

宣纸传统工艺的改革，涉及对中华民族文化遗产的态度问题。对于一个民族来说，不论是物质的或者是非物质（精神）的文化遗产，在理论上说是不可改变的。物质文化遗产如果被破坏了，不能重生。

① 陈彭年. 关于宣纸问题（上、下）[J]. 造纸工业，1957（2-3）：7-8，32.

比如一座古建筑被拆除了，再建的也不是原生物，而是复制品。但按原样修复则是可以的。而非物质（精神）的文化遗产，要加以彻底改革显然是错误的。因为后人对古代非物质（精神）的文化遗产，只有尊重、继承、保护的义务和责任，而不能随意篡改和删除，否则前辈人士所创造的中华文明不就“灰飞烟灭”了么？把个别工序以简单机器代替，是没有实质意义的。

由此可见，对待宣纸的传统工艺，一定要有谨慎、严肃和正确的态度。多年以来，我们对这个问题一直存在着很不清晰的认识，从上头到下边，从领导到群众，一个劲地只要求改造、要求改革、要求创新。文物收藏家张伯驹先生说过一句话：不知旧者，哪来言新？令人深思。我们对于宣纸的传统工艺在还没有弄清楚、或者一知半解的时候，就毫无明确目标的“跟潮流”，大刀阔斧地进行改革，这样做难道是恰当的、有益的、正确的吗？

四、新的殷切希望和祝福

笔者从1962年起关注、学习和研究宣纸以来，已经过去半个多世纪了。回想起来，在我几十年与纸打交道的生涯中，倾向于对中国宣纸和手工纸的兴趣似乎更浓一点。不过，鄙人所走过的道路却颇不容易，好像在坑凹不平、乱芜丛生的土地上单枪匹马、孤军奋战。没有课题资助，没有设备保障，没有人力补充，这种状况似乎让人费解、也可以理解。好在依靠一些友人的支持、帮助与合作，在遇到诸多困难的时候，我都不气馁、不后悔，绝不停步，勇往直前。

有人调侃地说：健康就是幸福，活着就是胜利，“喘气”就有效益。老汉我置清闲的退休日子于脑后，却时不时地在电脑前敲打键盘，发表意见。尤其是对造纸业三大主题：机制纸、手工纸和纸文化中的后两项，更是情有独钟，努力笔耕，呼吁一番。这究竟是为了什么？回答挺简单：只想为中华民族的传统文化做一点小小的奉献，让宣纸、手工纸、纸文化不被当今的国人（至少在造纸界）遗忘和冷落。

我有三点希望和祝福：一是对宣纸的传统工艺要加紧研究，收集、整理和保留清代乾隆时期的那一整套宣纸制造工艺（建议在适当的地方搞一个车间或作坊，进行专门性的生产，其成纸为特供品），这是我们当今义不容辞、不可推卸的责任。二是呼吁有志于搞造纸的部分年轻的朋友，沉下心来，关注中国非物质文化遗产中的手工纸问题，为抢救濒于消失的手工纸肩负起传承的责任。三是恳请国家的有关领导机构，在“大力”地发展机制纸的同时，“小力”地扶持手工纸一把，不要让流传千年的中国手工纸和造纸术，在我们这一代人手里走向终点，这也是领导者应有的风度和责任。如此之言，不知过分否？

第三节
硬黄纸

一、前记

硬黄纸（Hard Yellow Paper）是唐代纸名。它是在晋代染（黄）色麻纸的基础上，均匀涂蜡，再经过研光，使纸具有韧性好、透明性强、光泽莹润等优点，人称硬黄纸。此纸是唐代的染色加工纸之一，主要供写经和摹写古帖之用。

硬黄纸属于蜡质涂色加工纸，其特征是：质地坚牢硬密，纸厚表面光滑，纤维分布均匀，光亮呈半透明状，有的呈浅黄色，有的呈深黄色。它初以麻类、后以桑皮为原料。由于经过黄檗（拉丁文：*phellodendron amurense*）染色（该树皮能入药，茎干可制黄色染

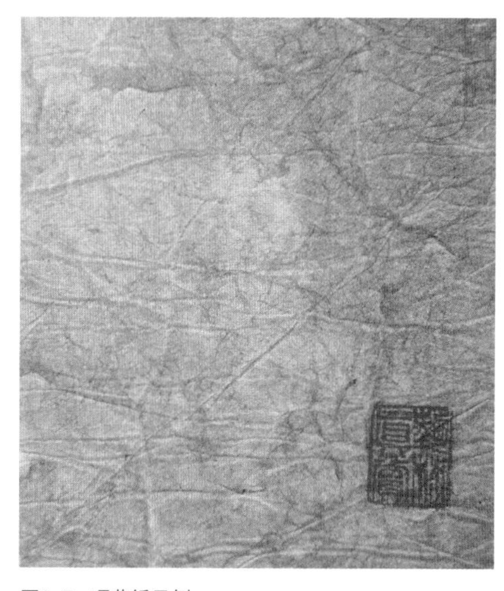

图3-7　硬黄纸示例

料）、涂蜡研光处理，因此该纸具有防蛀、抗水的性能。硬黄纸寿命长，色泽经久不变，时过数百年以上，（如不损坏）近似新纸（图3-7）。

关于硬黄纸，以往在许多书刊、网站中常出现的错误有：（1）把它与晋朝葛洪发明的黄麻纸互相混淆，以为它又叫潢纸或黄纸，同为晋代的纸名。（2）它采用了黄檗（bò）染色，而很多书上常把黄檗误为黄蘖（niè）。黄檗又名檗木，俗称黄柏，是一种芸香科落叶乔木，其茎干内皮呈鲜黄色、味甘苦、散发微香。黄柏皮中主要含有小檗碱、黄柏碱、黄柏酮、黄柏内酯等化学成分[①]，故称（植物性）黄色染料。而蘖字则是幼苗分枝之意，即分蘖。为避免再次出错，本书避开檗字，在以下论述中将黄檗一律写为黄柏，望留意之。（3）把硬黄纸说成是一种"名贵的艺术加工纸"，在概念上对染色加工纸与艺术加工纸不加区分，这是一种糊涂观念。如果从专业角度上讲，加工纸之前冠以不同名称，就分别代表不同品种的加工纸。以上所述的纸张年代、染料名称、加工概念，都应该尽快地纠正过来。

本节仅就硬黄纸的由来、制作和使用等问题，从文献记载、制造方法、实物分析等3个方面来进行探讨，就教于学者、专家，乞望指正。

二、继承与发展

前已述及，硬黄纸的前身是黄麻纸，黄麻纸为晋朝葛洪（284—363）所发明的一种染色加工纸[②]。关于染色技术（即染潢法），在北魏贾思勰（533—544在世）的《齐民要术》一书中已有记载："凡潢纸，灭白便是，不宜太深，深色年久色暗也……檗（黄柏）熟后漉滓捣而煮之，布囊压讫，复捣煮之。凡三捣三煮，添和纯汁者，其省四

① 辞海编辑委员会．辞海[M]．第六版．缩印本．上海：上海辞书出版社，2010：790.
② 刘仁庆．古代黄麻纸的发明者葛洪[J]．纸和造纸，2003（5）：75-76.

倍，又弥明净。写书，经夏然后入潢，缝不绽解。其新写者，须以熨斗缝，缝熨而潢之。不尔，入则零落矣。”这就是说，在魏晋时期，已采用黄柏汁浸渍纸张，染成黄色即可。不必染色太深，否则效果受影响。由此可知，黄麻纸虽有进步，但仍有瑕疵。

由黄麻纸直到出现硬黄纸，都跟佛教在我国的传播有密切关系。自从汉朝开始，有印度佛教传入华夏大地。其后，随着信徒们不断地入教，对抄写佛经的需求量也日益增多。不久，社会上出现了“经生”（专门手抄佛经的）这一职业。于是，抄经究竟使用什么样的纸才好，就成为一个时期的需要。我们从晋代、唐代出土或传世的佛教经卷中，尤其是敦煌莫高窟获得的大量的（纸）佛经、文书等实物——黄麻纸或硬黄纸，得到了证实。

光绪二十六年（1900年）农历5月，在甘肃省的敦煌莫高窟，一次偶然的机会，发现了一个石洞（今编号为第17窟），里边充塞有好多大白布的包裹，取出几个布包打开一看，竟是大量用纸抄写的佛经、书卷、契约、账册、信札、祭文等。这个堆满了大量的经书典籍的石窟，就是被后人称道的“藏经洞”。洞窟中所藏的“东西”，以“写经”为最多，估计有30 000多卷，其中书写年代最早的是东晋，最晚的则是北宋，前后相距约有600多年，它们被命名为敦煌写经纸。

写经纸所用的原料，根据专家研究的结果，比如北魏·汉文《涅槃经》（纸宽28.2cm）、中唐·藏文《大乘无量寿佛经》（纸宽44.0cm）、晚唐·汉文《金刚般若波罗密经》（纸宽25.0cm）等，多为麻类植物，纸面比较粗放。这或许是当地造纸作坊所造。纸幅的尺寸大小不等，没有固定或统一的规格，这可能是依据抄写的不同要求而改变的。

在我国魏晋南北朝时期，造纸技术有了一定程度的进步，唐代更是有了长足的发展。不过，那时候造纸业大多数集中在东南方或中原之地。古代造纸一向采取“就地取材”“因地制宜”的原则，因为时间和空间的多种原因，西北地区的造纸还是应用较早传授过来以麻为原料，按照传统手抄方式来进行生产的。

在敦煌写经纸中，绝大多数采用的是“硬黄纸”。为什么呢？释其原因是：（1）若纸潢之，抬身价。古时黄为正色，明黄系帝王色。凡庄重之物品取以黄色，即不能小视也。（2）改变纸色，不刺目。不论是本色纸还是白纸，颜色不理想。而黄色纸在烛光下不会强烈刺激眼睛。（3）遇有笔误，可改之。抄写佛经难免出错，使用黄纸即可以雌黄或雄黄涂抹墨字，重新再写。（4）延长纸寿，防蛀蚀。黄柏能杀灭害虫，保护纸张不受破坏。

当我们在看到了唐·咸亨三年（672年）二月二十一日“经生”王思谦抄写的《妙法莲华经卷》时，那便是硬黄纸，“蜡黄，匀度好，此纸甚佳”，令人叹为观止。

唐朝是中华民族引以自豪的一个朝代。至今海外侨胞还自称唐人，传统的中式衣衫叫作唐装，可见它的影响深远。在唐代，特别是“贞观之治”（627—649）的22年当中，社会经济与文化获得了全面发展，原有的纸加工技术也得到了改进，许多新的加工纸方法纷纷出台。各种方法有机结合，创造出许多新的加工纸品种。涂蜡法的应用即是其中之一，诚如唐代张彦远（约815—875）在《历代名画记》卷三中所说：“好事家宜置宣纸百幅，用法蜡之，以备摹写”[①]。又说：“开国工家背书画，入少蜡，要在密润，此法得宜”。在纸面上均匀地涂上一层蜡质，是为了使纸张更加“密润”，从而降低纸张的吸水性，并能提高纸张的透明度。

经过黄柏汁浸渍、涂蜡等加工后的“硬黄纸”，可以分为两种：一种系（深）黄色（图3-8）；另一种系浅黄色（图3-9）。

这两种硬黄纸都可以用来写经，宋朝人苏轼（1036—1101）《次韵秦观秀才见赠》中也写道：“新诗说尽万物情，硬黄小字临黄庭”。除此以外，在唐代还发展到了拿硬黄纸进行“摹写”。正像

---

① 张彦远. 历代名画记[M]. 卷五十六. 北京：人民美术出版社，1963.

南宋人姜夔（kuí）（1154？—1221）在《续书谱·临摹》中所云：“摹书最易。唐太宗云，‘卧王蒙于纸上，坐徐偃于笔下’，亦可嗤笑萧子云。唯初学者不得不摹，亦以节度其手，易于成就。”

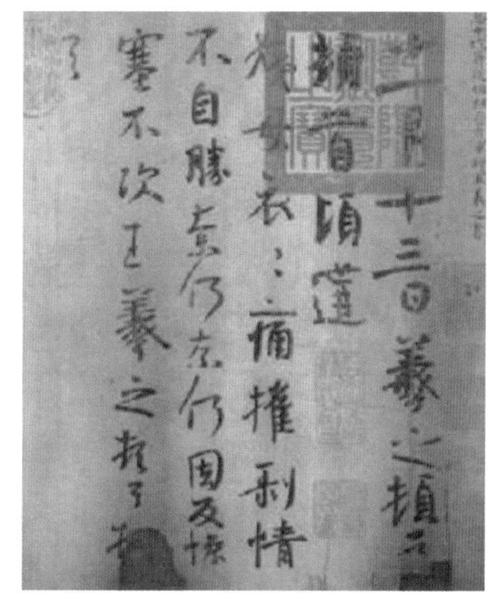

图3-8 唐朝·深色硬黄纸（长51.4cm，宽29cm）仿王羲之帖（现藏北京故宫博物院）

什么是摹写？它又称摹书，是我国古代人训练手指的表达能力、对法帖笔意的有效体验之一。摹写的具体方法是：（1）描红；（2）以薄纸蒙于法帖之上面，对法帖的点画必须以一笔出之。故又云：“临书易失古人位置，而多得古人笔意；摹书易得古人位置，而多失古人笔意。临书易进，摹书易忘，经意不经意也。”

从摹写开始逐步发展到“钩填”。所谓钩填，即在法帖上蒙一纸，先钩取点画轮廓，然后填满墨。它又称双钩廓填，或者又叫书搨、模书。这种办法对复制古代法帖很有帮助。传说，唐太宗李世民对晋代书圣王羲之的《兰亭序》有很大的兴趣。他授意手下大臣用计策拿到了王羲之的

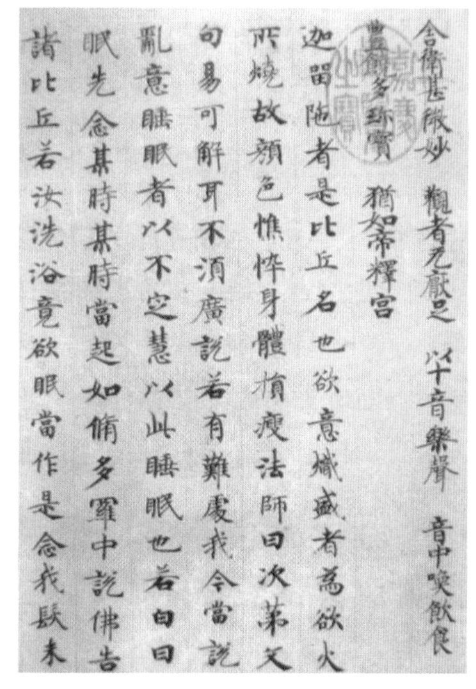

图3-9 唐朝·浅色硬黄纸（宽26.6cm，长469cm）国诠《善见律经》卷（现藏北京故宫博物院）

真迹，喜出望外，使令冯承素、韩道政、赵模、诸葛贞等书手，复制数份，模赐王公。这里的“模”就是指钩填。“钩”所用的笔要小。笔越小，所钩的轮廓线就越细，因而误差也越小。纸须透明度好，才能看得清楚。唐宋代则多用“硬黄纸”，宋代陆游（1125—1210）有一首诗曰：

阴阴绿树雨余香，半卷疏帘置一床。
得禄仅偿赊酒券，思归新草乞祠章。
古琴百衲弹清散，名帖双钩搨硬黄。
夜出灞亭虽跌宕，也胜归作老冯唐。

诗中有“名帖双钩搨硬黄”一句，就说明了古人以窗户（唐宋时没有玻璃，以木格细条贴薄纸代之）取光，即是在朝北的窗户上用硬黄纸来搨书。所以传世王羲之墨迹，多是唐人用这种“搨书”的办法复制的。

钩填的意义在于留存古迹，以资临池。从这个意义来看，看似是一种笨办法，但在古代这也是做复制品的一个高招。钩填可逼使不认真观察的学书者，深入观察点画的微妙处，对点画形象的准确记忆是有一定帮助的。如果学书者态度已经极认真，不钩填当然就更有利于观察点画的微妙处。当然，钩填宜于大字，若是小字，因受墨面积小，只填不钩不仅不会影响清晰度，而且一次完成反而效果更好。

三、制作与使用

关于硬黄纸的制作方法，并不十分复杂。诚如宋代赵希鹄（约1191—1261在世）在《洞天清录集》中所介绍的是：“硬黄纸，唐人用以写经，染以黄柏（檗），取其避蠹。以其纸如浆，泽莹而滑，故善书者多取以作字。今世所有二王真迹，或有硬黄纸，皆唐人仿书，非真迹也。”南宋张世南（1195—1246）在《宦游纪闻》卷五中有载：“硬黄纸，谓置纸热熨斗上，以黄蜡涂匀。俨如枕角，毫厘必见。”这里谈到加工硬黄纸首先要“染以黄柏”，即染潢。另外从“泽莹而滑”这一描述看，显然是属于蜡笺之类。

明朝人李日华（1565—1635）在《紫桃轩杂缀》（1768年刊本）中称：“硬黄者嫌纸性终带暗涩，置纸热熨斗上，以黄蜡涂匀，纸虽稍硬，而莹辙透明，如世所为鱼枕明角之类。以蒙物，无不纤毫毕见者。大都施之魏晋钟、索、右军诸迹，以其年久本暗。”美国芝加哥大学钱存训教授把这段古文译成了白话文[①]，他写道：“之所以要制造硬黄纸，是因为人们不喜欢普通纸不透明，纸面粗糙。所以他们把纸放在热熨斗上，再用黄蜡均匀地涂布在纸上。纸虽然变得略为硬一些了，却光亮而半透明，像鱼骨或半透明的牛角片。把这种纸蒙在别物上，就是最细微之处也完全辨认得出来。魏晋书法家钟繇（151—230）、索靖（239—303）或王羲之（321—379）等人的真迹，由于年久发暗，一般都用这种方法处理”。

硬黄纸制作时所使用的蜡，不是一般的（矿物蜡）石蜡，而是川蜡（虫蜡或黄蜡）。这种蜡近乎于植物蜡和动物蜡之间，它是在某一种树上卧伏小虫的分泌物。可以一面涂蜡，也可两面涂蜡。初涂纸面滑如镜状，喷水，依然吸水，晾干后镜状之态即消失。这说明了纸面含蜡也还是会吸水，只是吸水速度慢一点了。因此，不论是用蜡只涂反面，或者涂纸的两面，都可以书写。只是写字后要等待一会儿，留出墨色晾干的时间。

唐代硬黄纸的定量，可以通过实例（纸长二尺一寸七分、宽七寸六分、重六钱五分）测算，因唐宋1古尺相当于今天的0.93市尺；唐宋1斤等于现代的1.20市斤，1市斤等于500克，即1钱=3.75克。经转换

① 钱存训．中国科学技术史[M]．北京：科学出版社，1990：70.

后，唐代硬黄纸的框算定量，大约是154gsm。比我们今天的标准图画纸或美术素描纸（规格为110~150gsm）还稍厚一点。而且前者的手感却较后者柔韧、平滑得多。由此可见，古代造纸工匠们的制作手法之细腻、加工水平之高超。

唐代时，硬黄纸涂蜡后又称蜡笺，用于摹写（即拓帖）上，在文献中也有记录。例如，宋代米芾（1051—1107）在《书史》中写道："唐摹右军帖，双钩蜡纸摹。"从这条记述来看，唐代采用施蜡法至少有两种用途：一是将原纸经施蜡加工处理后制成紧密透明的蜡纸，可用于摹写细如游丝的笔触；二是说在褙书画时适度用蜡改变纸张的吸水性能。这种纸外观呈黄色或淡黄色，质硬而光滑，抖动时发出清脆的声响。唐朝张彦远《历代名画记》卷三谈书画装褙时提及此纸，据云："赵国公李吉甫家云，背书要黄硬。余家有数帖黄硬，书都不堪。"

现存北京图书馆的初唐写本《妙法莲华经·妙音菩萨品第廿四卷》、唐龙朔三年（663年）抄本《春秋穀梁传·桓公第三》、开元六年（718年）道教写经《无上秘要》卷五十二，还有辽宁博物馆藏传世王羲之《万岁通天帖》唐摹本等都是流传至今的唐代硬黄纸（皮纸，原料为楮皮或桑皮）实物。硬黄纸多制于初唐至中唐时期，晚唐以后则少见。敦煌出土的初唐时期《大般涅槃经卷第二》，纸的横长为560cm，直高26.8cm，共由6幅经纸粘接而成。纸质薄匀光细，莹澈透明，坚挺平整。色呈药黄，其味略苦，系黄柏所染，又以蜂蜡均匀涂布，砑光磨光。使纸张不仅具有避虫蛀、防霉湿的特性，又兼有莹滑坚挺、光泽艳美的特点。由此可知，从硬黄纸摹书起，进而到钩填，对复制前代的法帖起到了一定的保存作用。

四、正面与负面

然而，事物的变化往往会向对立面的方向转化。“硬黄”二字在后来鉴定书画行家的话语中，其意便是指“临摹”本了。临摹又称摹拓，这是唐朝时兴起的朴素的复制方法。它的初衷原本是保存原迹、流传后世的一种技艺手段，未想到却变成了造假者鱼目混珠的利器。如今我们评说“硬黄纸”，真可谓“成亦萧何，败亦萧何”，它在不同的人和不同目的的应用中，却有截然相反的结果。

在古代，因为尚未发明照相、印刷复制等技术，要让书画作品原迹传之弥久，要在更大范围里推广，唯一的办法就是以“摹拓”来复制出一份或多份副本。所以唐代各地都设有专门摹拓书法的“拓书人”。所谓拓书人，即专事复制书画名作的工匠。他们以采用“响拓”的方法，以临摹真迹而得复制品为已任。什么叫“响拓”？宋人赵希鹄在《洞天清禄集》一书中说：“以纸加碑上，贴于窗户间，以游丝笔就明处圈却字画，填以浓墨，谓之‘响拓’”。简言之，就是蒙纸于原作上，双勾填墨，故最能接近原作。据史书记载：唐太宗李世民喜获《兰亭序》原迹后，命供奉拓书人赵模、韩道政、冯承素、诸葛贞等4人各“响拓”数本，以便赏赐给皇太子、诸王与近臣。据说，有一个拓书人汤普彻奉命复制赏赐房玄龄等人的《兰亭序》时，斗胆把多出的复制本偷携出宫，使此卷王羲之的“天下第一行书”得以流传后世。

唐代的摹拓，分别有“官本”或“私本”两种。其目的第一是要获得最接近原迹的副本；第二是以摹写途径入手学艺。当时的摹本，连原纸破损处都不惜以细线逐一标明出来，可知并无欺世盗名之意。不过，这时的书法摹拓，已经埋下了隐患。其后却成了作伪者的复制之捷径，实在出乎意料。

在唐宋之际，作伪之严重已到了令人惊心骇目的程度。以书法为例，在中国书史上的一件大事，就是宋代的“汇刻丛帖”。北宋淳化三年（992年），由于宋太宗赵匡义喜好书法，对皇宫秘阁所藏历代法帖，令翰林王著主持编次摹刻。王著（约928—969）字成象，成都人，曾两次担任科举考试的主考官，以王羲之之后而毛遂自荐，甚得恩惠。王著的为人颇多争议，因其受帝命将历代名家墨迹汇编成10卷，摹刻于枣木板上，名为《淳化阁帖》[①]。并赠赐二府大臣，令其学者得以师法，后来众多书家皆从此出。其贡献在于以一种复制印刷的方式，使古代遗留下来的经典法书得以遂传天下，故其历史价值不可低估。但因王著学识有限，多有错误，亦被贬称“小人，不学”。所编的《淳化阁帖》真伪掺杂，其中所收仓颉、夏禹、孔丘、张芝、崔瑗等人的一大批书迹，均属伪物。尽管《淳化阁帖》曾被推为历代“法帖之祖”。但是，后来北宋米芾（1051—1107）《跋秘阁法帖》、黄伯思（1079—1118）《法帖刊误》等书均指斥其谬误多多。不过，若站在历史的立场上看待《淳化阁帖》，则其功大于过。从这一例子，可以说明古时候由硬黄纸引起的复制与伪作是相互纠缠不清的事实。

五、后话

唐代产生硬黄纸，用以写经和摹写古帖，这是毋庸置疑的。我国是纸的故乡，造纸术的发明国。纸的历史悠久，影响广大。敦煌学家常书鸿先生早就说过，纸对人类历史的贡献是不容低估的。有的人常把笔和纸联系在一起，其实早在没有纸之前就有“笔”了。古印度、巴比伦的历史为什么会中断？因为没有纸。中国的历史为什么能传承？因为有了纸。我们的历史文化就依靠写在纸上的字，一代一代往下传。

---

① 雒三桂．中国书法史[M]．北京：人民美术出版社，2009：202．

经专家研究，每个时期我国的纸品都出现“此消彼长”的势态，一批纸品消失了，另一批新纸又诞生出来。不论何朝何代的纸品，在纸上书写的文字广泛，极为庞杂，也极其丰富。例如，由敦煌写经纸及其相应的文物等，而形成了一门在国际驰名的敦煌学。长期以来，国内外学者对敦煌写经（纸）进行了多次研究，从纸的朝代、原料、尺寸及其加工等项，它们对于了解晋唐宋时期我国造纸技术的发展，具有重要的历史价值和学术价值。

硬黄纸的质量演变——早期较粗糙，隋唐以后较精细，以及它的使用，由此而产生的不同效果（有益的、有害的）等。这些在中国的考古史、文化史和造纸史上都是具有相当大的意义和作用的。

第四节
澄心堂纸

一、引言

澄心堂纸（Cheng Xin Hall Paper）系南唐纸名，有的古诗文中把它简称为“澄心纸”（容易发生误会）。首先需要说明的是“澄心堂”三字是一座建筑物的名称。在此之前，中国纸多数是以人名、地名来取名的，以建筑物来取名，“澄心堂纸”当属首开先河。其后便有元朝的明仁殿纸、端本堂纸等纸名。澄心堂纸名源于我国五代十国（907—960年）的南唐时期（938—975年），由当时的最后一位国君——被人称为“李后主”（图3-10）主管而得名的。李后主本名李煜（937—978），因为这位皇帝善诗文、喜绘画、知音律，文才出众，又嗜好

图3-10　李煜画像

舞文弄墨，所以对纸张情有独钟。他下令让内臣全盘承御监造纸张，贮运到宫内，为宫廷专有专用。李煜把自己祖父——南唐烈祖李昪（888—943）节度金陵（今江苏省南京）时期待臣议事、批阅奏章的“办公大殿”——澄心堂，专门辟为收藏纸张的场所。

其次还要指出的是，过去某些谈古纸的书刊上，有的人把澄心堂纸看成是单一的纸种。笔者认为，从造纸专业的角度来看，澄心堂纸应该是一类高品质、供书画用之纸的统称——包括各地出产的最名贵的书画用纸（生纸）和加工纸种（熟纸），由李后主购买后深藏宫内，为皇室所掌用。

第三，因为在南唐时这种纸奉为宫廷御纸，严禁在市面上买卖，民间也不得使用。所以在南唐小政权被宋朝赵匡胤消灭之后，其收藏的澄心堂纸散失出来，才被各方人士所获知。因其品质优异，深受文人赞赏，写了不少诗作流传下来。乃至后世——宋元明清等各朝代，均加以仿造澄心堂纸。不过诚如宋代蔡襄（1012—1067）在《文房四说》一书中所说：“李主澄心堂（纸）为第一，其为出江南池、歙二郡，今世不复作精品。蜀笺不堪久，其余皆非佳物也。”

由此可见，昔日的人士历来对澄心堂纸的认识，应该说是不全面的，带有诸多的猜想成分，甚至有谬误。宋代学者程大昌（1123—1195）在《演繁露》一书中说：“江南李后主造澄心堂纸。前辈甚贵重之，江南平后六十年，犹有存者。”这句话的意思是，澄心堂纸，光泽细腻，宜书宜画，被老先生珍视之。南唐灭亡后到了宋朝，虽过去了半个多世纪仍存有此纸。宋代画家李公麟（1049—1106），字伯时，舒州（今安徽舒城县）人，自号龙眠居士，一生专用澄心堂纸作画（摹写古佛道像例外）。他出身于书香门第，其父在北宋仁宗、英宗两朝任大理寺卿，喜爱文物和名画收藏。少时极喜爱书法和作画。宋神宗熙宁三年（1070年），中进士，先后在地方和朝中任小官，晚年辞官还乡，归隐龙眠山。李公麟博学多能，精于书画，尤善画人物、鞍马和佛道像，形成自己的独特风格。当年与苏东坡、黄庭坚、米芾、王安石等交往甚密，他的艺术思想也很进步，以“立意为先”“以喻世教”为创作宗旨，被时人推举为“宋画第一”。像他这样的画家、居士，家藏一点好纸（澄心堂纸），时不时地拿出润笔，完全是有可能的。但是，澄心堂纸的成本太高、取之不易，一般寒士、百姓不敢问津，更难以普遍应用。对此，我们应该区分清楚，不能一视同仁。

本节拟从澄心堂纸的原料与产地、流传与仿制、使用与评价等3个问题，发表一些粗浅的看法，供学者、专家研究讨论。

二、原料与产地

澄心堂纸究竟是用什么原料、在什么地方制成的？归纳起来，有以下3种说法：（1）楮纸说。根据宋人梅尧臣（1002—1060）写诗《答宋学士次道寄澄心堂纸百幅》中所云：“寒溪浸楮春夜月，敲冰举帘匀割脂。焙干坚滑若铺玉，一幅百金曾不疑。”[①]他又在《宛陵集》诗中写道：“永叔新诗笑原父，不将澄心纸寄予。澄心纸出新安郡，腊月敲冰滑有余。”依照这两首诗句所表述的意思，可以获知：第一，它的原料是楮皮（即构皮）。第二，产地在新安郡。唐宋时的新安郡，即徽州，位于今安徽省南部、新安江上游一带。隋文帝开皇九年（589年）改新安郡为歙州，宋徽宗宣和三年（1121年），改歙州为徽州。第三，这种纸的价钱很贵，一幅值百金。

另外，宋代苏易简（957—995）在《文房四谱》中曾介绍了宋仿澄心堂纸的制法：“盖歙民数日理其楮，然后于长船中以浸之，数十夫举帘以抄之，傍一夫以鼓而节之，于是以大蒸笼周焙之，不上于墙也，由是自首至尾，匀薄如一。”这样造出的纸，长者可50尺为

① 张秉伦，方晓阳，樊嘉录．造纸与印刷[M]．郑州：大象出版社，2005：56-57．

一幅。从头到尾，匀薄如一，且“滑如春水，细密如蚕茧，坚韧胜蜀笺，明快比剡楮”。南唐后主李煜酷爱这种纸，将其视为珍宝。所以澄心堂纸的尺寸大小不一，故有枚与幅（小张）、轴与卷（大张）之分。

（2）徽纸说。古代我国的徽州造纸业非常发达。唐、宋时期徽州一带出产的纸有“澄心堂”“凝霜”“麦光”“冰翼”等。如果说澄心堂纸出自今安徽的南部（皖南），那么徽州池、歙（今安徽歙州）地区过去出产的纸品中，有一部分纸质极精的品种必定为宣纸（也有其他的皮纸）。由于当时古人尚分不清楮、桑、青檀三个树种到底有何不同，因此把若干宣纸（用青檀皮制造）混于其中，笼统地称为澄心堂纸。澄心堂纸体现了徽州造纸业的高超工艺，代表了徽纸的最高水平，后世屡屡承袭其名而仿制，因此“澄心堂纸”也就成为历史上徽纸的代名词[①]。由于澄心堂三字系贮藏纸张之地名，故堂内存放有各种纸品是不难理解的。

（3）蜀纸说。又据史书记载，因为南唐学馆画院林立，文人学士云集，尽管年年都从巴山蜀水运进大批纸张，但还是供不应求。为此，南唐李煜诏令重金礼聘后蜀纸工，前来歙州地区制造，并在南唐境内逐步推广。这个说法有点牵强，按理四川纸工擅长竹纸生产，对皮纸制造并不熟悉。沈括（1029—1093）在《梦溪笔谈》中云：“后主时，监造澄心堂纸，承御系剡道（官名）其人”[②]。此话清楚地说明是李煜派人监造纸张的。至于不久前有人说，南唐后主李煜在南京宫中设造纸作坊，甚至“他干脆将澄心堂大殿腾出来造纸（！）。每天，他都要到殿内观赏造纸过程。有时他索性脱掉皇袍，穿上纸工的衣服，同他们一起捞纸、焙纸。每制成一批纸，他都亲自试写，反复琢磨，以求改进，直到满意为止”。本人认为，这种观点是没有任何根据的戏说或“演义”，不足为信。

---

① 穆孝天，李明回．中国安徽文房四宝[M]．合肥：安徽科学技术出版社，1983：14-18．

② 戴家璋．中国造纸技术简史[M]．北京：中国轻工业出版社，1994：20．

针对上述三种不同的意见，笔者以为，应该说澄心堂纸中既有楮纸，又有宣纸。因为从史籍上的记载：原料是皮纸，品质又是宣纸，产地又介乎皮纸与宣纸之间。所以暂且先把澄心堂纸看成一种名闻遐迩的加工皮纸，是有可能接近真实情况的。不过，现在唯有寄望于将来，恳请收藏有确切标志的南唐澄心堂纸文物的单位或个人，同意进行取样化验（测定方法和设备皆无问题）。如果所得的结果，其原料是楮皮纤维，当为皮纸；倘若是青檀皮纤维，则肯定为宣纸。

三、流传与仿制

前已述及，南唐时徽州地区所产澄心堂纸，受到后主李煜特别喜爱，成为皇家文化的一部分。我国自古以来，中华文明是由皇家文化（又称宫廷文化）、文人文化和民间文化三部分组成的。至此，澄心堂纸作为一种媒介，使皇家文化与文人文化衔接起来。从南唐到北宋，澄心堂纸一直被公认为是最好的纸，后世亦视为艺术瑰宝。此前，一般人只闻其名，难见其物，少数用过此纸的人都赞不绝口，故使澄心堂纸罩上了一层神秘的浓雾，真可谓难识庐山真面目了。

南唐王朝被宋军消灭后，宋太祖赵匡胤行武出身，对纸不感兴趣，缴获的澄心堂纸堆于库房，无人问津，后从内宫散落民间。文人墨客都以得到此纸为幸事，荣耀之至。根据史书记载，流传过程可分为两条路线。

第一条路线是这样的：宋代御史大臣、诗人刘敞（约1019—1068），又名原父或原甫，临江新喻（今江西新余）人，世称“公是先生”。有一天，偶然得到宋仁宗皇帝的恩准赏给澄心堂纸100张，他喜出望外，立即赋诗云[①]：（全文如下，潘书摘抄不全）

① 潘吉星．中国造纸史[M]．上海：世纪出版集团，上海人民出版社，2009：244．

六朝文物江南多，江南君臣玉树歌。

擘笺弄翰春风里，凿冰析玉作宫纸。

当时百金售一幅，澄心堂中千万轴。

摛辞欲卷东海波，乘兴未尽南山竹。

楼船夜济降幡出，龙骧将军数军实。

舳舻衔尾献天子，流落人间万无一。

我从故府得百枚，忆昔繁丽今尘埃。

秘藏箧笥自矜玩，亦恐岁久空成灰。

后人闻名宁复得，就令得知当不识。

君能赋此哀江南，写示千秋永无极。

这首诗告诉我们，澄心堂纸原为南唐内宫中御物，虽然库存数量很多，而流落出来的极少，价值昂贵无比。就是把它放在你的面前，有谁能够认出来！

随后，刘敞把澄心堂纸10张分赠给好友欧阳修。欧阳修（1007—1072），北宋文学家，字永叔，号六一居士，吉州吉水（今属江西省）人，官居翰林学士。欧阳修为北宋文坛领袖，所见甚广，见了此纸也惊叹不已，欧阳修收到纸后，十分兴奋，执笔写下《奉赋澄心堂纸——唱和刘原父澄心堂纸》诗一首：

君不见曼卿子美真奇才，久已零落埋黄埃。

子美生穷死愈贵，残章断藁如琼瑰。

曼卿醉题红粉壁，壁粉已剥昏烟煤。

河倾昆仑势曲折，雪压太华高崔嵬。

自从二子相继没，山川气象皆低摧。

君家虽有澄心纸，有敢下笔知谁哉？

宣州诗翁饥欲死，黄鹄折翼鸣声哀。

有时得饱好言语，似听高唱倾金罍（léi）。

二子虽死此翁在，老手尚能工剪裁。

奈何不寄反示我，如弃正论求俳诙。

嗟我今衰不复昔，空能把卷阖（hé）且开。

百年干戈流战血，一国歌舞今荒台。

当时百物尽精好，往往遗弃沦蒿莱。

君从何处得此纸，纯坚莹腻卷百枚。

官曹执事喜闲暇，台阁唱和相追陪。

文章自古世不乏，间出安知无后来。

在这首诗里提到的（石）曼卿、（苏）子美都是当年欧阳修的好友。石曼卿（994—1041）本名石延年，宋代的文学家和书法家，祖籍幽州（今河北省涿县），后迁宋州宋城（今河南省商丘市）人。苏子美（1008—1048）本名苏舜钦，开封（今属河南）人，当过县令、大理评事、集贤殿校理等。擅长诗作，他与梅尧臣齐名，人称“梅苏”。诗中“君家虽有澄心纸，有敢下笔知谁哉”的意思是，澄心堂纸太珍贵了，谁敢用这种好纸来写字呢？后来，欧阳修是在提笔始作《宋史》的时候，才动用了澄心堂纸，可以想见其慎重的程度。

欧阳修也舍不得独享，从10张纸中取出了2枚，转送给了梅尧臣。梅尧臣（1002—1060），字圣俞，宣州宣城（今属安徽省）人，宣城古名宛陵，故世称梅宛陵，官至都官员外郎。梅尧臣收到纸后也写了一首诗，题目名：《永叔寄澄心堂纸二幅》。诗中写道：

昨朝人自东郡来，古纸两轴缄縢开。

滑如春冰密如茧，把玩惊喜心徘徊。

蜀笺蠹脆不经久，剡楮薄慢还可咍（hāi）。

书言寄去当宝惜，慎勿乱与人翦裁。

江南李氏有国日，百金不许市一枚。

澄心堂中唯此物，静几铺写无尘埃。

当时国破何所有，帑藏空竭生莓苔。

但存图书及此纸，辇大都府非珍瓌（guī）。

于今已逾六十载，弃置大屋墙角堆。

幅狭不堪作诏命，聊备粗使供鸾台。

鸾台天官或好事，持归秘惜何嫌猜。

君今转遗重增愧，无君笔札无君才。

心烦收拾乏匮椟，日畏撦裂防婴孩。

不忍挥毫徒有思，依依还起子山哀。

由于梅尧臣和刘敞是老朋友，他收到纸后，诗兴大发，一方面半开玩笑地责怪刘敞不该偏心，有纸不寄我；另一方面写出了对此纸的观赏和自己欣喜心情。

第二条路线是：北宋龙图阁直学士宋敏求（1019—1079），字次道，赵州平棘（今河北赵县）人。他官居要职，不但朝廷发布的文告往往由他起草，而且了解一些中央机构及其制度的源流。当时，中央最高军事机关枢密院对外发布其所奉皇帝谕旨，他也比较熟悉，故能有机会进入内府。宋敏求通过高层得到了不少澄心堂纸。他又送给梅尧臣100张，梅尧臣惊喜若狂，写了另一首诗《答宋学士次道寄澄心堂纸百幅》道：

寒溪浸楮舂夜月，敲冰举帘匀割脂。

焙干坚滑若铺玉，一幅百钱曾不疑。

江南老人有在者，为予尝说江南时。

李主用以藏秘府，外人取次不得窥。

城破犹存数千幅，致入本朝谁谓奇？

漫堆闲屋任尘土，七十年来人不知。

而今制作已轻薄，比于古纸诚堪嗤。

古纸精光肉理厚，迩岁好事亦稍推。

五六年前吾永叔，赠予两轴令宝之。
是时颇叙此本末，遂号澄心堂纸诗。
我不善书心每愧，君又何此百幅遗。
重增吾赧不敢拒，且置缣箱何所为。

从这首诗中可以看出，澄心堂纸的制造过程是很艰辛的，非其他纸可比。正是因为它从备料开始及至抄纸等工序的生产，都是要在寒冷的条件下进行的，因而纸质“滑如春冰，坚洁如玉”。这里还要解释一下：“寒溪浸楮”是说明所用的原料和备料方法，即在冬季寒溪水中浸泡楮皮；“舂夜月”是说明在夜晚月光下舂捣浆料，人工打浆何其劳累；“敲冰举帘”是说明用水品质（低温、清洁）和捞纸的工具（竹帘）；“焙干坚滑若铺玉”是说明湿纸被刷在火墙干燥，以及成纸的质量与白度都很好。为什么澄心堂纸要在冬季生产？追其原因至少有以下三个好处：第一，冬季是农闲时期，秋季已经贮备了大量的造纸原料，有空余时间进行生产；第二，冬天河水结冰后水被自然净化，杂质少了；第三，纸药在低温水中不易变化分解，能够发挥更好的分散、浮浆、滤水等作用。

从他们四人——刘敞、梅尧臣、欧阳修、宋敏求的诗作中可以看出，南唐的澄心堂纸，品质甚佳。在这种纸上写字，笔毫运转时轻重浓淡的痕迹，清晰可见，能够表达书法中所谓“筋脉骨血”的气韵。因此，澄心堂纸一经问世，便十分珍贵，后世更为罕见。

值得引起注意的是，梅尧臣又把几张澄心堂纸作为样品，送人进行仿制——这种澄心堂纸被后世称为宋仿澄心堂纸。他送给了谁呢？有人说赠给了制墨家潘谷，还简介了潘谷的生平，宋时歙州人，“亦能造纸”（？），制墨精妙，所制之墨称“潘谷墨”云云[①]。真的是潘谷仿制了一些澄心堂纸，作为回报送给梅尧臣300枚吗？

① 潘吉星．中国科学技术史·造纸与印刷卷[M]．北京：科学出版社，1998：200．

经过查对“全宋诗集”后，让人大吃一惊。原来梅尧臣把澄心堂纸送给朋友名叫潘夙（sù），而不是潘谷，一字之差，大相径庭。据《宋史·潘夙传》载：潘夙（1005—1075），字伯恭，大名府（今河北邯郸市）人，其祖潘惟正原为后周宗室，曾被帝赐予“郑王”潘美（925—991，北宋将领，戏曲杨家将中花脸潘仁美的原型）为义子，“潘夙乃其后，夙有才为名帅，其英明有自也”。故潘夙本人系潘美之重孙、侯门之后裔。天圣中（1032年），授仁寿主簿。曾任职歙（安徽）、韶（广东）、桂（广西）、鄂（湖北）等州……卒年70。生时与宋代诗人颇多交往，情愫甚深。唐宋时期常用任职的地名尊称地方长官，因潘夙曾出任歙州知县，故被梅尧臣称为潘歙州。有皇祐六年（1054年）梅尧臣写的《送潘歙州·潘过宣城而送之》一诗为证：

一见新安守，便若新安江。
洞澈物不隔，演漾心所降。
远指治所山，已入邻斋窗。
捧舆登南岭，策马怀旧邦。
养亲将为寿，倾甘抱玉缸。
观军将劳士，脔肥堆羊腔。
下车谈诗书，上马拥旌幢。
勿窥渊游鳞，无吠夜惊尨。
他日闻课第，天下谁能双。

从诗中的内容可知，梅、潘二人互为相知旧友。前四句是说，新安即歙州之别名，新安守是官职。潘夙的为人直爽，又是文武双全，与大家的关系很不错。所以潘夙又被人称作潘侯，这显然是指潘夙出身侯门了。现有梅尧臣的诗：《潘歙州寄纸三百番石砚一枚》说得很清楚：

永叔新诗笑原父，不将澄心纸寄予。

澄心纸出新安郡，腊月敲冰滑有余。

潘侯不独能致纸，罗纹细砚镌龙尾。

墨花磨碧涵鼠须，玉方舞盘蛇与虺。

其纸如彼砚如此，穷儒有之应瞰鬼。

宋诗中的潘歙州、潘侯究竟是何人？是潘夙还是潘谷？查阅史籍得知：此人非彼人，潘夙已在上文做了介绍。而潘谷（约1010—1060）也是宋元祐歙县人，他一生制墨，所制之“松梵”“狻猊”等被誉为“墨中神品”。宋徽宗御藏极品宝墨“八松烟”（又称八松梵），皆出自潘谷之手。他是一位技艺高超的墨工。虽说是歙州人，但不曾任过官职，岂可被人称潘歙州？据《歙县志》载：“宋时徽州每年进贡佳墨千斤”。潘谷之佳墨，被列为贡品送到宫中作为封建统治者的欣赏品。而潘谷晚年因饮酒太多，神志不清，竟发狂掉在水里淹死了，真可谓：“遥怜醉常待，一笑开天容。”

又据元代陆友（字友仁，苏州人）的《墨史》卷中记载，潘谷死后，苏东坡（1036—1101）曾写诗悼念，有“一朝入海寻李白，空见人间话墨仙”之句。当时了解潘谷的人很多，压根儿没有人说潘谷能造纸。苏东坡在《孙祖志寄墨》一诗中赞道：

徂徕无老松，易水无良工，

珍材取乐浪，妙手惟潘翁。

鱼胞熟万杵，犀角盘双龙，

墨成不敢用，进入蓬莱宫。

金笺溅飞白，瑞雾索长虹，

遥怜醉常待，一笑开天容。

如果将宋诗中所述的事实，前后对比，那么就会得知，宋仿澄心堂纸与潘谷没有任何关系。宋人潘谷在歙州制墨，他并没有兼仿造南唐澄心堂纸。张冠李戴，把宋仿澄心堂纸归功于潘谷的名下，完全是主观臆想，这也是对研究中国造纸史一种不严肃、不负责任的表现。

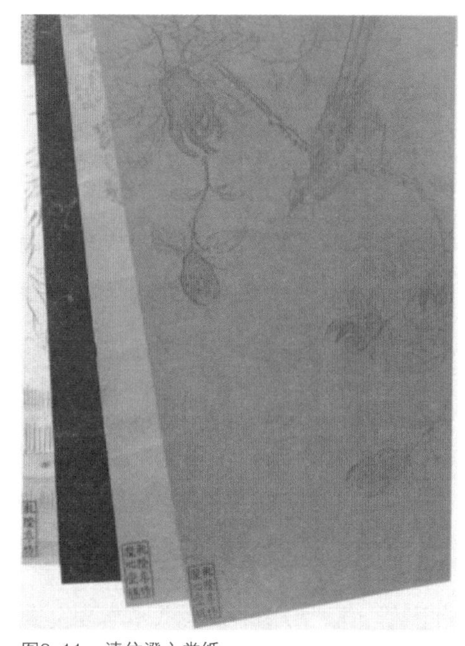
图3-11　清仿澄心堂纸

还有人提出，澄心堂纸的创制者（？）是（南塘纸工）徽州歙县人吴善祠（生平不知）[1]，他在徽州新安江畔成功造出了该纸。他的成功一靠其人聪慧勤奋，二靠身处造纸氛围浓郁的徽州，三靠得天独厚的良纸原料和浸楮妙水。这个孤单之说，没有史籍证实和其他旁证，有待研讨，立此存照。

澄心堂纸经北宋诸位学士名子一再褒赞，名声大振。又因原物传世十分稀少，普通文人也只可望而不可即，因此，从北宋之时起直到清乾隆年间，皆有仿澄心堂纸出现。宋代有此纸的仿制品，名为宋仿澄心堂纸。从梅尧臣诗句中反映的情况看，宋代仿制的澄心堂纸质量不如五代原纸。“而今制作已轻薄，比于古纸诚堪嗤。古纸精光肉理厚，迩岁好事亦稍推。”

清代乾隆年间仿制的这种名纸，取名清仿澄心堂纸。纸式斗方，质地厚实，可分层揭开，多为彩色粉笺，并绘以泥金山水、花鸟等图案，纸上有长方形隶书小朱印“乾隆年仿澄心堂纸”字样。该纸的底料为桑皮纸，经过一系列加工（包括加色、加粉、加图、加金等）而成（图3-11）。由此观之，后世仿品离南唐原物（纸）可谓越走越远矣。

---

① 江志伟．也说李后主与澄心堂纸 [N]．人民日报（海外版），2000．11．20，7版．

四、使用与评价

书画家喜欢使用什么纸，什么时代的书画家会用什么样的纸，往往成为古代书画鉴别的一个重要依据。南唐画院的著名山水画家董源、宋代著名画家李公麟，皆多用赫赫有名的澄心堂纸作画，并因纸而使画幅生色增辉，那时候的书画家们也常以能用此纸为荣。例如，宋代画家李公麟的传世之作《五马图》；欧阳修起草的《新唐书》以及宋代拓印的《淳化阁帖（原本）》等，均采用了澄心堂纸而作。宋徽宗名作《芦雁》《柳鸭》两幅画，用的也是澄心堂纸。这两幅画现藏于上海博物馆。

所以说，在宋代已有不少的书画家（如李公麟、马和之、蔡襄、苏轼等），使用澄心堂纸来润墨。延至元代，著名书家鲜于枢《笺纸谱》云："南唐有澄心堂纸，细薄光润，为一时之甲。"还有宋代杰出书画家米芾（1050—1107），初名黻，字元章，号海岳外史、襄阳温士，自号鹿门居士。原籍襄阳（今属湖北）人，后定居润州（今江苏镇江）。官至书画博士、礼部员外郎，人称"米南宫"。由于他性情狂放，又被人称"米颠"或"米痴"。他与其子米友仁，世称"二米"或"大小米"，父子二人都是书画收藏家、鉴赏家。他们的作品也不乏使用流传下来的澄心堂纸。

不过，宋、元之后，南唐澄心堂纸存世更是稀少了，那时仅有宋仿澄心堂纸作为代用品而已。

图3-12 蔡襄像

评价南唐澄心堂纸，从技术上说，有"浆白如玉，光而不滑，轻如毫毛，收而不折"的表述；从艺术上说，则又有"肤卵如膜，坚洁如玉，细薄光润，冠于一时"的美誉。澄心堂纸一直作为贡品，供宫中御用。它的生产技艺随着南唐的灭亡失传了，这是令人感到惋惜和心酸的。

澄心堂紙一幅闊狹厚薄
堅實皆類此乃佳工者不
願為又恐不能為之試與
厚直莫得之見其楮細似
可作也便人只求百幅癸卯重
陽日襄
書

图3-13 蔡襄的《澄心堂纸帖》

历史上诸公对澄心堂纸如此珍惜，评价甚高，其宝贵可知矣。无怪乎蔡襄要拿着一张得来不易的澄心堂纸，高价征求仿制，这就是蔡襄的《澄心堂纸帖》[①]。蔡襄（1012—1067），字君谟，兴化（今福建仙游）人（图3-12）。天圣八年（1030年）进士，先后在宋朝担任过馆阁校勘、龙图阁直学士、枢密院直学士、翰林学士等职。北宋书法家之一，久有“苏（东坡）、黄（庭坚）、米（芾）、蔡（襄）”四大书家的说法。《澄心堂纸帖》（图3-13），纸本墨迹，行楷书，信札一则。凡6行，共56字，24.7cm×27.1cm。中国台北故宫博物院藏。这是迄今已知写有年款的南唐澄心堂纸。纸上释文如下：“澄心堂纸一幅，阔狭、厚薄、坚实皆类此，乃佳。工者不愿为，又恐不能为之。试与厚直，莫得之？见其楮细，似可作也。便人只求百幅。癸卯重阳日，襄书。”

蔡襄写的此帖很可能是用旧的南唐故物所书。因为他要以这张纸做样品，请收信人依样仿制。“试与厚直（值），莫得之”一句的意思，就是他几乎不信若肯出大价钱，绝没有不能办到的事。所以，此帖向后世提供的不用置疑的澄心堂纸样本，其文物价值自不待言。蔡襄拥有的澄心堂纸，或许也是刘敞、欧阳修这些老友所赠。纸上署有“癸卯”（1063年）年款，蔡襄时年52岁，正是他晚年崇尚端重书风

① 陈大川．中国造纸术盛衰史[M]．台北：中外出版社，1979：114．

的代表作品。

蔡襄曾在他的《文房四说》（卷三四）中说："纸，澄心堂有存者，殊绝品也。"又云："纸，李（后主）澄心堂为第一，其物出江南池、歙二郡，今世不复作精品。"宋代仿制的时间，还要早一些，诚如苏易简在《文房四谱·纸谱》云："黟县多良纸，亦有凝霜、澄心之号。"尽管冒了官纸名号，质量已显然下降了。在宋元代，似乎不仅南唐澄心堂纸的原产地池州、歙州一带仿冒，四川也有，元代《蜀笺谱》云："澄心堂纸，取李氏澄心堂样制也，盖光表之所轻脆而精绝者。中等则名曰玉水纸，最下者曰冷金笺，以供泛使。"由此可见，李后主的纸工中有聘自蜀地者的证据不可谓不充分。

上文重点介绍了蔡襄的澄心堂纸帖，一来是由于该纸帖以真迹的面目，表达了书法家对澄心堂纸的爱惜和重视；二来是该真迹出自一代大家之手，纸帖本身极可能就是（或是加工过的）南唐澄心堂纸，如果能够化验（我们寄望台北故宫博物院如若再装裱，取一小块纸样即可），则又多了一项史料价值；三来是促使我们要讨论的此帖的内容曾引起不同意见和诠释，尤其是 "试与厚直莫得之"这一句。原文共7句，可分3层，前两句为1层，是说蔡襄以一张澄心堂纸作样本，指明了尺寸与性质都要与原纸相符才算是佳品；中间3句为1层，说纸工不愿承制，也担心做不来，即使试着多给报酬，还是无能为力，此层文意三转，道尽"难上加难"之感慨；最后两句为一层，说蔡襄不信世间再也造不出这样细致的纸，于是写信求助友人，请他帮忙物色，如果行得通的话，蔡襄只要一百张便可以了。这件事的结果如何，不得而知，但蔡襄曾备尝觅索之苦，却是可以肯定的。这中间透露出蔡公求纸之心的热切，以及当时澄心堂纸弥足珍贵之一斑。所以，不论从研究造纸的角度，还是从欣赏书法的观点来看，蔡襄写的《澄心堂纸帖》都具有重要的价值和意义。

五、结语

从以上分析得知，澄心堂纸是我国历史上最名贵的书画用纸之一。同时，也是诸多名家品味最多的一种纸张。在各大家的诗文记跋中，一书再书，赞叹崇拜之情，溢于言表。曾称澄心堂纸为“肤卵如膜，坚洁如玉，细薄光润，冠于一时”。这朵艺术宝库的奇葩，在中国造纸史上绽开出极其光辉绚丽的异彩。这是宫廷文化结出的硕果之一。

澄心堂纸作为书画纸精品，原产地为徽州。唐代开始，徽州成为文房四宝生产的重要基地，除歙砚、徽墨被推为天下之冠外，澄心堂纸更是受到珍爱。南唐后主李煜视这种纸为珍宝，赞其为“纸中之王”。澄心堂纸质量极高，但传世极少。南唐时期的澄心堂纸，应该不是指单一的纸种，而是一类高级书画纸的统称。目前，仅从文字记载难下结论，寄望于实物化验之结果。

后世对澄心堂纸屡有仿制，在其流传过程中曾有“潘谷所造宋仿澄心堂纸”的说法，经查对证明是错误的。应该不是宋代制墨家潘谷，而是歙州地方长官潘夙，经手仿造了南唐澄心堂纸（宋仿澄心堂纸）。这个问题应该尽快纠正，不能再遗患后人了。

第五节
金花纸

一、金花纸的诞生

所谓金花纸（Golden flower paper），它是一种加工纸，其方法是先在原纸上涂上薄薄的一层胶料，然后把金粉（或金屑、或金粒、或金片等）随意洒布在上面，再经过整饰、晾干而成[①]。另一种方法是，直接用毛笔蘸上泥金（或泥银）在纸面上绘出各种栩栩如生的花草、山水、花鸟、龙凤等图案，这种纸也称之为金花纸。

大约在唐代，金花纸最早作为公文用纸而问世了。追其原因：一是受外部环境的影响；二是鉴于内部情况的需要。早在汉朝的武帝刘彻执政时期，经济发展，国力强盛。随着张骞出使西域，开通了“丝绸之路”的贸易，扩大了东西方的文化交流。与此同时，东汉末年印度佛教的传入，中原地区拜佛之风骤起。从波斯国进献的织金锦袍，到菩萨塑像、建筑门窗的贴金装饰，在社会上勾起人们一心向佛献尊的心态。在这种思潮的引导下，现实生活中以金为贵、用金饰装的举止行为，成了一种时尚的现象。

① 刘仁庆．中国古纸谱[M]．北京：知识产权出版社，2009：27．

在这种“世风”的影响下，唐代的黄金消费范围也随之扩大。伴随着金银器产量的增加和工艺技术的改进，显示了世风对富丽华贵的奢华追求。人们完全不满足原有的丝绸和麻衣，纺织品印金也正是在这种因素的影响下获得了迅速发展。因此，用金的方法也日渐多样。据《唐六典》记载，唐代有16种用金的方法，它们分别是：1.销金、2.拍金、3.镀金、4.织金、5.砑金、6.披金、7.泥金、8.镂金、9.拈金、10.戗金、11.圈金、12.贴金、13.嵌金、14.裹金、15.浑金、16.描金等，可见其用金方法之多了。尽管用金的“名堂”不少，但是，作为纺织品（还有纸张）最为基本的印金工艺不外乎两种：一种是贴金工艺，另一种是泥金工艺。

纺织业与造纸业是两个相近的产业。从晋代开始就有了“布纸”之名，东晋历史学家虞预（285—340），曾经官居秘书丞著侍郎之职。他在《乞布纸表》中一文称：“秘府有布纸三万余枚，不任写御书而无所给。愚欲请四百枚，付著作书写《起居注》。”不过，那时所织的布并非棉花（棉花宋代才由西域传入中原）而是由麻类植物纤维加工的。正因为奢侈的纺织品倾向于“穿金戴银”，所以引发了对纸张的进一步加工。那时，最先采用的是将金箔粘贴在纺织品上面，闪耀夺目，被称为贴金。所谓的贴金工艺，就是使用黄金（金条）反复敲打而成薄片，成为面积为几平方厘米的金叶。然后夹在“乌金纸”（一种特殊的加工纸）里，再经数小时的手工锤打，使金叶成箔片，其面积比金叶再扩大几十倍，真是薄如毛发。

金箔（又称片金）有一定的厚度和牢度，通常根据花纹需要进行剪切或粘贴，再经捶拍附着于纺织品上。后来，可能出于经济的考虑及技术本身的发展，金箔制得越来越薄，轻软到了“吹絮若鸿”的境地，便无法再以剪切黏贴，所以，利用整张金箔铺箔黏附成为取代贴金印花的主要方法。在唐末宋初以后，这种方法可能已经用于佛像塑造、建筑装饰等。贴金纺织品工艺最重要的技术环节有两项，它们是：第一项，金箔的打制，第二项，胶黏剂的选用。第一项前边已有述及。下边再介绍第二项。

胶黏剂的品种非常多，选用什么样的胶黏剂，不同地区、不同时期、不同工匠也有所差别。通过查考文献和民间调查，在古代曾被用作贴金起粘合作用的胶黏剂，主要的有：大漆、桐油、桃胶、明胶、糯米糊等。大漆，又名天然漆、生漆、土漆。中国的特产，故把它统称“中国漆”。它是一种天然树脂，是在割开漆树树皮时，从韧皮内流出的一种白色黏性乳液，再经加工而制成的。在古代大漆曾用以涂饰宫殿、庙宇、车船、棺材和家庭用品等。桐油，是从中国特产油桐树种子中榨出来的一种干性植物油，主要成分是桐油酸。桐油具有迅速干燥、耐高低温、耐腐蚀等特点，因此，被广泛应用于制漆、建筑、印花、油墨等工业。桃胶，又名桃树胶，为桃、李、杏、樱桃等树干分泌的脂胶，桃树以山桃树为主。桃树原产我国，桃胶是半透明的多糖类物质，用途甚广。明胶又称骨胶，是一种从动物（牛、马、猪）的结缔组织（皮、筋、骨、角）中，加工提炼出来的一种蛋白质。加有调和颜料的明胶，叫作黄明胶或广胶，多产于广东、广西等地。胶体黄色透明，成方条状，无臭味。加水用微火融化，只用上层清澈部分兑入颜色，下面浑浊的部分弃用。糯米糊，是以糯米煮制后反复戳打，使其变为浆糊。糯米的别称有：江米、元米、酒米。糯米稻为中国栽培的稻谷的变种之一，米粒呈乳白色，胚乳多含“支链淀粉”，易糊化，黏性强，胀性小。古代建筑中使用把糯米（饭）浆糊拌以桐油石灰来黏合砖块，这种胶黏剂的强度甚至超过现代的水泥砂浆。比如在明代砌筑城墙时，广泛采用石灰砂浆和糯米浆糊一起搅拌后作胶结材料。

传统贴金装饰技法是将金箔用竹钳子夹起，贴在有黏性的底子上。贴金的底子，用鱼鳔胶水遍刷一层，这是唐宋的古法。其后各地工匠自主采用不同的手法，其目的是把金片贴牢、贴好。

所谓泥金，就是用金粉与胶黏剂调和成油汁状形成“金墨”（又称金泥），供描金之用。泥金工艺与中国的传统毛笔绘画紧密相联，因此其历史可以追溯到泥金纺织品出现时间之后，两种成品几乎是前足与后跟，同时在唐代流行起来。因为泥金工艺是以金粉的制取为技术前提的。

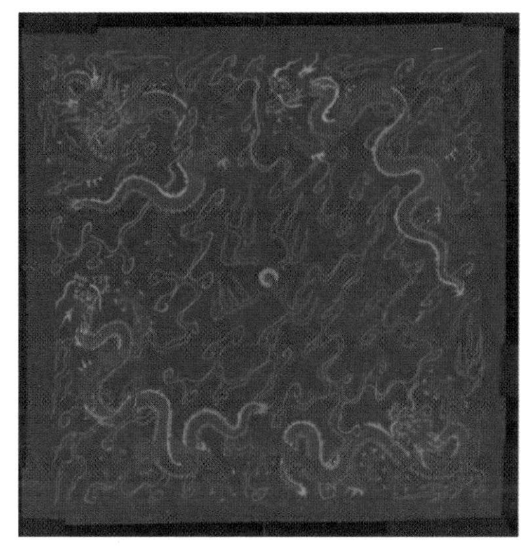
图3-14　清代的传统金花纸

当贴金工艺运用不久，发现遗留下的小金片等，“弃之可惜”，造成浪费。于是便将其进一步加工成碎末（细金粉），然后再将金粉与胶黏剂调和成泥后，印于或绘于丝绸匹表面的加工方法。再后来又转变画在纸上，结果便有了金花纸的诞生。

传统的金粉制作方法有两种：一是金屑磨削法，二是助剂研磨法。磨削法选用翡翠屑金，即利用翡翠石使黄金碎成粉末。二是采用金箔加入牛乳，用文火煎致乳尽，金箔如泥，再于火上焙干，研为粉末。此二法为初始所用，手续烦琐，耗力费时，遂被弃用。后来便使用机械法加工处理金屑而得金粉，简单方便。同理，有了金粉，又有了黏胶剂，制作泥金易于反掌。从此，金花纸便走进了文化大殿，开始展示它特有的功能和风采（图3-14）。

二、金花纸的制作

金花纸制作时的主要工序，就是在原纸上进行加金技术处理。一般总结为三种方式[1]：“一、小片（金箔）密集纸面如雨雪，通称

① 沈从文. 金花纸[J]. 文物，1959（2）：10-12.

‘销金’‘屑金’或‘雨金’，即普通‘洒金’。二、大片分布纸面如雪片，则称‘大片金’，又通称‘片金’，一般也称‘洒金’。三、全部用金的，即称‘冷金’（在丝绸中则称为‘浑金’）。”这里需要弄清楚几个概念，第一，所谓洒金（或撒金）是一个通称，即把金片或金箔（后又为金粉）按花纹印上胶黏剂，然后将“金料”（片、粉）洒在其上，有胶黏剂的地方黏着金料形成花纹。第二，“销金”一词源于铺箔黏附的贴金工艺。实际上只有预先涂印有胶黏剂的花纹之处才能固着金箔，其余未黏着的碎金箔都要在最后抖落除尽（并不销毁），集中起来处理，因此得名“销金”，又称屑金。屑者，碎末也。第三，冷金，对这个术语的解释有两个：其一，冷金与洒金相同，冷金笺与冷金纸一样。比如北宋书画家米芾（1051—1107）《书史》中称：“王羲之《玉润帖》是唐人冷金纸上双钩摹出的。”南宋诗人陆游（1125—1210）的《秋晴》诗云：“韫玉砚凹宜墨色，冷金笺滑助诗情。”其二，冷金是经过用“水油纸”（装裱专用纸）处理过的加工纸。试问这种冷金纸与洒金纸有何区别？就是前者不需要等待干燥，后者的干燥（晾干）时间比较长。

鉴于金花纸制时需要真金（真银）作为加工的原料，不仅价格贵、成本高，而且费工费时。而做出来的金花纸成品只供皇亲国戚、达官贵人享用。所以就有人进行研究发明了“造金银印花笺法”。该文载于《遵生八笺·燕闲清赏笺（中卷）·论纸》，文曰[①]：“用云母粉同苍术、生姜、灯草煮一日，用布包揉洗，又用绢包揉洗，愈揉愈细，以绝细为佳。收时，以绵纸数层，置灰缸上，倾粉汁在上，湮干。用五色笺，将各色花板平放，次用白芨调粉，刷上花板，覆纸印花纸上，不可重拓，欲其花起故耳，印成花如销银。若用姜黄煎汁，同白芨水调粉，刷板印之，花如销金。二法亦多雅趣。”

这种方法的优点是：可以不用真金、真银，而用别的非金属材

① 明·高濂. 遵生八笺[M]. 兰州：甘肃文化出版社，3004：385.

料，同时还不用手工单张描绘，而巧妙地利用印花技术复制多张。这种方法所用的原材料是：云母粉、苍术、通草、生姜、姜黄，它们都是中药材（图3-15），去中药房很容易买到。云母粉不用解释。苍术：又称北苍术，菊科，多年生草本植物。根状茎肥大呈结节状，可入药。生姜：即薑块，根茎呈黄褐色，有辛辣味，作调味品。灯草：灯心草的茎中心部分，呈白色。可作油灯的灯心。白芨：多年生草本植物，叶子长，开紫红色花。可作中药，有止血作用。姜黄：为姜种多年生宿根草本植物，形块根状，长有紫色的花朵，药用为根部，味苦涩。姜黄与作调味品的生姜不同，前者呈手指头状，而后者为块形，且旁支错节。

图3-15　云母粉、苍术、通草、生姜、姜黄示例

据研究，在对金银印花笺进行加工的时候，工艺流程应当有序①。首先是煮药，把云母粉、苍术、通草、生姜四种原料，装入同一容器内，加水煮沸一天。其次是揉洗，煮完了的药材连同汤汁，倾倒入一布袋中，束紧袋口。再将布袋放入盛有清水的木盆内，反复搓揉，使袋内的原料互相挤碎。另换空盆，加入清水，又将布袋放入盆中，如前法反复揉洗，直到袋内碎屑全都成为细末，从布袋淘洗出来为止。如此便得到了“浆汁”。第三是过滤，在容器内准备好一个由草木灰构成的凹形窝，叫做灰坑。取数张“皮纸”铺在灰坑上，然后把浆汁慢慢地倾倒于皮纸上（注意浆汁不能溢出）。俟皮纸上的水分渗完，将皮纸放在太阳光下晒干，则纸上会存留若干细状的“干粉”，取下

① 张秉伦，方晓阳，樊嘉禄．造纸与印刷[M]．郑州：大象出版社，2005：163-164.

图3-16　金花纸示例（局部）

备用。第四是调料，分别把白芨、姜黄研细煎煮，熬成浓汁。再放入干粉，用竹枝不停地搅拌，使之成为糊状，备用，称为“花料”。第五是印制，将已刻好图案的印版固定，另选好各色的宣纸。用毛刷把花料均匀地涂于印版上，再覆上宣纸，用擦子轻拓，揭开即得金花纸一张（图3-16）。如此反复循环印制，可得多量成品。

三、金花纸的使用

由于金花纸是一种造价颇高的艺术加工纸，在唐宋时期金花纸的造价到底是多少，在古籍中找不到记载。我们从清代同治八年（1869年）苏州织造局的一份上奏的文件中，见到造金花纸的价目：“又洒金蜡笺，每张（尺）加真金箔洒金工料一两一钱五分二厘，每张工料银六两二钱四分二厘。”[①]这个价目与当时的苏州绸缎价目相比较，如石青花绸缎每尺一两七钱，天鹅绒每尺三两五钱。推知前朝，金花纸的价格之高由此可见一斑了。如此昂贵的金花纸在民间可能流传很少，那么这种纸究竟是干什么用的呢？

① 丁春梅. 金花纸与中国古代公文用纸[J]. 档案学研究，2003（4）：64.

根据唐代史学家李肇（818—829）在《翰林志》中记载：“凡将相告身（相当于后世的官职委任证书），用金花五色绫纸，所司印。凡吐蕃、赞普（西藏地方政府）书及别録（录），用金花五色绫纸，上白檀香木真珠瑟瑟钿函，银鏁（锁）。回纥、可汗（新疆地方政府）、新罗（朝鲜）、渤海王（东北地区执政者）书及别録，并用金花五色绫纸，次白檀香木瑟瑟钿函，银鏁。”由此得知，自唐朝开始使用金花纸写的内廷和对外文书以及“封缄”（外包装盒子）都有严格的规定。即官员们的任命，使用金花五色绫纸加钤印鉴。对各地的属区的“首领”，一视同仁，也用同样的金花纸，不过外加了一个包装盒一把银锁，以示郑重。

在唐代，金花纸的使用多为皇宫和高官，并且是不分等级的。据说，某年中秋节的一天，唐明皇李隆基（玄宗）与杨贵妃在沉香亭观赏牡丹，歌手李龟年领着班子奏乐歌唱。听了一会，唐明皇对李龟年说：“赏名花，对艳妃，你们怎么还演唱那些老旧词？快快召李白来填写新词。”李龟年奉命赶到长安大街有名的酒楼寻觅，果然李白正和几个文人畅饮，已经喝得酩酊大醉。李龟年只好叫随从把李白抬到马上，回到了宫内沉香亭。唐明皇见李白一醉如泥，便叫侍臣搀到玉床休息，并吩咐端来醒酒汤。李白躺在玉床把脚伸向高力士，要求他脱靴。高力士无奈，只好蹲下来为他脱下。忙乱一阵子之后，李白方才从醉梦中惊醒。唐玄宗叫他快做诗助兴，命李龟年手捧金花纸过来。李白接过纸后微微一笑，拿起笔来，便写成了《清平调·牡丹》一词三首。从此，金花纸名声随之大振。

到了宋代，朝廷的政治日益腐化，军事力量日渐衰弱，难以抵御周边邻国（西夏、辽国）的扩张，每年需要向他们送去金银、铜钱等，名曰“岁贡”。故而对金银铜3种贵金属严加控制，下令禁止民间随意使用金银。于是便使金花纸的制作和使用明显减少。至此，宋代开始对金花纸的使用依其品级而规定了等级标识。当时只有一品、二品文武官的“告身”才能用金花纸，自正三品以下其余官员告身只能用不销金的绫纸。命妇告身用纸也有规定，“（南宋）绍兴十四年（1144年）诏内外命妇、郜夫人以上，（告身）乃得用网袋及销金，其余则否”，表明只有等级高的内外命妇才能用金花纸，等级低如宗室女、忠佐妻、升朝官妻则不能用金花纸，只能用一般的罗纹纸。

但是，此项规定对皇室上层和民间下层却都无约束力。在官府公文中继续使用金花纸，主要用于两个方面：皇朝玉牒，即记录帝王族谱；封官授爵，即颁发官员“告身”。同时，在制作金花纸上出现一些变化：一是纸面有了龙凤、花卉图案，二是依图案及花朵大小表示官员等级高低。并规定：只有正三品以上的官员，其告身才可使用金花纸，如“三公”（古代最高官位，大司徒相当丞相，大司马相当太尉、大司空相当御史大夫）、“三少”（上大夫官名，少师、少傅、少保的合称）、中书令（掌传宣诏令的官员，皇帝的亲信者）等。在民间活动中殷富人家遇到婚庆喜事或交换庚帖等，也使用金花纸。但毕竟用量不会太多。

元代是契丹、女真、蒙古等民族在北方建立政权之后的延伸和重组，他们依照本民族的习惯，仍然把织金丝绸衣物和羊绒帷帐看作一种奢华的享受。服饰用金有了进一步扩大。而在用纸上，尤其在官府文书上并不讲究。在社会上，鉴于有唐宋遗风的影响，学士文人们之间也偶有金花纸的传递和交流，范围不大，用量甚少。

明代时期的金花纸主要用于以下几个方面：一是用于对外发布诏书，这种用描金龙图案的金花纸书写，以示对外国的敬重、且为有礼貌之举。二是继承文化传统，诗人作家之间提字吟诗，溢于风雅，拿金花纸当“清玩”，彼此欣赏。三是利用金花纸充作“名刺”（后世的名片），拜访时通报来访者的姓名和官职身份。不过，因其纸贵重价高，一般老百姓买不起，只有高官和富翁们使用。四是把金花纸当成室内装饰物，悬挂壁上。或吊于床架边，故有“纸帐梅花”之说。

明代时的金花纸最糟糕之处，就是鱼目混杂，良莠不分，以次充好，品质不佳。以花色而论，多有朱红、深青、明黄、紫檀等四色，但色调不稳，易于褪失。花纹图案虽加描金银，但加工草率，金变暗，银泛黑，线条呆滞，令人沮丧。自然，内府制作的金花纸还是蛮有劲头的，其形其图其品与唐宋时样样相通，绝不次于前朝。

清代——特别是康熙、乾隆时期，金花纸出现了一个华丽的大发展。首先是仿制的金花纸产品骤然增多，内府及民间作坊可各行其是，名目繁多，花色各异，蔚然大观。如斗方式金花纸、金银绘玉梅花笺、朱红描金龙纹花蝶笺，等等。其次是使用不受限制，金花纸可作为宫廷殿堂内写宜春帖子或作室内屏风的装饰材料。更有甚者，拿金花纸作书画卷的引首、封册、帖面、护封等。曾经风光一时，满目“金”色。但是到了道光、同治年之后，制作日益简率，纸面不匀，色料俱差，质地大不如前，最后苟延至晚清。光绪、宣统年间，国力孱弱，诸事不顺，金花纸的景况一落千丈，只能在少数文人圈子里打转转。再以后，金花纸陷入深谷，很少再有人知道它曾经有过的一段光辉历史了。

四、金花纸的价值

不论是过去，或者是现在，任何事物的存在与消亡，都是有其理由的。在我国历史上曾经出现过的金花纸，也不例外。第一，金花纸在我国科学文化的传播上曾经发挥过巨大的作用。它既标志着我国国家实力的强盛，又反映出文化艺术事业的繁荣。人民生活的安宁和改善。第二，由于有了精巧的加工技术，因此在推进艺术史的发展方面也做出了特殊的贡献。金花纸是古代造纸工匠与画师共同研究的结晶，这种不同行业的互相帮助的形式，可能为技术创新打开一条通道，值得后世重视。第三，随着生产技术的提高，培养出更多的专门人才，也促进了科学文化事业的发展。人才是国家之宝，优秀人才辈出，是强国兴起的旭光。第四，金花纸的艺术成就非凡，充分表现了中国古老的传统风格与民族气派，为民所喜闻乐见，时至今日仍然有可供平面装饰设计工作者参考的价值，寄望有关部门加以重视，保护这个造纸行业的优秀遗产。

第六节
粉蜡笺

一、基本要求

粉蜡笺又称粉蜡纸（White Powder and Wax Paper），是唐代盛行的一种名贵的加工纸，故为唐代纸名。它是在魏晋南北朝代的粉笺和蜡笺的基础之上，经过改进、总结、提高而演变出来的。其后，粉蜡笺在历代继续传承下去，特别是在书画界、装裱业、收藏圈里大放异彩。

在中国唐代以前，客户从市面上买回来的生纸（白纸），一般都不会直接拿来使用，许多时候要自己或请别人经过加工之后才能算作成品。常用的方法有加粉或者加蜡，前者的成品叫粉笺，后者叫蜡笺。换言之，所谓粉笺，就是因汉代麻纸的表面比较粗糙，故一般文士将买回家的麻纸，还要另行“加工”，以便使纸面平滑，利于书写。最初的方法就是用手工进行“刷布”（后来演变而成现在的机式涂布），即把“白粉”与胶料调和后，刷于纸上，其目的是填塞纤维间的空隙，减低纸的透光度，增加纸的白度，从而提高纸的平滑度，有利于书写。古代常用的白粉，通常指的是白垩（$CaCO_3$ 方解石的碎屑细粉）、瓷土（$Al_2O_3 \cdot SiO_2$）、白石灰（CaO）、生石膏

（$CaSO_4$）、蛤粉（蚌壳细末）和铅粉（$PbCO_3$）等。但它们的缺点是，白粉与纤维之间的连结不够牢固，容易掉粉，有的白粉日久变黄、变黑。

所谓蜡笺，就是对生纸的单面或两面加蜡，然后再行研光，使纸的表面平滑如砥，亦以利于书写。古时使用的蜡类共有4种①，计有白蜡（又称中国蜡、虫蜡或川蜡，白蜡虫分泌于寄生在女贞树或白蜡树枝上的蜡，白色）、蜂蜡（又称蜜蜡，棕榈酸蜂酯和蜡酸的混合物，黄色）、石蜡（石油或页岩油的含蜡馏分物，分为石白蜡、石黄蜡两类）和地蜡（又称微晶蜡，炼油厂减压渣油经加工后的烷烃混合物，精品白色，粗品黄褐色）等。由于一般蜡色具有透明性，因此使用时应特别留意加工要求，选取白色蜡或黄色蜡，不可搞错。例如唐代张彦远（815—907）《历代名画记》中记载："好事家宜置宣纸百幅，用法蜡之，以备摹写。"这里说的"用法蜡之"便是加工蜡笺。

然而，粉蜡笺却与上述二者不一样，它是巧妙地融合了吸水的"粉"和防水的"蜡"两种原材料，两者叠合加工而成。它兼有粉笺、蜡纸之优点。既平滑细密，又富有光泽，同时不透明性好。使这种加工纸不仅能够满足书画的要求，而且还可历数百年重新装裱而坚韧如新。

应当指出的是，粉蜡笺是一个统称，它兼有粉笺和蜡笺两者的优点，主要是通过染色、填粉、施蜡、研光、托裱、洒金、描绘等多道工艺对原纸进行再加工而成的。故它是一种多层纸的黏合体。粉蜡笺的品种甚多，大体上分为以下几种：（1）素色（单色）粉蜡笺；（2）洒金（银）五色粉蜡笺；（3）（手绘）描金粉蜡笺；（4）金银印花粉蜡笺；（5）研花粉蜡笺等。

单色粉蜡笺，仅仅是把原纸进行加粉和施蜡之后即告完成。因没有突出该纸具有明显的优点，即加绘各种秀丽图案，以增添其典

① 刘仁庆．中国古纸谱[M]．北京：知识产权出版社，2009：216．

雅气质，故应用较少，不久就消失了。而洒金五色粉蜡笺，它的底料是皮纸（后来全都改用宣纸），首先施以白粉，再加染蓝（象征蓝天）、白（白云）、黄（大地）、粉红（火焰）、淡绿（江河）等五色。复加蜡以手工锤打、砑光，被称为“五色蜡笺”。其次在纸面上施以细金银屑或金银箔，使之在彩色粉蜡笺上呈金银质的光彩，故叫作“洒金银五色蜡笺”；如果用手工泥金描绘山水、云龙、花鸟、折枝、花卉等图案，则称之为“描金五色蜡笺”（图3-17）。此纸防水性强，表面光滑，透明度好，具有一定的防虫蛀功能，可以长久张挂、保存。

图3-17　绿色描金（银）粉蜡笺（清代乾隆）

粉蜡笺进入宫廷之后，由大内府的工匠制作，品质更为精美。当书写绘画后，色泽明亮，如沐春风。加上绘有龙形图案，故多用于宫廷殿堂书写宜春贴子诗词，或供作补壁之用，或作书画手卷引首，室内屏风，多见于宫廷内府殿堂的书写匾额及壁贴等。而在民间很少流行，实为宫廷用纸。

图3-18　绘有龙形图案的粉蜡笺（清代乾隆）

清朝乾隆时期，又有大量绘制的各种粉蜡笺为装饰品，取名为

"描金云龙五色蜡笺"（图3-18），以及绘有花鸟、折枝花卉、吉祥图案等五色粉蜡笺。在粉蜡笺上描金勾银，则制成"描金勾蜡笺"；若饰以金箔、银箔，则制成"洒金银粉蜡笺"，可谓锦上添花，富丽堂皇。粉蜡笺，纸质挺括，气质高雅，富丽华贵，平滑温润，且有较强的防水性和抗老化性，适宜于长期保存。这类彩色洒金或冷金粉蜡笺是造价很高的奢侈品，其价格在当时比绸缎还要昂贵一些。由此可知，粉蜡笺是古代特别珍贵的一种手工加工纸。

值得注意的是，粉蜡笺与同期出现的"金花纸"，虽然都是高级的手工加工纸，而且同时都出现于唐代，这绝非偶然。唐朝在我国历史上处于一个强盛的发展时期，在政治、经济、文化诸多方面都取得了显著的成就。那么，造纸业获得了很大的进步，当然造纸技术也赢得了改进和提高。粉蜡笺是经过加粉、加蜡双重加工后的艺术纸。而金花纸却是只采取加金银色（分别有手描、加印两种方式）之后的加工纸。两者的区别还有，粉蜡笺的厚度较大，一般是由两三层，多的由四五层纸组合；而金花纸的厚度相对而言是比较薄一些，只有单层或双层纸。因此，虽然这两种纸的加工方法不同，性能不同，但是应用方面却相近似，没有太大的不同。

粉蜡笺的历史悠久，自从在我国唐代产生，到宋、元、明，一直顺延传到了清代，大约经历了1300多年的时光。在其间，这个纸名多次发生改变，或改称五色粉蜡笺、梅花玉版粉蜡笺、描金云龙五色粉蜡笺等。各代的文豪名士对该纸青睐有加，例如唐朝中书令褚遂良（596—659）所作书法精品《枯木赋》。据宋代米芾（1051—1107）在《书史》中云："唐褚遂良《枯木赋》是用粉蜡纸拓成的。"另外，辽宁博物馆收藏的晋代王羲之《万岁通天帖》的唐摹本，也是由粉蜡笺书成，一直保留至今。

对粉蜡笺的加工要求特别严格，不用提民间子民，就是内府的普通工匠都不准参与，它的制作全由技术娴熟的高级技师负责掌握。在宣纸上进行描金勾银，形成各色吉祥图案，一笔笔细描精绘而成。因此，“粉蜡笺”具有生、熟两种宣纸的功能效果，具有纸质平滑、润墨坚韧、色泽均匀、气质高雅、精美华贵等特点，适合书写绘画、装饰托裱等多种用途。换言之，正是由于粉蜡笺的选料严格、加工精细、图案新颖、色彩鲜艳，使它不仅具有宜书宜画的实用功能，而且其本身就是一种典雅华贵、精美绝伦的艺术品。

二、工艺“复活”

自唐代以来，粉蜡笺开始是采用皮纸（楮皮纸或桑皮纸）为底料，进行染色、拖粉、加蜡、砑光等一系列加工处理。后来的宋、元、明各朝代都有仿造，其制作工艺日益精湛、成熟。到了清代乾隆时期，底料全部改为宣纸，工艺已经发展到炉火纯青的阶段。“粉蜡笺”作为皇家御用品，也历来为文人墨客所珍视。然而，到了清朝末年，随着清王朝的覆灭，粉蜡笺的产品从市场上消失了，其制作工艺竟突然失传，这事便成为我国手工造纸业的一个不解之谜。

虽然，史籍上偶有对粉蜡笺点滴的文字描述，但是很难找到详细具体的制作工艺记载。有幸的是，在安徽省博物馆和北京故宫博物院尚保存有“库蜡笺”的实物收藏。这里所说的库蜡笺实际上也就是粉蜡笺。而民间也散落有若干粉蜡笺传世。库蜡笺与粉蜡笺之间稍有些差别，前者为内府宫廷所制，品质精良；而后者的用料和加工远不及前者。但其加工的“套路”基本上是一致的。

安徽省巢湖市掇英轩文房用品厂负责人刘锡宏、刘靖父子，经过10多年的研究，终于“复活”了粉蜡笺的制作工艺。现将该厂的生产工序摘抄如下[①]：（1）选料。制作粉蜡笺对原材料的要求十分考究。原纸的纤维组织需细密均匀，纸面无杂质，无纰点，纸质柔韧，拉力强。历史上也有用皮纸做粉蜡笺底料的，但用安徽泾县宣纸做底料效

① 张秉伦，方晓，樊嘉禄．造纸与印刷[M]．郑州：大象出版社，2005：154．

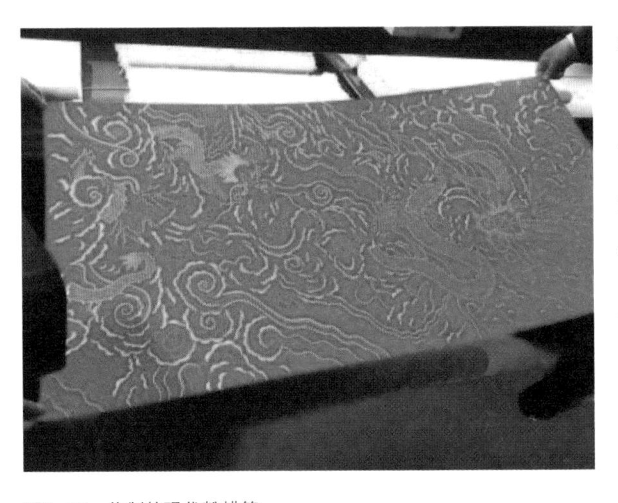

图3-19 仿制的现代粉蜡笺

果更佳。因为宣纸的综合指标优于其他书画纸，尤其是宣纸的抗老化性（即耐久性）最好。（2）拖胶矾。用糨糊将选好的宣纸一端粘在木条上，在调配好的胶矾水中拖一遍，挂起来晾干。这样纸的拉力更好，也便于上粉色。（3）涂粉。在纸的正面用排笔将粉色涂刷均匀，然后挂起来，晾干。若制作双面粉蜡笺，复背纸也需要按第二步及第三步进行拖胶矾和涂粉。（4）托裱。将面纸和背纸托裱黏合成一纸，然后上挣板挣平晾干。（5）打蜡。在纸面上均匀打上一层白蜡。（6）研光。用细石研磨纸面，使纸面上的蜡质更加均匀，使纸质更加缜密、润滑、光亮。经施蜡和研光过的纸张，既美观又有防水性。蜡层在一定程度上将纸面与空气隔离开来，从而降低纸张的氧化过程，延缓老化。（7）描金。一般都是真金银粉（俗称泥金、泥银）加胶水调和好，绘以象征福禄寿富贵等吉祥如意图案，如龙、凤、花、鸟、云、蝠等。若装裱成画轴形式，只需制单面粉蜡笺即可。不装裱的笺纸，则背面一般用金箔碎片洒贴。双面粉蜡笺一般只对正面进行上述加工，背面在上粉色后不打光，贴上金箔片即可。从这个事例使我们获知，对于历代的古纸，如果找不到它的制法的有关文献记载，那么只要有办法拿到实物，通过分析研究，就能够逐步搞清楚它的加工过程。从粉蜡笺的失传到复活，这不是十分清楚了吗？

值得指出的是，复活后试制的第一张粉蜡笺，是在1997年11月，由安徽省巢湖市“掇英轩”文房用品厂完成的（图3-19）。1999年5

月，久已消失的粉蜡笺，被该厂批量地生产出来。2006年“手绘描金粉蜡笺”被中国文房四宝协会评为“中国之宝——中国十大名纸”之一。2006年12月，粉蜡笺入选安徽省非物质文化遗产。2008年10月，粉蜡笺的加工技艺被列为国家级非物质文化遗产。目前，开发出的手绘描金、金银印花等系列“粉蜡笺”产品，已出口到日本、新加坡等国。

三、实际应用

粉蜡笺虽然始创于唐朝，但它一经面世，即引起社会上的重视。自明代之后被封建皇室垄断生产，那些赫然标示着“奉天承运皇帝诏曰”的“圣旨”，除了少数采用绢质书写之外，其余大都是用粉蜡笺来承墨的。此外，由于此纸选用了优质的“生宣”为底料，又经过多染色、贴金片等复杂工艺制成。故其成品斑斑金片，状若鱼鳞，光照之下，灿如星辰。并且纸质坚挺厚实，且性偏熟，故多被用作手卷、对联、书柬、请帖等。

辽宁省博物馆里珍藏着一幅宋徽宗赵佶的狂草《千字文》（图3–20），长逾三丈的长卷上竖列99行，字体如行云流水，奔放驰骋，把“瘦金

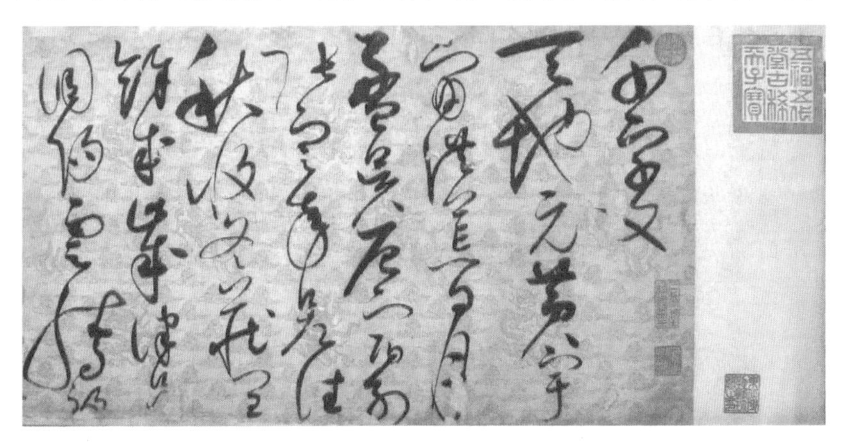

图3–20　宋徽宗赵佶草书《千字文》（局部）

体”的张扬豪放、峻奇独特表现得淋漓尽致，不愧为我国古代书法艺苑中的一朵奇葩。然而，在欣赏“书画皇帝”佳作的同时，细心的人还会发现，《千字文》所用的纸卷上，用彩色泥金手工描绘着高头大卷、细致繁缛的云龙纹图案，每组各由4条金龙和24层云纹组成，相互间连绵不绝、一气呵成，其本身就具有极其珍贵的艺术价值。这就是粉蜡笺，素有“纸中之王”的美誉，是伴随着中华文明的发展而衍生的传统加工纸工艺中的巅峰之作。

四、今后展望

我们从一张古纸（粉蜡笺）出发，进而迈入书画领域，又鉴于观赏的需要而获得装裱，由此而成为一幅完整的艺术品，受人青睐而被收藏。由于这种加工纸它巧妙融合粉“吸水”和蜡“防水”两种对立的材质，既不失纸张易于书画的特点，又平滑细密、富于光泽。同时制工精致，用金银粉绘就的各种秀丽图案背景，更为粉蜡笺增添浩浩典雅之气，经历千年而坚韧如新，因而成为历代书画大师们的至爱，也使之具有较高的收藏价值。

目前，粉蜡笺只能用手工一道道地制作而成，技术要求难度高。尤其是材质珍稀、配方保密，产量自然不会太多，使用者的人数也较少。自宋朝始，已成为收藏家的珍品，其价格也水涨船高，一路狂飙。听说前些年，一张清代乾隆时期留存下来的粉蜡笺精品，拍卖价格最高竟达20万元。所以，这种超高级的艺术加工纸，是一般人可望不可得的。不过，现代的仿粉蜡笺的价目，一张仿粉蜡笺，根据用金量，最高可达万元以上，而仿金的也需要千元左右[①]。

至于仿粉蜡笺今后的应用，大体上有4个方面：一是作为书法礼

① 杨赛君．一张粉蜡笺价值或上万[N]．合肥晚报，2013-06-05（11）．

品，当成“国礼”赠送外国元首或世界著名人士；二是作为高级装饰挂图，悬挂于重要的大厅堂室；三是作为古代书画的装裱材料，根据需要加以使用。四是作为旅游商品，裁成小尺寸、精包装，展示中国的高超绝技纸制品。总之，不论是古代的粉蜡笺，还是现代的仿粉蜡笺，都是我们的“纸中之宝”，值得我国造纸工作者和广大群众共同珍惜、悉心欣赏和引以为傲。

第七节
笺纸

一、笺纸小史

笺（jiān）者，纸也。通常把幅面尺寸较小的、有精美图案的纸称为笺或笺纸。在古代，一般平民将写信用的纸叫作笺，如信笺、便笺、手笺。文人墨客写诗、作画、题字所用的纸也叫做笺，如诗笺、花笺、锦笺、彩笺，等等。开始尺幅较小，有染色的也有不染色的，其后逐步演变发展，最终是专指以传统的手工描绘或者雕版印刷的方法，在宣纸上刻印出精美、浅淡的图饰，作为文人雅士传抄诗作或书札往来的纸张。因此，说到笺纸不宜太粗，而应细分为单色素笺、描绘花笺和刻印画笺（彩笺）等。

笺纸（Jian Paper）最早出现可能在我国文风昌盛的东晋、十六国（335—349）时期。根据史籍晋·陆翙（huì）《邺（yè）中记》（又名《石虎邺中记》）中记载："石季龙与皇后在观上为诏书，五色纸，著凤口中，凤既衔诏，侍人放数百丈绯绳，辘轳回转，凤凰飞下，谓之凤诏。"东晋十六国时，后赵国君石虎（295—349），字季龙，羯族，上党武乡（今山西榆社北）人。石虎以五色纸作诏书（古代帝王发布命令、文告的总称，依内容写在不同尺寸的色纸上），可知其时纸幅不大，质已柔韧，且已有染以彩色之纸了。邺城（古地名，今河南省安阳北）为当时后赵的国都，原书已佚。这是后来研究者的一种观点，立此存照，不下结论。

笺纸发展的第一次高潮是在唐宋时期，其特点是文学与笺纸结缘。唐朝是中国历史上的一个强盛朝代，不论在政治经济、文化艺术等方面都有了蓬勃的发展，超越前朝。尤其是体现在造纸工艺方面，也较以往有了较大的提高，而且纸的品种也相应增多，如玉版、经屑、表光、鱼子等。与此同时，唐诗在中国文学发展史上，也是一个辉煌夺目的时代，随之承载这些诗文的载体纸张——“诗笺”（亦称笺纸），名目繁多，层出不穷。而唐代的著名产纸地之一，当推四川。蜀纸中又以“薛涛笺”（又名“浣花笺”）闻名天下①。薛涛笺在当时是文人墨客梦寐以求之物。唐代诗人李商隐（813—858）写的《送崔珏往西川》一诗中云：“浣花笺纸桃花色，好好题诗咏玉钩”。五代词人韦庄（836—910）的《乞彩笺歌》诗内云：“留得溪头瑟瑟波，泼成纸上猩猩色。手把金刀擘彩云，有时剪破秋天碧”。由此可知薛涛笺即为当时诗人所津津乐道的笺纸，它在中国笺纸的发展史上，也占有非常重要的地位。不过，应当指出的是，因为初期的薛涛笺，纸面呈现红色（桃花色），到后期经过改进才演变成为加上图画的笺纸。所以说薛涛笺具有两种纸的身份：一种是染色加工纸，一种是艺术加工纸。

宋代的砑花笺，即是雕版印刷花笺的前身，与笺纸的制法相近。它是以薄匀而韧性好的彩色纸为底料，覆在线刻的画版上，然后用木棍或石蜡在纸背上磨砑，雕版上的花纹则显现在纸上。就笺纸而论，在宋代又有碧云春树笺、龙凤笺、团花笺等，都是皇宫中御用的良纸。品质均相当华贵，可被视为纸中之佳品。但不可与笺纸完全画等号。

① 刘仁庆．论薛涛笺[J]．纸和造纸，2011（2）：69-73.

笺纸发展的第二次高潮是在明清代，其特点是雕版与笺纸结合。明朝是中国版画艺术发展的鼎盛时期，当时无论是文学艺术、文房四宝，还是医药卫生、衣食住行等书籍，几乎无不附以精雕的插图。其中以彩色套版精印成册者，取名笺谱，比如明天启七年（1627年）吴发祥（约1578—1626在世）刊印的《萝轩变古笺》（又名《萝轩笺谱》，内有182幅画笺）。又如明崇祯十七年（1644年）胡正言（1584—1674）刻印的《十竹斋笺谱》（内有293幅画笺）（图3-21）[1]。使它既是版画史上的一大创举，又是造纸史上的一大杰作，从而使笺纸的地位迅速提升，达到了既是美术品，又是工艺品的新水平。

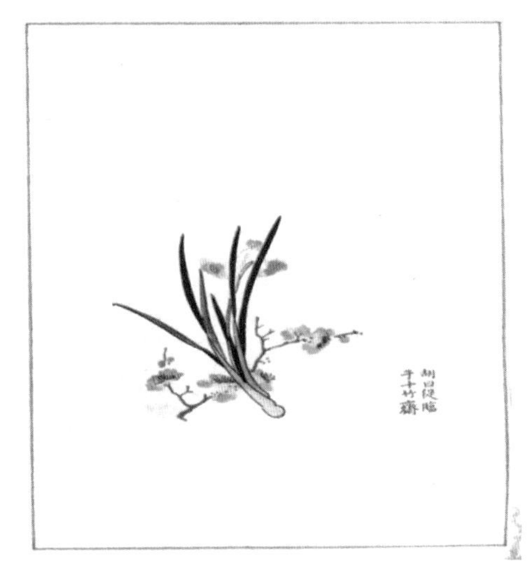

图3-21　十竹斋笺纸

清代中叶以后，随着沿海城市工商业经济繁荣，笺纸常被生意人取作信笺，用于书信往来，改变了古代笺纸原有的文人诗咏，名士书札等的运用。康熙年间，社会比较安定，笺纸的印制有了一定程度的发展。“戊戌变法”（1898年）后，上海商务印书馆、机器造纸局等，曾用机制笺纸，大量生产。为了争相获利，且不断推出新样，如上海商务印书馆印制的《西湖十景》《世界八大英雄》等画片笺纸。值得注意的是所谓“八大英雄”指的是：西班牙的哥伦布、英国的克伦威尔、俄国的彼得大帝、美国的华盛顿、法国的拿破仑、意大利的加富尔、德国的俾斯麦、日本的西乡隆盛等。它打破过去中国版画史上以教人尊重品德和仁恕之道的传统，而提倡向世界上各样不

① 茅子良．木版水印纵横谈[N]．上海文汇报，1984-06-19（4），1984-07-03（4）．

同的时代人物学习，扩大视野。从小小的笺纸来看，它也反映了当时中国社会之实况。清末，由于受到清政府严重腐败状况、列强侵略势力和西方资本主义社会的影响，咏诗作词，不再是时代风尚了。笺纸的命运也由雅趋俗，日趋萎缩了。

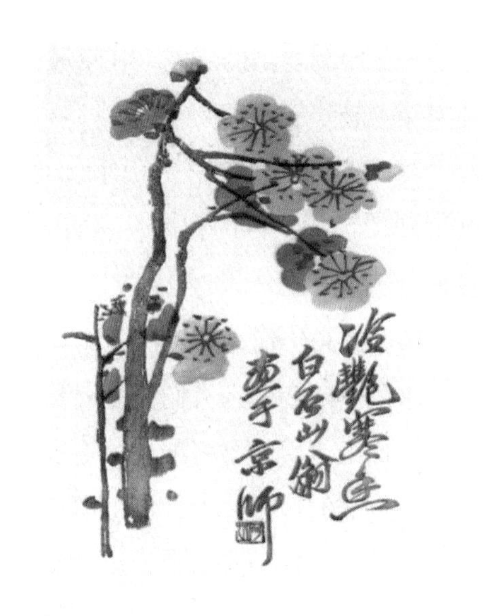

图3-22　齐白石绘笺纸

笺纸发展的第三次高潮是在民国初中期（1911—1932），其特点是国画与笺纸联婚。在那个年代，国内虽然军阀连年混战，社会不太安宁，但是，由于文人画的兴起，翻开了笺纸发展的新的一章。当时任职北平女子高等师范、北平美术专门学校校长的姚茫父和教授陈师曾登高疾呼，并参与绘制笺纸，从而产生了重大影响。姚茫父（1876—1930），名华，字重光，别署莲花龛主，贵州贵筑人，光绪进士，后留学日本。其人多才多艺，写画皆佳。在北平美术界享有名声。陈师曾（1876—1923），又名衡恪，号朽道人、槐堂，江西义宁人（今江西省修水县）。其父是著名诗人陈三立。1902年东渡日本留学，1909年回国，任江西教育司长。后去北平高校兼任教授，是著名美术家和艺术教育家。他是著名学术大师陈寅恪（1890—1969）的兄长。随后，齐白石、溥心畬、张大千、王梦白、陈半丁、王雪涛、吴待秋等诸多画家均参与笺纸，成为尚时之盛，蔚为大观（图3-22）。从此以后，笺纸便成为集诗、书、画、印于一体，精彩纷呈、意趣盎然、品位高雅、清俊疏朗的艺术品。

那时笺纸上的图案，使文人画取代了作坊俚俗的作品。刻印高手众多，风格细腻流畅，用色匀称妍雅，并选用上好宣纸，采用木版水印技术。印制笺谱的店铺，在京城就有20余家。琉璃厂地区著名的店铺有荣宝斋、清秘阁、松寿堂、松古堂、松华斋、淳菁阁、懿文斋等。笺纸图画的内容分为山水、花鸟、人物、草虫，等等，使得笺纸达到了精美绝伦的程度，赢得了名画、名店、名刻、名印四绝的赞誉。

20世纪30年代，随着西方文具的传人，“自来水笔”（钢笔）和蓝墨水的逐渐普及，人们大多放弃了毛笔而用钢笔书写，更多地采用机制粉连纸（后称书写纸），笺纸也出现了日趋衰落的境地。为了拯救这一古老的传统艺术，鲁迅与郑振铎开始有意识地进行抢救工作。鲁迅在1933年2月5日给郑振铎（又名西谛）的信中说：“去年冬季回北平，在‘留黎厂’（即今北京西城区东、西琉璃厂）得了一点笺纸，觉得画家与刻印之法，已比《文美斋笺谱》时代更佳，譬如陈师曾、齐白石所做诸笺（纸），其刻印法已在日本木刻专家之上，但此事恐不久也将销沉了。”“因思倘有人自备佳纸，向各纸铺择尤（对于各派）各印数十至一百幅，纸为书叶形，采色亦须更加浓厚，上加序目，订成一书，或先约同人，或成后售之好事，实不独文房清玩，亦中国木刻史上之一大纪念耳。”①

于是，鲁迅与郑振铎两位先生，一位在上海，另一位在北平。一方面由郑振铎利用在北平地域上的优势，广泛搜集笺纸纸样，然后寄往上海由鲁迅挑选、审定。另一方面鲁迅自己也在上海多方收集。通过书信往来进行编辑，不出数月，一本精致的画本《北平笺谱》问世了②。这本笺谱第一次只印100部，预约出售40部，其余60部分别送给有关的中外著名人士。这100部书都有编号和鲁迅、西谛亲笔签名发行，十分珍贵。全书用宣纸印刷，包括沈兼士的题签，由沈尹默书写的扉页书名“北平笺谱”。最重要的是鲁迅写的一篇《北平笺谱》序文，概述了中国版画、笺纸的发展历程。鉴于鲁迅和郑振铎的超前眼

① 鲁迅．鲁迅书信集，上卷[M]．北京：人民文学出版社，1976：351．
② 鲁迅．鲁迅书信集，上卷[M]．北京：人民文学出版社，1976：411．

光和不懈努力，才为我们保留下来很难见到的民国时期笺纸的全貌。《北平笺谱》从此成为我国雕印彩笺的最后绝响。

二、笺纸制作

从造纸技术发展史的角度来看，起初笺纸的原料有可能是麻类或树皮，包括唐朝的芙蓉皮（薛涛笺就是用这种原料加工制成）。真正利用宣纸为底纸，大约是在元末明初之时，在受到社会环境、技术条件、加工水平等因素的影响和催促下而诞生的。在宋代，由于米芾父子的提倡，生宣用于写意画已有大面积的推广。到元代时，国画之风焕然一新。特别是到了明朝之后，文人雅士多有题咏唱和之举，加之随着雕版印刷技术的改进，他们所用的纸张也逐渐讲究起来，素纸已经不能满足这些人的需要，于是或自己设计、或请一些画家帮忙，绘制一些简单的图案，在上面题诗或者把诗抄在上面请别人唱和，以收赏心悦目、图文并茂之效。

笺纸加工制作的步骤如下[①]：

（1）设计。笺纸与一般信纸（空白或印行线）的不同之处，就是前者纸上有“小品画”，而后者没有。小品画是要预先设计画出原稿，由于其题材很多，如花卉、器物、山水、果蔬、虫鸟、走兽等。因此，必须由画家按照笺纸的特殊要求来进行设计，画出样稿。一般而言，小品画在笺纸上所占的地方，即布局比例不会太大，很少把纸面全部填满。而是画在纸页的左下角，或者在正中，有时还画在它的四边。小品画的用色较淡，用笔从简，以利于凸显后来书写的墨字，避免喧宾夺主。如果是手绘的笺纸，设计至此即告完成。倘若是印制的笺纸，还须进入以下的步骤。

① 刘运峰．文房清玩——笺纸[M]．天津：天津人民美术出版社，2006：23-27．

（2）勾描。笺纸的印制属于木版水印。如果只是单色的，只需要用透明的雁皮纸蒙在木板上，再把原稿的图案画勾描出来。但是，倘若是多色的即套色水印，那么其加工就要复杂得多。除了要临摹图案外，还要根据颜色的浓淡、笔墨的轻重进行分板。一处彩色并不复杂的画，至少要分出六七块样板的底稿。

（3）刻板。在完成了底稿以后，可将它反贴在刨平、洁净、尺寸合适的梨花木板之上，刻工就可以进行刀刻。这时，还须将原稿放在一旁，刻工边看边刻，以便领会和转达原画的笔意，十分清晰地再现画笔的意境，而不会残留斧砍凿痕。这里就要求刻工工作时，不仅要求态度上一丝不苟、严谨认真，而且还要技术上精雕细刻、熟练老道。

（4）刷印。笺纸通常有两种方法印刷：一是“饾版”，二是“拱花”。所谓饾版，简言之就是多版套印，即根据原稿设色要求，勾描和雕刻出多块小版，在指定的位置，依次用水墨、颜料由淡而深地进行套印或叠印，力求使印品的色彩、层次和韵味具有与原画一样的效果。这个专业术语，比喻木刻彩色印刷好像丰盛的宴席那样，五谷丰登，百豆并陈，所以就在豆字左边加个食字做偏旁，变成了饾。所谓拱花，简言之就是凸版，即一种不着色墨的印刷。在刻版上加压纸张，使纸面出现拱起（或凹下）线条，呈现无色的花纹或图像。待刷印之后再行晾干，才算完成。

三、笺纸使用

笺纸的初衷是与笔墨紧密相关的，比如古代的诗文唱和、书札往来、画品交流等。笺纸，虽然尺幅不大，却集诗词、书法、绘画、篆刻于一体，具有国画的韵味。每一枚（张）笺纸，堪称一幅微型的国画或是钟鼎彝器的拓片。或清新淡雅，或古朴凝重，使得人们在阅读诗词或书信的同时，能够得到一种视觉上的美感，因此，备受文人雅士的喜爱。

但是，在现代却都早已渐行渐远。打从1950年以后，中国传统的文房四宝、诗笺墨谱，统统地被视为非劳动大众生活所必需的。而在1956年，“我国对农业、手工业和资本主义工商业的社会主义改造基本完成。”当时北京的琉璃厂一带的私营南纸店、字画铺等，早已关门歇业。1960年，四川成都春熙街的文具店，曾以夹江竹纸印制了一些《蜀笺》。到了1966年“文化大革命”掀起，经过了“破四旧”“横扫牛鬼蛇神”等“革命行动”，诗笺作者、收藏者，都被扣上了“历史反革命”的帽子，全被扫入垃圾堆中，其时何止诗笺。所以1978年出版的《现代汉语词典》中，没有“诗笺”和“笺谱”的条目了。好像中国年轻人和后代，不需要知道诗笺、笺谱为何物了。实在是可悲、可叹！

随着历史的发展，人们渐从盲目崇拜的迷信中解脱出来。20世纪80年代，忽如一夜春风来，我们祖国优秀传统的民族文化遗产，获得了全社会的认可、尊重和保护，唤醒了中国人民的自信、自爱和自觉的民族意识。虽然古代的笺纸已经损失很多了，知名的笺纸画家绝大多数都已成为古人，印制笺纸的“老字号”，听说除了北京的荣宝斋、上海的朵云轩、广州的集雅斋之外，其他的笺纸店铺极为稀少。但有幸的是，笺纸的雕版印制方法却被保存了下来。它包括了中国版画艺术的诸多技艺：既有单线木刻版印，又有阴纹凹版拓本；既有五色套版刷印，又有多块分版渲染。还有拱版晕色，压花无色以及锌版机制等。今后只须大家共同努力加把劲，笺纸的部分复原还是有希望的。花样繁多、异彩纷呈的笺纸，不仅可供中国版画家、美术史家创作、研究时借鉴，也是研究中国造纸史、印刷史、文化史不可多得的参考资料①。

随着毛笔渐渐退出一般读书人的书斋，笺纸也渐渐地失去了它存

① 刘仁庆．笺纸劄记[J]．天津造纸，2009，31（2）：44-48．

在的丰厚土壤和广泛流通的文化环境。近年来，手机、电脑、互联网日益普及，人们的联络方式发生了根本性的变化。无论是写信还是收信，都已经成为一种颇为超常、奢侈的事情，笺纸逐渐在人们的视野中消失了，再过一些年，可能有许多年轻人已不知笺纸为何物。这是幸耶抑或不幸耶？

四、笺纸笺谱

笺纸是文化人的宠物，许多文化人都有使用、收藏它的爱好和习惯，或自用，或欣赏或请人题字留作纪念。鲁迅、郑振铎、张大千、齐白石、陈半丁、吴昌硕、溥心畬、陈师曾、王梦白、姚茫父、王雪涛等人都是笺纸最着迷的“粉丝”。在鲁迅博物馆内，就保存有他本人所书写的多幅笺纸。那些印有花卉、山水、人物等图形，纸的底色或白，或灰，或浅红，或淡绿，不加墨迹，就是艺术品，配上鲁迅一

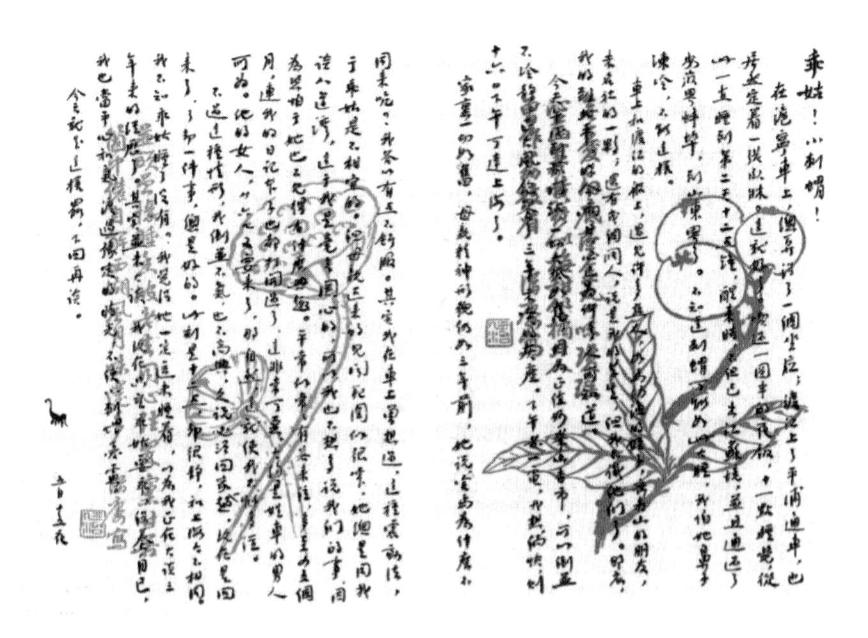
乖姑！小刺猬！

图3-23　鲁迅用笺纸写的字迹

笔有金石韵味的行书，那种新鲜又完满的印象，你在别处是怎么也感觉不到的。（图3–23）

过去的笺纸，随着时光的流逝，将会越来越难以得到。新的笺纸呢？即使还在制作，其色彩的自然淳朴、刻制的精到细腻和印刷的完善考究，也与以前的笺纸不可同日而语。而今，有时见到这样的新笺纸，大多都是“纸劣工粗，草率尤甚”，近乎赝品，没有什么收藏价值。这当然与市场需求的减少和人们的浮躁心态有着直接的关系，但也与传统文化的式微密切相连。我们在享受着现代文明给我们带来的便利的同时，是否也应该对看似渺小实则具有丰富文化含量的笺纸给予应有的重视呢？

过去，在从前北平琉璃厂等地的南纸店中，都有为私人印制诗笺或笺纸的业务。图案内容由自己设计，纸店代为雕版印刷，数量由客人自定。这种诗笺是文人咏诗作札的专用笺纸，大都根据自己的爱好定制。有的个人专用笺纸比较淡雅，仅印上书写的格线，但在笺边的右下方都印有自己的书斋号等。像俞平伯的笺纸，印有“仿苍颉篇六十字为一章”、傅雷自制笺纸有“疾风迅雷楼”、周今觉的素笺印的是：“今觉厂制心心相印笺”。不过这些私人的笺纸大都没有署名，只印有书斋号，像虚白斋、九华堂、抱经堂、文苑楼、云蓝阁等，有不少还真考证不出是何人的素笺。应该说，笺纸发展到此，已失去了当初的实用功能，因为它太美了，已成了极具中国文化特色的艺术品。很少有人再舍得使用，不忍心用墨迹去遮盖神韵生动的画面，所以便把它结集、装订成册，就成了笺谱。

过去制作的笺纸和印制笺谱的店铺，以文人画取代了作坊俚俗的作品。刻印高手众多，风格细腻流畅，用色匀称妍雅，选用上好宣纸，使用木版水印技术，使素笺达到了精美绝伦的程度，形成了名画、名店、名刻、名印四绝的赞誉。那么笺谱既可文房清玩、欣赏，又是研究、借鉴的珍贵绘画资料。由此可知，不论是笺纸还是笺谱，都是中华民族的传统文化之宝，在大力宣扬保护世界“非遗”的今天，我们还有什么理由仍然对它们冷落一旁，放弃不理了呢？现在，人们在享受现代电子文明带来的快速、方便的同时，是否也要深思一下传统的名贵笺纸，将给中华传统文化赋予什么样的光辉与启示，尊意以为何如？

第八节
冥纸

一、什么是冥纸

冥（míng），原为昏暗之意。后被迷信者称为人死后所居住之地。冥纸（Burial Paper）又称纸钱、烧纸、火纸，很多年以后，有人叫它为神纸、敬神纸、拜拜纸（台湾省名称），名字很多，不胜枚举。它是我国早期的传统手工纸之一。在民间的祭奠和丧葬等习俗礼仪中，使用的数量之多、范围之广、时间之长，是不容小视的。为什么会有冥纸出现？原因是源于古时民间的信仰及风俗习惯造成的。在远古时，由于人们在思想上对客观世界的认识不够，对许多自然现象和社会现象没有办法进行合理的解释，因此就在想象中“造就”了另一个跟“人的世界”一模一样的世界，那就是人死了就变成了“鬼”，于是乎便有了“鬼的世界”。鬼什么样子，在哪里呢？于是便有了一些说法被拿来宣传，让你想象，让你知道，让你相信。原来鬼与人的样子差不多，只不过被阴阳两界分隔开了。鬼是一种幻影，我们人的眼看不到、手摸不到的、比人更可怕的一个“镜象”。既然鬼也跟人一样，那么他也需要生活、需要消费、需要花钱。顺理成章，后来人们就用掩埋或焚烧冥纸“送钱”给鬼使用，让他自享其乐。

为什么会有阴阳两界呢？这与佛教的中国化和道教的普及化有关。自西汉张骞通西域后，印度佛教传入中原。佛教认为，人死后会发生“六道轮回”，生命在六道之间不停地轮转、投生、复活。所谓六道轮回，这是佛教用语，它指的是：凡世俗众生因善恶报应、流转轮回而会得到六种结果，即地狱、饿鬼、畜生、阿修罗道、人道、天道等。其中地狱、饿鬼、畜生被称为“三恶道”，这个不用再细说了。而阿修罗道、人道、天道则称为“三善道”。阿修罗是梵语的音译，佛经上说，他系指一群非神、非鬼、非人的怪物。每一个阿修罗王率领各色阿修罗男女，阿修罗男，力大无穷，阿修罗女，贤惠美丽。人道就是人生，每个人均会遭受苦乐参半，只有明理去恶，抑劣行善，方能转凡成圣。天道即天堂，好人好事升天，必有因果。总之，应验了那句古训“善必有善报，恶必终恶报”。劝导人们必须修行，以善良为本，死后走向天堂，而不要相反，堕入地狱。东汉初，张道陵（俗称张天师）发起的道教（又称五斗米教）遍传华夏大地的老百姓。道教则把老子的《道德经》奉为经典，并认为“道”是信仰的核心，“德”是修道的根本，两者互为体用。天人合一是修道者的基本境界，追求人与宇宙、人与自然、人与社会的完美和谐。他们以黄纸画符、点火取灰、喷水灭灾来抚慰亡魂和未忘人的心灵。而儒教（学）的“敬惜字纸”，又让人们继承中国具有悠久历史的传统思想。那就是敬惜带字的纸。据《燕京旧俗志》中记载：“污践字纸，即系污蔑孔圣，罪恶深重，倘敢不惜字纸，几乎与不敬神佛，不孝父母列同科罪。”于是，就出现了劝人敬惜字纸的善书，字纸必须放入“惜字塔”（俗称焚化炉）内焚毁。据称，佛、道、儒三者的宣传教育活动，便导致了民情、民心、民俗的沟通统一和广泛流传开来。

既然有阴阳两界，双方又如何进行交流的？因为鬼无影子，害怕阳光，所以只好在晚间借火烧照亮，与鬼联络、“会见”。在汉代（含西汉、东汉）以前，每每在人死了办丧葬之时，通常要用贵重物品和真的金属（银锭、铜钱）货币等与死人同葬。但是，这样做的后

图3-24　古代纸钱（冥币）

果：一是用真钱币殉葬太可惜了，二是埋在地下弄不好有人盗墓。于是，到了唐代纸张早已不仅限用于写字著文，而且也作为其他日常生活之用。于是，便有人拿纸剪个钱形代为纸钱（冥币），以火烧了给鬼使用。遂后演变成一种习俗，即是日后所言的老办法：焚烧之，祭鬼神。

早期的冥纸，剪成铜钱形（图3-24），它的使用风俗其含有的“内隐”有4个意思[①]：首先，它是方孔铜钱的象征，外形之圆表示天，中心之方孔表示地。钱纹就是天地抱合，也是阴阳相就之征，合之具有八卦太极之意，因此能够起到驱祟护墓之义。其次，阴阳相就为化生之兆，冥纸即为诱生安魂的法物。再次，将冥纸放入墓内，或沿途抛撒纸钱，只是基于取悦地神路鬼的行为，由此换来“入土为安”的愿望。最后，撒冥纸（纸钱）表示了生者对死者的哀怜，让死者在幽冥世界有所享用。

这里有两个问题：第一，当初的冥纸，其品种并不多，例如明人郎瑛在《七修类稿》一书中写道：世宗（五代时后周世宗柴荣）发引之日，金银钱以纸为之，印文，黄曰“泉台上宝”，白曰“冥游亚宝”。换句话说，那时候纸钱只有黄纸、白纸之分，分别象征金钱

① 陶思炎．风俗探幽[M]．南京：东南大学出版社，1995：171．

和银钱。后来，冥纸的种类越来越多，从而增加了问题的复杂性。第二，当初的冥纸，不一定是焚烧，有的是埋入墓地，有的是抛向路边。唐代诗人白居易（772—846）在《寒食野望吟》一诗中写道：风吹旷野纸钱飞，古墓累累春草绿。换句话说，即使在唐朝，也时有人仍然没有附和焚烧冥纸的方式怀念亡人。不过，在以后历经上千年，民间依然我行我素，祭仪时焚烧冥纸一直成为中国的传统习俗之一。

二、何时有冥纸

冥纸最早何时出现？据《新唐书·王屿传》载："玄宗在位，久推崇老子道，好神仙事，广修祠祭……（玄宗任命王屿）为祠祭使。后世里俗稍以纸寓钱为鬼事，至是屿乃用之。"这段话的意思是，唐朝第七代皇帝玄宗李隆基（685—762）又称唐明皇，他是中国历史上先明后昏、功罪兼半的帝王。在他执政期间，信奉老子道即道教，广修祠堂，任命太常博士王屿（系道教徒）掌管巫事。王屿曾上奏朝廷，拟改变秦汉以来的旧有的丧葬习俗，不再把死者生前之心爱之物和金属货币一起随葬入墓内。而是以纸寓钱，以纸代物，以纸献心，让死者去阴间享用。于是便出现了"冥纸"，即是专门为祭事、丧事而制作的一种手工纸。

开元二十六年（738年），王屿正式把焚纸钱之举引入宫廷祭仪。此举随即发生了争论[1]，反对者一方谴责它是荒诞之举措；赞成者一方认为用纸代钱币减少浪费，还能使盗墓者收敛觊觎之心。但是，朝廷一直对这件事采取听之任之的态度，加之盛唐时鬼神事繁，致使焚烧纸钱从此蔓延下来。于是，上自王公贵族，下至黎民百姓，都盛行烧纸钱送葬，不禁也不止。到了宋代，诚如南宋诗人高菊卿（生卒年

① 钱存训．中国科学技术史·第五卷第一分册纸和印刷[M]．北京：科学出版社，1990：92．

不详）在题名为《清明》的一首诗中所写的那样：

南北山头多墓田，清明祭扫各纷然。
纸灰飞作白蝴蝶，泪血染成红杜鹃。
日落狐狸眠冢上，夜归儿女笑灯前。
人生有酒须当醉，一滴何曾到九泉。

诗的前两句的大意是：清明节时南北山头到处都是忙于上坟祭扫的人群。焚烧的（冥）纸灰像白蝴蝶般，四处飞舞，凄惨地哭泣，如同杜鹃鸟哀啼时要吐出血来一般。后两句读者自明，不必再说了。打此之后，烧纸的习俗就慢慢地沿袭下去，谁也不去想，也无人去管，大家习以为常了。

三、冥纸的类别

冥纸到底有多少种？没有人去统计过。但其类别还是知道的，主要有两大类：烧化类和非烧化类。烧化类的品名很多，主要的有：（1）纸钱，是我国民间使用量最多的一种冥纸。该纸的款式大同小异，但花色、名目各地却大不相同。我国传统的纸钱，是拿一把特制的

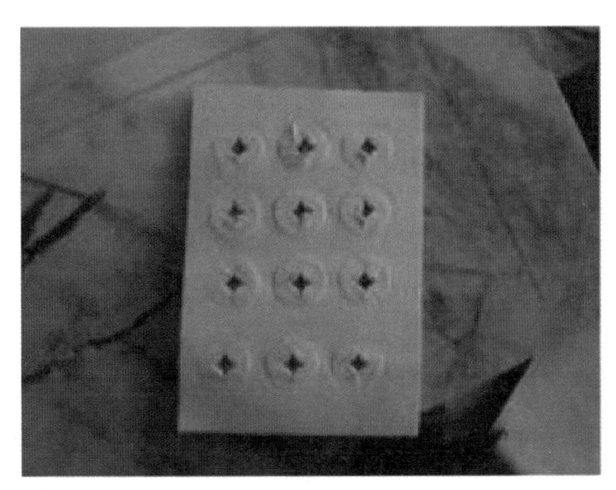

图3-25　钱眼示例

木柄尖利铁锥用力敲打一大摞粗糙黄纸，使纸面出现特殊的孔眼和弧形，这叫作“钱眼”、冥钱或凿钱（图3-25）。

在台湾地区，一般是把捆成一小叠的黄色或白色的粗纸（草纸），上面常绘有图案，或黏着金色或银色的箔片，代表黄金或白银。纸钱（又称库钱）形如普通钞票状，尺寸不大。一张代表100元（按新台币计，下同），100张库钱用白纸包成一块，100块库钱再包成一支，一支库钱即代表10000元。此地买卖纸钱是以“支”为计算单位的，所以一支纸钱就等于10000张小纸扎成了一捆。它与现代的钞票却完全不同了，这种冥纸也叫作冥币，其样式仿造现行的钞票来印制，有人民币、美元、欧元、港币、新台币等。票面名称有天地通用银行、冥通银行、都府银行等，面值有伍仟元、贰万元、壹亿元等（图3-26）。冥币常以神像（如释迦牟尼、玉皇大帝、观音菩萨等）取代一般钞票上的人物肖像。起初是采取埋钱方式，后来又转变为烧钱了事。在中国农村或小城镇里，一般人都不会收藏冥币，认为“不吉利”。然而不少来华了解民俗的“老外”，可能出于好奇心，到处打听，对冥币颇有兴趣。这倒是一个顶滑稽的事情。

（2）近年来有的地方还出现了“阴间支票”和“阴间信用卡”，这个情况可以说是反映了当今时代的新变化。“阴间支票”即是可以

图3-26　现代冥币

在支票上填写巨大的金额，以代替燃烧大量纸钱（不失为减少资源消耗的一个巧办法）。也有人烧空白的“阴间支票”，让死者在阴间可以享受自己开支票的方便及乐趣。而“阴间信用卡”与真正的信用卡非常相似（还分为金卡、银卡），这种冥币让人啧啧称奇。

（3）生活用品类，如用色纸剪成的纸衣服、纸做的小轿车、纸扎的电视机等。还有其他许多时尚制品（如纸电脑、纸手机、纸飞机等），不胜枚举。这类冥品制作很花功夫，购买时费用较大。而且通常在祭祀完毕之前，点火焚烧。似乎不很节俭，也无必要。

（4）纸花圈、纸花环之类，众所周知，以前这类冥品在灵堂摆放着，祭典完毕，也会焚烧，为亡者送行，一路走好。听说，近时也有租用纸花圈的，不知烧不烧？为环保计，租用倒是不错的选择。

非烧化类的品名较少，如（1）埋钱，也就是古代墓祭时把用彩色纸剪成长缕纸条称为墓纸。把墓纸悬挂墓上称为挂钱。墓纸有两种款式，皆为长方形，边缘直顺或有锯齿。常用的是有红、黄、蓝、白、绿等色纸，也叫作“五色纸”，象征“五行”（金、木、水、火、土）。传承古俗，在现在墓纸也不用烧，扫墓时用碎石子、土块压在坟墓上，代表修缮坟墓之意。（2）撒钱，在死者出殡、移动棺材时，也有家属会将纸钱撒在道路、河川上，以供路上、河川的鬼神使用，避免刁难死者亡魂，被称为“买路钱”。

此外，在佛教盛行之地，还有一种“往生咒”（又称往生钱），就是把佛经、咒语的摘句，抄写在黄纸（冥纸）上，希望借此方式使其得到冥福。这种往生钱并不提倡去焚烧（经咒），但也可以在一边烧化时一边念佛（持咒）。还有人把往生钱折成纸马、纸鹤、纸船等形状，放在墓旁，挂在树上，或点火焚烧，象征让亡人超渡向往极乐天堂。总之处理比较灵活、方便。

四、冥纸的制作

最早冥纸所使用的原料主要是稻草浆或加有少量的竹浆，后来才有时又掺入一点其他的废纸（垃圾纸）。其工艺流程比较简单[1]，首先采用石灰处理稻草或竹子，经过发酵沤烂后稍加洗涤，再用石臼或石碾进行打浆。把打好了的浆料放入纸槽内，手执竹帘捞纸。成纸后不用火墙烘干，而可挂吊在竹竿上晾干或放在地上晒干。然后，收集、堆码、对齐，裁切成一定尺寸大小，这就是粗纸。所以，它又被叫作“草纸”“粗纸”或“土纸”。

在台湾地区，冥纸是用竹料生产的。其制浆方法与大陆各省用石灰浸渍发酵方法相同。但打浆及抄纸改用机器，用日光晒干。主要产地为高雄、嘉义、苗栗等县。20世纪90年代，由于人工太贵，台湾地区用的冥纸大多由“南洋”进口[2]。

其次，拿到粗纸之后，根据市场或订单要求需要进行下一步加工：初级加工即凿钱（前已述及）；高级加工为贴箔（又称锡箔）。所谓贴箔，就是把准备好的金箔（或薄铜片）、银箔（或薄铝片），用手工粘贴在粗纸上。若是要制成金纸，则要涂上金油，使箔纸成金黄色。同理，制银纸则加胶呈现银白色。

最后是裁切为成品尺寸，修整刨光，使切割面平整。加盖蓝色印章，成迭捆绑，包装完成，即可把冥纸交货上市。

古往今来，各地冥纸的制作过程大同小异。只是古代全用人工，现在则大多依赖机器制作。因为用机器裁切，快捷、方便、省力。不过，部分加工手续如黏贴锡箔、计数捆绑、打包盖章等仍需借助手工，所以农村、小镇里还有许多人家就以此为副业。情况大体如上。

① 刘仁庆．中国古纸谱[M]．北京：知识产权出版社，2009：186．

② 王诗文．中国传统手工纸事典[M]．台北：树火纪念纸文化基金会，2001：45．

五、冥纸的问题

图3-27 焚化炉

冥纸是我国民族传统习俗的产物之一。流传的时间很久，遍布全国各地（甚至还涉及东南亚各国）。尤其是近年来，烧冥纸已经成为一种世人必须遵守的“规矩”。产生这种恶俗的原因，其一是，在我们广阔的国土上，传统文化、传统风俗中的糟粕并没有完全被斩断、刨根，让其埋葬、消亡。其二是，由于信仰缺位以后造成的社会盲从症，在“向钱看、发大财”的拜金主义的影响下，社会风气中的文明力量正在倒退，而低俗野蛮的东西也在萌动。因此便出现了破坏公序良俗和文明生态等问题。

从近处看，我国每到节日或祭日，还有举办丧事时，大批量地焚烧冥纸的现象仍然十分普遍。环保学者认为：冥纸燃烧时会释发出很多有害物质，即使在户外通风处烧纸也会造成严重公害。污染空气的危害程度不亚于野地烧荒或二手烟害等。同时还存在有引发大小火灾的隐患。

从长远看，焚烧冥纸自然不属于中华传统文化中的精华，而是相反，如同裹小脚、办阴婚、刺纹面一样。这些陋俗，将会随着社会的进步，人们思想水平的提高，这类生活中的赘物最终会随着社会新风的建立而逐渐消亡。人们纪念先人，怀念亲人，悼念故人，必然代之以更新、更好、更美的方式，那是未来的前景。

那么，现在应该如何看待它呢？专家为此提出了各种倡议。在台湾地区的许多县市都在积极推行把冥纸集中于“焚化炉”（图3-27）

内燃烧。这样做虽然可以减少空气污染，但有较大的局限性，只能在一些寺庙里、特定地点加以推广，于是便把“锅盆”作为补充的专用器具，用来焚烧少量的纸钱。

有的专家提出，建议采用燃烛、上香的方式替换焚烧纸钱的民俗[1]。并且希望从法律的高度，更科学、更合理地改变传统观念。行政部门有职责向群众做过细工作，媒体人士责无旁贷，也应引导发挥正能量的作用。当然，多年以来，人们用焚烧冥纸的朴素方式怀念三人（先人、亲人、故人），这是完全可以理解的，也令人感动。不过，人不能忘记自己的根，焚烧冥纸的习惯容易增加人内心的悲伤，民俗文化一定要跟上时代的步伐，如果有需要，能把有这份情怀的人聚集到一个合适的地方，以燃烛、上香等方式举行公祭仪式，更能体现传统的与现代的观念相结合。在特殊的情况下，发动亲友做些有益于社会的好事，这样一来，既减少环境污染又能做些善事，何乐不为哩。

① 韩英楠．烧纸送寒衣，黑圈留满地[N]．北京晨报，2014-12-24（A11）．

第四章 宋元代古纸

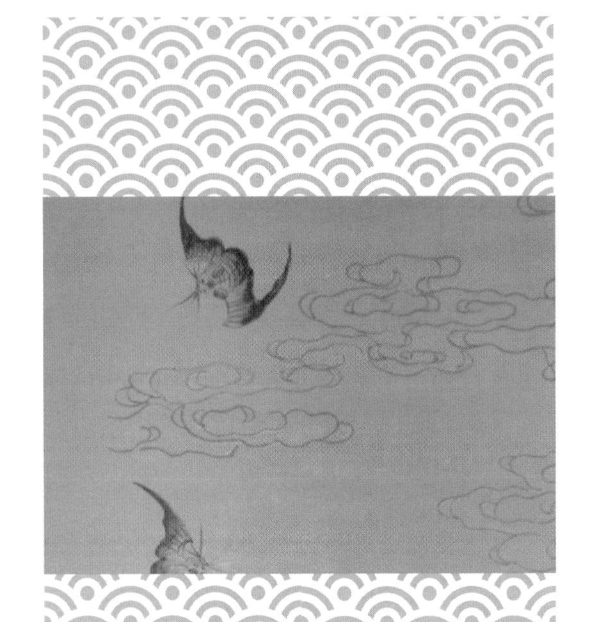

第一节
谢公笺

谢公笺（Xie Gong Paper），宋代纸名，又名十色笺、十色彩笺，俗称鸾笺。相传北宋年间的谢景初（1019—1084）是该笺的“创制者”，因而得名。它是以原纸（所用原料尚待考证）经过处理后制成的多种染色加工纸。史籍上对此纸的记述，语焉不详，佐证又少。如元·费著（1303—1363）撰（另有一说作者是南宋袁说友，下文再议）的《蜀笺谱》中记载：“纸以人得名者：有谢公（笺）、有薛涛（笺）。所谓谢公者，谢司封景初师厚。师厚创笺样以便书尺，俗因以为名……谢公有十色笺：深红、粉红、杏红、明黄、深青、浅青、深绿、浅绿、铜绿、浅云，即十色也”。过去对谢公笺的研究，仅仅限于十几个（如深红、粉红等）文字来“就纸论纸”。没有掌握其他文献和实物资料，也没有对当时的宋代社会环境和造纸技术水平进行动态分析，于是便形成了一个“怪圈”，不能自圆其说，故而难以服众。

现在拟从新的角度，以早期流传谢公笺的“创制者”——谢景初入手，就其人其事，探讨谢公笺的初创以及演变的各种可能的历史原因。由于手头的资料有限，这只是一个初步的研究结果，供专家、读者参考。

一、生平

据清代《浙江通志》[1]一书中介绍："（谢）景初字师厚，（谢）绛之子。庆历六年（1046年）甲科及第，以大理评事知越州余姚县，始作海塘防水患，民赖以安。累迁益州路提点刑狱，以屯田郎致仕。性倜傥劲峭，博学能文，尤长于诗，其婿黄庭坚以诗名家，庭坚自谓：本从谢公得句法。"对于这一段历史小传，究竟如何去解读呢？

谢景初（以下简称谢公），字师厚，号今是翁，原籍河南陈郡阳县（今河南省太康县）人，因其先祖谢懿文在北宋初年任盐官（今浙江省海宁市）县令，举家迁居浙江富阳定居，此地遂成谢公之故乡。谢公的父亲谢绛（995—1039），字希深，宋大中祥符七年（1014年）中进士，历任河南汝阳县令、秘阁校理、河南邓州知州等职。其大弟谢景温，字师直，皇祐元年（1049年）中进士，曾任越州会稽知县、刑部尚书，协同王安石变法。二弟谢景平，字师宰，皇祐五年（1053年）中进士，曾任秘书丞等官职。这一家人正所谓："祖孙三代五进士，光耀门庭世罕稀"。

谢公在庆历六年（1046年）中进士后，次年被朝廷任命为浙江余姚县知县。上任后在修水利、筑坡塘方面颇有惠政，至今还仍被当地人颂称"谢公堤"。请注意在他以下的经历中："累迁益州路提点刑狱，以屯田郎致仕"。这句话可以理解为"又升任益州（今成都）路'提点刑狱公事'，最后从屯田郎的官职退休。"换言之，他又调往四川赴任。本文内的"累迁"，即"接续升迁"；"益州路"——在宋代，"路"由若干州组成，相当于唐代的"道"。唐代元和年间，该地分列为"剑南西川道""剑南东川道"以及"山南西道（辖川北、陕南之一部分）"，这样便有了"三川"的简称。宋代基本行政

① 嵇曾筠，李卫，等．古今图书集成（理学汇编 文学典，卷七十），浙江通志[M]．上海：上海古籍出版社，1991．

单位是“路”，当时的四川并不是一个完整的行政单元，宋代把蜀故地分置益州路、梓州（今三台）路、利州（今汉中）路、夔州（今奉节）路等称“川峡四路”。于是，将宋代的“四路”和唐代“三川”结合起来，这便是“四川”之名的来由。“提点刑狱”——因为宋代的“路”，设有分管财政、监察等若干机构。分管监察事务的机构，称为“监司”。“监司”之下，设置“提点刑狱司”等三个司。“提点刑狱司”的长官为“提点刑狱（公事）”或“同提点刑狱公事”，其职位为纠察一路的司法案件等有关事务，相当于今天的地方“纪委书记”（蹩脚的比喻）。“致仕”就是“退休”之意。

谢公博学能文，尤长工诗。他的女婿是宋代诗人、书画家黄庭坚（1045—1105），字鲁直，自号山谷道人，晚号涪翁，又称豫章黄先生，洪州分宁（今江西修水）人。英宗治平四年（1067年）中进士，为盛极一时的江西诗派开山之祖。此人还自称是谢景初的门下。由此看出谢公在人们心中的地位。

我们从谢公的生平简介可以获知，第一，他是一位文化人，书香门第，知识渊博，对文房四宝多有兴趣，与纸有缘。第二，他是一位基层官员，具有一定的政治、经济、文化等管理经验。第三，他能体恤民情，为官清廉，服务到位，称得上是“贤令”之一。第四，他先在浙江为官，又去四川任职。在蜀地期间，接触了十色笺，努力地帮助乡亲发展地方造纸业。在造纸技术上，他可能没有什么特别的创造，但是在宣传推广工作上，可能是花了时间、卖了力气、有所贡献的。谢公笺能在青史上留名，无可厚非。

二、争议

关于“谢公笺”究竟是何人、何时、何地所创制？对这个问题，目前有两种截然相反的看法。第一种看法是，十色笺是宋人谢景初创制的。在这一前提下，又有3个不同的版本：（1）首先是"元代费著"在《蜀笺谱》中提出的"谢公有十色笺"。关于费著本人，从史籍上得知：他是成都双流人。泰定元年（1324年）中进士，官至太史院都事、翰林学士。从前介绍过他编辑（一说撰写）有《岁华纪丽谱》《笺纸谱》《蜀锦谱》《氏族谱》《器物谱》等著作（后来发现有误），在《笺纸谱》中论述了蜀笺的沿革、种类、名目及其用途等，对了解成都风物民情有重要的参考价值。

但是，经过查对，费著与《笺纸谱》并没有关系。这个问题要从头说起，《笺纸谱》（约1360年成书）的原文收录入《续百川学海》一书。为了避免混淆，有别于元代鲜于枢（1257—1302）所写的《纸笺谱》（两书的书名三字相同，只是第一、第二字互换次序），遂改名为《蜀笺谱》。

后来，《蜀笺谱》刊载在袁说友主编的《庆元成都志》上。袁说友（1140—1204），字起岩，号东塘居士，福建建安（今福建建瓯）人。南宋隆兴元年（1163年）中进士。历任主管刑工部架阁文字、太常寺主簿、枢密院编修官等职。庆元三年（1197年）任四川制置使兼知成都府（《宋会要辑稿》职官七四之一）。《庆元成都志》正是在南宋宁宗年间（1195—1200）成书的，此时袁说友正好在成都供职。

费著编撰的《至正成都府志》是在元朝惠宗年间（1341—1370）完成的。两书的完成有个时间差，前书比后书早约100年。又根据编史书的"远略近详"的惯例，《庆元成都志》中的专篇（如《笺纸谱》《钱币谱》等）所记史实的下限是南宋，完全没有元代的内容。而《至正成都府志》包含有的元代史实却甚多。这两部书，在人们平时交谈中都被简称为"成都志"，于是便酿出了一段历史错案。

明代文学家杨慎（1488—1559），字用修，号升庵，四川新都（今成都市附近）人。在选编《全蜀艺文志》时，一不小心把即将散落的、由南宋袁说友编写的《庆元成都志》，划归了由元代费著编撰的《至正成都府志》。这样一来，就发生了作者易名，其后便以讹传讹，一些纸史著作中都“人云亦云”地认为是费著了。

有趣的是，据《辞海》（1979年缩印本）第1259页介绍杨慎的条目中，居然说他“其论古考证之作，范围颇广，但也时有疏失。”由此推之，杨慎是否“马大哈”了一回。显然，是明朝人杨慎在编书时，“张冠李戴”、换“袁”为“费”，实在是搞错了[1][2]。

（1）谢公笺是谢景初因为受唐代薛涛笺的启发，先在益州（今成都）设计制造出“十样蛮笺”，即十种色彩的书信专用纸，俗称十色笺。后来又传到浙江，这种纸色彩艳丽新颖，雅致有趣，遂与薛涛笺齐名。于是便有了蜀中十色笺和江南谢公十色笺，此“双胞案”似乎可成立[3]。这个观点的中心意思，即在四川、浙江两地都曾经制造过谢公笺。

（2）谢公笺是谢景初于宋代在浙江富阳所创。富阳是中国手工纸的重点产区。该地曾有“京都状元富阳纸，十件元书考进士”之说，这“不能不说与纸乡谢氏一门祖孙三代五进士有所联系。”[4]这个观点的中心意思，即谢公笺只在浙江（富阳）一地生产。但是，富阳地区却从未有过制造十色笺的史实，这个观点似有捕风捉影之嫌。

第二种看法是，十色笺不是谢景初始创的[5]。标志着成都造纸工艺新成就的十色（彩）笺，可能是薛涛或者是某个无名氏发明的。北宋历史地理学家乐史（930—1007）编纂的《太平寰宇记》中称：“浣花溪在成都西郊外，属犀浦县，大历（唐朝代宗年号）中，崔宁镇蜀，其夫人任氏本浣花溪人。后薛涛家其旁，以潭水造纸为十色笺。”这里需要指出的是，谢景初出世的时间，是在乐史去世的12年之后，

① 陈启新. 对《笺纸谱》不是元代费著所作的探讨[J]. 中国造纸，1996（6）：66-68.
② 谢元鲁. 《岁华纪丽谱》《笺纸谱》《蜀锦谱》之作者考[J]. 中华文化论坛，2000（2）：21-26.
③ 陈大川. 中国造纸术盛衰史[M]. 台北：中外出版社，1979：111-112.
④ 周秉谦. 谢景初和谢公笺[J]. 中国造纸，1993（6）：66-68.
⑤ 十色笺非黄庭坚岳父始创[N]. 成都日报，2010-03-22.

而与薛涛为同时。另外，南宋学者祝穆（?—1255），少名丙，字伯和，又字和甫，晚年自号“樟隐老人”。他在《方舆胜览》中记载：“元和初，蜀伎薛涛洪度以纸为业，制十色小笺，名薛涛笺，亦名蜀笺。”还有与费著同时代的元代学士袁桷（jué，1266—1327）写有《薛涛笺》一诗，诗曰：

十样蛮笺起薛涛，黄荃禽鸟赵昌桃。
浣花旧事何人记？万劫春风磷火高。

由此可见，十样彩笺发明权应归薛涛所有。但是，《笺纸谱》中说得很明白：“谢公有十色笺……（薛）涛所制笺特深红一色尔。”因为薛涛笺只有深红色一种，所以又把“十色（彩）笺”的发明权交还给了谢公，这就造成了一团纠缠不清、好似乱麻的困惑，历史真相到底是如何的呢？

北宋文学家、诗人杨亿（974—1021），字大年，建州浦城人。在《杨文公谈苑》（由杨亿口述，门人黄鉴记录）一书中，讲了一个“五凤楼手”的故事。话说有兄弟二人，名叫韩浦（928—1007在世）、韩洎（jì），皆能为古文，据云：“洎常轻浦，语人曰：吾兄为文，譬如绳缚草舍，庇风雨而已。予之为文，是造五凤楼手。浦闻其言，因人遗蜀笺，作诗与洎”，诗曰：

十样蛮笺出益州，寄来新自浣溪头。
愚兄得此全无用，助尔添修五凤楼。

这个故事是说，韩浦、韩洎俩兄弟都是诗歌爱好者。一天，韩浦收到朋友从成都寄赠的十色（彩）笺，欣喜异常，珍藏许久，舍不得用。忽然想起弟弟韩洎曾经对人说过：我哥写的诗，就像用绳子、野草搭成的茅屋，只能避风遮雨；而我的诗如同“五凤楼”，宏伟壮观。韩浦灵机一想，决定将十色彩笺转赠给弟弟，并附上诗曰："十样蛮笺出益州，寄来新自浣溪头……"

该诗中五凤楼的来源，据文献记载：是（后）梁太祖（朱温）建有五凤楼，"去地百尺，高入天空，有五凤翅翼"。后人以五凤楼喻比作诗文佳作。韩浦诗的后两句意思是：我的诗如同粗陋的茅草房，自然配不上高雅珍贵的十色彩笺，而你那巍峨壮丽的五凤楼正好用得着。韩浦绝对没有想到，他这首反讽弟弟的《寄弟诗》，竟会被人误用，从而造就了十色彩笺的历史谜案。南宋词人辛弃疾（1140—1207）的《鹧鸪天·梦断京华故倦游》曾使用此典故，"君家兄弟真堪笑，个个能修五凤楼"。清人毛澂（chéng）在《蜀笺》一诗中亦云："十色争夸谢家好，薛家小红尤可怜。"

将上述两种意见经过对比分析，寻找其理由和依据以后，笔者认为：第一，十色笺是一种染色加工纸，它的原纸很可能是皮纸（楮皮还是桑皮？待定）；第二，谢公笺是"广告效应"的结果。前已述及，谢景初生于1019年，卒于1084年；而杨亿生于974年，卒于1020年。显然，当十色笺深受杨亿、韩浦等人称赞时，谢景初还刚出世，哪里谈得上十色笺是由谢公创制的。另外，在杨亿之前，还有四川人苏易简（958—996）在其所撰的《文房四谱》中写道："蜀人造十色笺"，它明白无误地指出：十色笺是四川人造出来的。更有晚唐人李肇（约813年前后在世）在《唐国史补》中说："纸则有越之剡藤苔笺，蜀之麻面、屑末、滑石、金花、长麻、鱼子、十色笺……"清楚地说明了十色彩笺肇始于唐代，为蜀人始创。然而，正是因为这种纸由无名造纸工匠所创制，在中国古代社会人们缺少专利意识，却拥有浓厚的名人意识或者"官本位"意识。所以当靠不上薛涛之名以后，联想到还有一个名人谢景初，于是乎便把十色笺唤作"谢公笺"了。这个推论不知读者以为然否？

三、环境

任何一种产品的问世，都离不开当时当地的客观环境或者说是实际条件。现在我们探讨一下，在唐宋时期，蜀地——主要是益州，它所具有的客观环境。那时，其地物产丰盛、经济发达、文化繁荣。益州的纺织染色业尤为突出。绫罗绸缎当属丝织的高档产品，唐代诗人白居易（772—846）在《缭绫》一诗中云：

缭绫缭绫何所似？不似罗绡与纨绮。
天台山上月明前，四十五尺瀑布泉。
中有文章又奇绝，地铺白烟花簇雪。
织者何人衣者谁？越溪寒女汉宫姬。
去年中使宣口敕，天上取样人间织，
织为云外秋雁行，染作江南春水色。
……
汗霑粉污不再著，曳土蹋泥无惜心。
缭绫织成费功绩，莫比寻常缯与帛。
丝细缫多女手疼，扎扎千声不盈尺。
昭阳殿里歌舞人，若见织时应也惜。

从白居易这首诗里我们可以知道绫是一种十分珍贵、费时费工的高级纺织物。据《元和郡县志》《新唐书·地理志》记载，它们的产地有两处：一处是传统的成都，另一处是新兴的扬州。这些高级纺织品，又通过染色加工，更提高其档次。之所以要了解染色的情况，是因为十色笺与染色加工有密切关系。

在我国，古代先民很早就掌握了多种染料的知识。远在周朝开始，就有历史记载朝廷设有管理染色的官职“染草之官”，又称染人，他们发明了多种染色和印花技术。在秦代设有“染色司”，在唐宋还设有“染院”。那时利用的多是植物染料和矿物颜料，前者为自然界之花、草、树木、茎、叶、果实等，即在今日崇尚环保自然的风潮中所使用之植物染色体；后者有如染红色的赤铁矿和朱砂石等。它们有别于化学染料，不会产生有害大自然的环境和人体健康的废水、废渣。

唐代的印染业相当发达，除绫、缬（xié，有花纹的丝织品）的数量、质量都有所提高外，还出现了一些新的印染工艺，特别是在甘肃敦煌出土的唐代用凸版拓印的团窠对禽纹绢，这是隐没了许久的凸版印花技术的再现。从出土的唐代纺织品中还发现了若干不见记载的印染工艺。到了宋代，我国的印染技术已经比较全面，色谱也比较整齐。明代杨慎在《丹铅总录》中记载：“元时染工有夹缬之路，别有檀缬、蜀缬、浆水缬、三套缬、绿丝斑缬之名”。名目虽多，但印染技术仍不出以上范围。有了这么多染料，又有了不少的染色技术，如果能够与纸张结合在一起，何愁不出现十色笺？！

唐宋代成都的造纸业，在全国算是颇为先进的。很多造纸坊就集中在城西浣花溪一带。早在唐代，成都生产的麻纸就已经被确定为皇家用纸，每年都要大批送入宫中。《唐六典·卷九》记载：“唐代宫廷藏书有四部，一曰甲为经，二曰乙为史，三曰丙为子，四曰丁为集，故修为四库，共25961卷，皆以益州麻纸写。”连最好的宫廷藏书都使用成都生产的麻纸，可见这种纸的质量在全国是最好的。而且印刷术也有了很大的提高。到了北宋年间，宋太祖甚至命令大臣高品、张从信专程到成都刻印《大藏经》。这部宏大的经典共1076部，5048卷，共用刻版13万版，历时12载（年）乃成。

既然在成都有这么好的氛围和环境，谢公又在成都做官，因受薛涛笺的影响和启发，有可能设计造出“十样蛮笺”，即十种色彩的笺纸，这仅仅是一种推测。还有另一种推测，就是谢师厚有可能只是组织“谢公笺”的产品销售和技术传播，并以自己的名声作宣传，而为世人所识，并没有亲自参与或过问生产，当真会是这样的吗？

四、补记

综上所述，有关的史籍清楚地说明十色彩笺肇始于唐末或宋初（没有成为名牌产品），为蜀人所创制，具体制作者是谁找不到了。到了北宋中期，该纸名声大振，谢景初只是“谢公笺”的一个代言人而已。我们可以如此设想，像电影的蒙太奇一样：当年，谢景初在益州任职时，有人送来一些十色笺。谢景初见了十分高兴，并且大大地称赞一番。随后，他又向其他同僚、好友加以推荐，并且以优惠的价格帮助纸工出售成品。这样，便造成了一种假象，以为十色笺是谢公搞出来的。

令人不解的是，虽然在史籍上有十色笺、谢公笺的记载，但多是寥寥数语。然而，却没有一张十色笺的原物被保存、流传下来。更让人怀疑的是，在谢景初返回浙江后，益州再也没有十色笺生产了。在宋代，富阳的造纸业也较兴盛。南宋吴自牧（约1270年前后在世），是临安府钱塘（今浙江省杭州）人，他在《梦粱录》一书中说：“富阳有小井纸，赤亭山有赤亭纸”，但亦未提及富阳有十色彩笺。因为富阳的染织业没有成都发达，染料及染色技术也都没有基础。没有可能再造十色笺，于是这种纸就到此结束了。这也从另一个侧面印证了十色笺非谢景初所创，而是四川人借用他的名气，进行广告宣传而已，从而让谢景初戴上了这个产品的美名。

在中国历史上，常有这样的例子，某个皇帝或高官的文书是别人的代笔。某个画家的丹青是旁人的伪作。在20世纪30年代，北京有一家“西来顺”饭庄（同时，还有另一家著名的饭庄叫“东来顺”），此店的一道名菜叫作“马连良鸭子”，它是用鲁菜做法、取淮扬风味的香酥鸭，其色泽金黄，香酥扑鼻，软烂可口，滋味独特，赢得了顾客们的交口称赞。这道菜本是饭庄烹饪厨师兼经理褚连祥发明的，为了扩大影响、也为了感谢京剧名家马连良先生的帮助而特地用马连良鸭子来命名[1]。由此联想，十色笺很有可能也并非为谢景初之作，而是造纸工匠所为。因为谢景初的名气大，这位老兄又或多或少与十色彩笺有些关系，顺理成章地把这顶谢公笺的帽子戴在他的头上。笔者这么来小结本文，行欤？否欤？

① 王端端（主持人）：远方的家．CCTV-4，2010-12-26：下午15点44~46分．

第二节
砑花笺

一、概念

砑花笺（Embossed Paper）系宋代纸名。它是采用“砑花”的方法，使纸面印出各种形式的花纹。砑花一般分为明（花）纹和暗（花）纹两种。明花的制法比较简单，可以运用雕版或色线（用墨或色）印出各种色彩的花纹；暗花的加工比较复杂，是将木板刻成凸凹相反的图案，再把原纸夹入两个刻板之间，用力碾压，使纸面隐现暗纹。举纸迎阳光照看，便见到清晰的花纹[①]，其目的在于增添纸的内在美感。这种方法后来又有人叫它“拱花”。不论印制方式、或者出现的图案有何不同，或者把加工明花、暗纹两者合在一起，所得到的成品，它们都可以统称为砑花笺。

所谓拱花，即绘刻凸版，上压纸张，纸画拱起，凸现隐性图形、无色花纹。拱花是套版印刷术之一，是明朝后期才发明的，它比砑花技术晚了几百年。不过，因为上述两法都不用墨，都是通过外部的机械作用——碾压方式所制得的纸，只是所获得的效果不同：拱花突出

① 张大伟，曹江红．造纸史话[M]．北京：中国大百科全书出版社，2000：65．

纸面，图案类似浮雕；而砑花后图案凹于纸面，凹痕下陷。它们均有白色、彩色两种加工成品，故有时把前者叫做拱花纸（即凸出、拱托之意，也有人把它叫砑花笺的）；后者一直称为砑花笺（即凹下、咬嚼之意）。

这里，需要把上述概念小结一下：砑花笺是一种艺术加工纸，其特征是：（1）以优质、上好的皮纸为基料；（2）预先设计；（3）制法中离不开外部的压力加工（凹下纸面）；（4）纸品的花样多，能满足高档书画的需要。如不符合上述这些条件，就不能确定是砑花笺。因此，要考虑到当时的造纸工艺和纸张品质，有了相当程度的提高；而且雕版刻印技术，也已经达到一定的水平。如果没有唐代雕版印刷术的发明——其中就有咸通九年（868年）王玠出资雕版印刷的佛经图文《金刚（般若波罗蜜）经》为证①。否则，是不可能把砑花笺制造出来的。所以说，砑花笺是雕版印刷术与传统绘画技法完美结合的产品，后来又属于“笺纸”之列。

长期以来，由于我国古籍中有个别记载不甚明确，以及后人随意做出的含糊其词的解读，因此砑花笺常常被人与水纹纸、花帘纸、水印纸、印花纸等搅混在一起。其实，所谓水纹纸（Water Lined Paper，又称花帘纸）、水印纸（Water-marked Paper）、印花纸（Label Paper）等，它们跟古代的砑花笺并不相同。这些纸之间的区别是：水纹纸是在手工纸（Handmade Paper）抄造的竹帘上，用马尾或丝线编织成花纹，使其花纹凸出于帘面，抄造时凸出的部位留下的浆料较少，没有花纹的部位留下的浆料较多。于是，成纸处浆料少的部分比较薄，迎光而视，便有透亮的花纹，即为水纹。而水印纸则是机制纸（Machinemade Paper）生产时利用水印辊（Dandy Roll）在网部压在湿纸页上，抄成后留下的印痕，它们两者不是同一概念。印花纸又分为两种：一种是韧性好的薄页纸，过去常用于印花税票的印制；另一

① 钱存训. 中国科学技术史第五卷第一分册，纸和印刷[M]. 北京：科学出版社，1990：135.

种（俗称人体美术印花纸）由双层纸组成，一层是印花纸（很薄，上边印有美丽的花纹或图案），可以直接贴在手腕、上臂、胸部；另一层是保护纸（防止花纹颜色脱落），用毕即弃。由此可知，以上四种纸是不一样的，切勿混为一谈。

本节拟从史籍、实物的分析角度出发，对砑花笺的制作、设计及其应用进行初步的讨论，以便能够对砑花笺有一些更深入的考证和认识。

二、制作

据五代·陶穀（903—970）《清异录》（约950年成书）中称："姚顗（yǐ）子侄善造五色笺，光紧精华，砑纸板上，乃沉香（木）刻山水林木、折枝花果、狮凤虫鱼、寿星八仙、钟鼎文字、幅幅不同，纹缕奇细，号砑花小本。余尝询及诀，顗侄云：妙处与作墨同，用胶有工拙耳。"这段话的意思是：前朝（晚唐）时，有一位官员姚顗（866—940），字百真，京兆万年（今陕西省西安）人。少举进士，累迁中书舍人，后任侍郎尚书左丞，为人仁慈敦厚，不善财，喜小技。他的儿子和侄子继承"家传"而造出精美的五色笺（砑花笺纸）。其制法是用沉香木为雕版，请画师在其上画山水、写文字，再由刻工按画稿完成，最后把雕版置于纸上以强力压之，取名砑花。试要问及其中有什么诀窍？那就看你的技艺高低，不用耗墨，不用加胶，迎光而视，纸上有图形，每幅皆妙矣。

另据宋·苏易简（957—995）在《文房四谱·纸谱》中说："蜀人造十色笺，凡十幅为一榻。每幅之尾，必以竹夹夹（之），和十色水逐榻以染。当染之际，弃置椎埋，堆盈左右，不胜其委顿。逮干，则光彩相宜，不可名也。然逐幅于文版之上砑之，则隐起花木麟鸾，千状万态。"这一段文字，已经把蜀人造砑花笺的方法如实地做了介绍。即先把原纸染成十色，待纸晾干以后再上版砑花。“文版”是经设计、雕刻后有花纹之板，即砑花用之模板。碾压时不用墨，而“隐起”二字表明了是纸面凹下的暗纹。

又据南宋·范大成（1126—1193）撰《吴郡志》载：“彩笺，吴中所造，名闻四方，以诸色粉和胶刷纸，隐以罗纹，然后砑花。”再据南宋·袁说友（1163—1199在世）《蜀笺谱》曰：“凡造纸之物，必杵之使烂，涤之使洁。然后随其广狭长短之制以造，砑则为布纹，为绮绫，为人物花木，为虫鸟鼎彝，虽多变，亦因时之宜。”以上这些记载，皆可说明砑花笺的制法和效果。

尤其是到了明朝洪武年间（1368—1398）的《苏州府志》亦有记载：“南宋庆元年（1195－1200）间，郡人颜方叔创造佳笺，其色有杏黄、露桃红、天水碧，俱砑成花竹鳞羽、山林人物，精妙如画。亦有用金缕五彩描成者。近年有青膏笺、水玉笺，绝佳。”更加明确地指出，砑花笺是苏州历史上出产的、很有名的纸品。

从历代记述的制法来看，砑花笺的纸料多是上等的坚韧皮纸，或为本色纸，或为色纸，有厚有薄。它们的加工即会使纸面呈凸凹状，所以要用两块刻制图案相同、一阴一阳、一凸一凹的木板，相对地合起把纸面压出凸凹的暗花纹来。这是宋代砑花笺的传统方法。加工时，先将纸加粉，染色，以蜡砑纸，模上凸出的画纹因压力作用，呈现出光亮透明的画面。经仔细观察，在纸的深凹处，还残存有蜡渣，表明是通过砑制方法而例制成的。

至于请画师绘出图画，反贴在木板（所用为坚硬的沉香木）上，刻雕成版，可以制成各式各样的砑花笺。而绘出的图案有山水、花鸟、鱼虫、龙凤、云纹等图纹。这种纸已具有极为浓厚的装饰性和艺术性。但是质量最好的加工纸往往出自专供宫廷监制御用品的作坊。这类加工纸张的装饰性浓，价格极为昂贵。例如明代宣德年间的素馨纸、金花五色笺，清初内府的梅花玉版笺，描金或洒金五色蜡笺，都是上等质料同精美图画的艺术结晶。

三、设计

关于砑花笺的设计，迄今也没有找到宋代的直接记录。而在明、清朝的典籍中却可以获得较多的线索和印象。明代陈继儒（1558—1639）在《妮古录》中云："宋颜方叔尝制诸色笺，有杏红、露桃红、天水碧，俱砑花为竹、麟羽、山林、人物，精妙如画。亦有金缕五色描成者，士大夫甚珍为之。"颜方叔（1137—1213）名直之，字方叔，号乐闲，吴郡（今江苏省苏州）人，善画人物。从这段文字看出，颜方叔所制作的砑花笺至少有3大类色纸（杏红、桃红、青绿），12个品种（每色有4幅画）。只是不确定全都由颜方叔自己设计，还是请他人代笔。总之，在宋代对砑花笺的设计引起了众多画家、画师的注意，特别是把精细画工与造纸技术结合起来了。这些由颜色、纹理、彩绘、暗纹陪衬的纸张，花样翻新，美不胜收。

明清以降，作为笺纸之一的砑花笺，更是达到了高峰，著名的《十竹斋笺谱》《萝轩变古笺谱》等，便是明代流行笺纸的集谱。它以各种生动明快的山水、花鸟、龙凤作为笺纸的底纹图案，给彩色木版套印技术开辟了新的天地，对后世的中国的印刷史、美术史产生深刻的影响。

根据查阅现有的典籍，砑花笺的设计者人数甚少，而且多是明清时期的书画人士，大概有以下五位[①]：

（1）仇英（1493—1560），字实父，号十洲，太仓（今江苏太仓县）人，明代著名画家，与沈周、文征明、唐伯虎等人合称"明四家"。仇英的绘画风格在"明四家"中最为多样化，尤精山水、人物。仇英的绘画作品，结构严谨、造型准确、笔力刚健，山水人物都很擅长，作画尤其精密。仇英还擅临摹古画，史称他"摹唐宋人画，皆能夺真"，在行业中声誉卓著。但仇英并非一味摹古和画商业画，

① 苏晓君．研花笺[J]．北京：中国典籍与文化，2008（4）：110-113.

在艺术上也有创新突破。他既有职业画家的精湛技艺，又有文人画家的清逸秀雅，其画即便是大青绿，也无烟火习气，真正做到了雅俗共赏。

在“明四家”中，其他三人都是能文善赋的才子，唯仇英出身工匠，不能诗文，这在文人画兴盛的时代是很大的缺陷。幸运的是他的才华没有因世俗偏见而被埋没，也没有受到门户之见、崇上观念根深蒂固的社会歧视。他的画深得同时代文人画家的赞许，常与文人画家以书画合璧式的形式进行创作。仇英的幸运，一方面得益于晚明宽松、自由思想风气的影响；另一方面也是因为仇英遇到不少赏识其才华的艺术赞助人。因此，才使砑花笺的名声，更上层楼，成为皇家文化收藏的一部分，这笔可贵的艺术财富留存下来，是令人欣慰的。

（2）梁同书（1723—1815），字元颖，号山舟，钱塘（今浙江杭州）人。年93岁卒。大学士梁诗正之子。天生颖异过人，端厚稳重。清乾隆十七年（1752年）特赐进士，后任顺天乡试间考官、会试同考官、翰林院侍讲、日讲起居注官等。工书法，初学“颜柳”，后学“苏米”，晚益变化，纯任自然，冠绝时流。诗多雅意，文亦清峭，尤精鉴赏。梁同书博学多文，由他书写的碑刻和题写的诗词不可胜数，其章法平稳，行

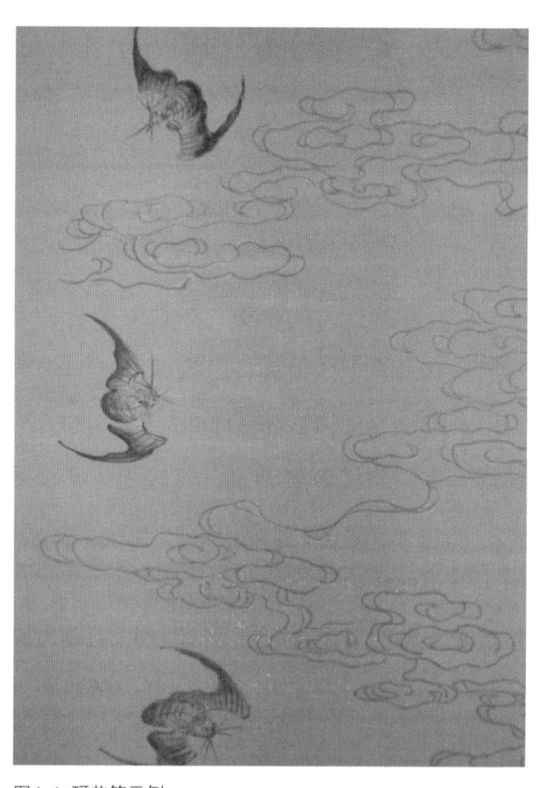

图4-1 砑花笺示例

距疏朗，用笔平和自然，都是承继赵孟頫、董其昌遗风的结果。

现存北京故宫博物院里的8张砑花笺，黄色棕红砑花，线条刻画流畅，笺面设计简而不俗，风格特异，素雅清新，格调高逸（图4-1），与一般坊间纸庄所造不同。有人猜测很可能是梁同书自家所制作的。他所设计的砑花笺，抑或通过何种渠道进入清宫？是由宫廷委托代做，还是有人奉献皇上，均未见记载，只好寄望日后的研究了。

（3）赵之琛（1781—1860），字献甫，号次闲，钱塘（浙江杭州）人。清代浙派篆刻的代表人物有“西泠八家”之说，分为“前四家”（丁敬、蒋仁、黄易、奚刚）和“后四家”（陈豫钟、陈鸿寿、钱松、赵之琛）。赵之琛为陈豫钟弟子，又取黄易、奚刚、陈鸿寿三家之长，在篆刻技法上可谓集浙派之大成。在嘉庆、道光之后声名卓著。篆刻之外，赵之琛书画兼攻，而山水、花卉之作自成面目，另有韵致。

据说，现藏于浙江省博物馆内的、由赵之琛设计的砑花笺，仅有2张。一张题为“粉红纸砑深红螳螂笺”，在纸幅右下方题有“云蓝阁制，次闲画”。另一张为“染黄纸砑棕色瘦石笺”，在左上方题有“瘦石亭亭，面面通灵，次闲”。这表明前一张是由赵之琛设计、扬州云蓝阁制作的。后一张则不大清楚是何处加工的。

（4）戴熙（1801—1860），字鹿床，号醇士，钱塘（今浙江杭州）人。清道光十一年（1831年）进士，十二年（1832年）翰林，官至兵部侍郎。工诗书，善绘事。早年师从王翚，进而摹拟宋元诸大家，对于王蒙、吴镇两家笔意更有所得。在用墨方面有深切的领会。道光时宫廷书画多出于其手。又能画花鸟、人物，以及梅竹石，笔墨皆隽妙。秦祖永的评论是：“临古之作形神兼备，微嫌落墨稍板，无灵警浑脱之致，盖限于资也。”戴熙著有《习苦斋画絮》，于画理多有论述。题画偶录行世。

现存由戴熙设计的砑花笺有5幅画稿，分别为芭蕉、桂枝、竹石等。上有戴熙、醇士题款，选用有粉红、墨绿、浅紫、棕色等，因为是设计稿，有部分砑印，也有部分手绘，还有部分刷印。

（5）陈云蓝（1851—1908在世），清代咸丰至光绪年间的扬州人。他于同治初年1862年随父在扬州南皮市街开纸坊——云蓝阁，以造笺纸闻名于时。这是一家前店后坊的私人作坊，立足扬州，辐射全国。该店主营木刻年画、图饰信笺，兼营名人字画，所生产的年画、笺纸非常精美，广受欢迎。“云蓝阁纸坊”的创办人，精心选题、策划，并聘请国内知名的书法家、画家为其供稿，精雕细刻成版，彩色套印而成。“云蓝阁笺纸”（包括砑花笺）是云蓝阁鼎盛时期的诗笺艺术珍品，共收录了96幅不同风格内容的信笺，各种图案，精美至极。这套文房清玩之一的笺纸，在当时的文化艺术界确实产生了不小的影响。

图4-2　砑花笺与书法

砑花纸虽然在宋代出现，但其完美性的加工却风行于明清两代。在加工工艺上，除创造了染色、加蜡、砑光、施粉、描金、洒金银和加矾胶等各种技术外，特别是增加了纸面设计，这是以往从未有过的。其绘画风格均受宫廷画派的影响，非常精细，也适于笔墨书写（图4-2）。

砑花笺作为书画载体之一，历来受收藏家所珍爱。在众纸品之中，砑花笺由于施金上银，精工手描，有的甚至经多次渲染而价格倍增。砑花笺由此而更加成为珍贵的系列名纸。据记载，清代乾隆年间，当时的大臣如若受上赏赐得到此纸，开用前也要沐手（甚至沐浴）、更衣、焚香。由此可知，其庄重程度非同一般，也可窥见其珍贵程度。故到了清朝，乾隆性喜奢华，研花纸从单一的品种，发展到一大类华贵纸品“笺纸”——包括有蜡笺、洒金笺、彩笺、图案笺、花纹笺、金箔笺等，层出不穷，蔚然大观。

四、意义

研花笺作为一种名贵的纸品，从宋代兴起一直沿延到明清两代，长达约900多年。因为这种艺术加工纸，具有与普通纸很不同的特色，它是皇家文化的一个组成部分，显示了中国传统文化的鲜明主题。我们研究研花笺的目的在于：通过这种纸的出现和使用，探求在中华文化的发展史中，它究竟发挥了什么样的作用?

我国自古以来，中华文明是由宫廷文化（又称“皇家文化”）、官绅文化（又称文士文化，又有人说相当于“精英文化”）和平民文化（又称民间文化，即现在所说的“山寨或草根文化”）共同组成的①。中国传统文化的“金字塔”分为上中下三层：塔顶是金碧辉煌的“皇家文化”；塔的中部是“官绅文化”；塔底则是广大群众的“平民文化”；从表面上说，历代的一些帝王极力推倡的“孔孟之道（文化）”，则是为整个金字塔身披上的一件“漂亮”外衣。

综观世界，我国建立封建社会历史的时间最长。中国封建王朝的宫廷文化，内容包括宫廷文化的灵魂与核心——皇权独尊、礼仪制度、皇位传续、宫廷生活等，它无处不在地追求“豪华”“霸气”“独特”之旨意。不论是金银玉器、陶瓷铁木，还是丝毛裘革、纸绢典籍等，一切都特别着眼“讲究”二字。“圣旨”大于天，就是要倾全国之力，目的是为皇帝挣足“面子”，可以不遗余力、不顾血本，打造天下之极品，代表了当时制造工艺的最高水平。因此，宫廷文化往

① 龚斌．宫廷文化[M]．沈阳：辽宁教育出版社，1993：15-19.4.

往扮演了引领最新历史文化潮流的先锋。

官绅阶层，集知识文人和职业官僚于一身，在社会生活中始终占据着重要地位。他们的成员都是文化人，是中国社会的精英之辈。由于平民可以通过“入仕途”而改变自己的社会地位。因此，官绅阶层成为介于皇室贵族和普通平民之间具有很大流动性的一个“群体”。官绅文化实际是上承皇家文化，下启平民文化，起到了呼唤、转换和传承的重要作用。

我国历来的民间社会都有其“自发”发展的趋向，平民文化自成一体，有自己的流行规律，有特殊的审美时尚。限于自身的条件，平民难以与宫廷文化接近，也不能向朝廷衙门看齐。但是，皇家文化的有形和无形的影响依然是存在的，只不过发生的作用大小不明显而已。值得指出的是，世间一切事物都具有两面性，上述三种文化都有其精华、糟粕之部分。平民文化中虽然含有真诚、朴实和善良的因素，可是也混杂有低级、庸俗和不健康的内容，还具有对群众心灵腐蚀性较大的表现和倾向。对此，一方面有必要加以引导朝向正确的轨道，促使人们拒绝污染，不要去迎合或接受那些龉龃不入流的东西。另一方面，平民文化应向文士文化靠拢，即在内容与形式上要向有智慧的想象、有审美的趣味和有价值的追求等方向发展。

宫廷文化中的纸张，也是皇家艺术的宝藏之一。从宋代的砑花笺开始之后，在这一品类的加工纸中，源源不断地开发出许多新型纸张，又从宫廷流出，成为文人雅士的宠爱之物。那些题材多样的笺纸，琳琅满目，美不胜收①。许多文人都有收藏笺纸的爱好，或自用，或赏玩，或题诗，或请人留“墨宝”作纪念。而今笺纸已经成为精妙绝伦的艺术品之一，在拍卖市场上大出风头，售价不菲。

由此可见，“皇家文化”不同于官绅文化，也异于平民文化。中华民族的文化与文明，充分展示了我国多民族的智慧和灵感，从砑花

① 刘运峰．文房清玩——笺纸[M]．天津：天津人民美术出版社，2006：31-61．

笺的演变过程更加证明：中国的古老历史和精粹文化，为华夏的广阔大地增添了璀璨夺目的光彩。

第三节
玉版纸

一、释义

玉版纸（Jade White Paper）又称玉版笺，宋代纸名。它是一种光洁匀厚的白纸，初为使用稀薄的浆糊，将两张或多张白纸裱糊在一起而制成的厚纸，后改进捞纸方法而得之纸张。北宋人陈槱（yóu，1150—1201）在《负暄野录》一书中说：“新安玉版，色理极腻白，然质性颇易软弱。今士大夫多褫而后用，既光且坚，用得其法，藏久亦不蒸蠹”。这段话的意思是，新安（原属安徽新安江流域，从晋代至唐宋年间曾多次易名，后世以它为歙州、徽州所辖地之别称）所产之纸被命名为玉版，纸色又细腻又洁白。不过，这种纸的质地不大好，似乎强度不够，文化人士设法用褫糊进行加工，质量便大有提高，即使存放很久，也不会遭虫蛀。这是一种粗犷的说法。可见最初的玉版纸是因为纸

图4-3　现代玉版纸

的品质还不符合使用要求，所以要进行加工改进后方可得到好的使用效果（图4–3）。

古时候，人们对玉版一词的解释如下[1]：（1）古代用以刻字的玉片，如圭形玉简。《韩非子·喻老》曰："周有玉版，纣令胶鬲索之，文王不予；费仲来求，周予之。"（2）特指上有图形或文字的玉片，通指古代珍贵的典籍。（3）笋的别名，称干笋、玉版笋。《本草纲目·竹笋》称："南人淡乾者，为玉版笋。"（4）系鳣（zhān，古书上指鲟一类的鱼）的别名，宋朝人李石（1108—1179）《续博物志》卷二："鳣，黄缮鱼，口在颔下，无鳞，长鼻软骨，俗谓玉板，长二三丈，江东呼为黄鱼。"（5）牡丹花有九大色系，1000多个品种，如"牡丹玉板白"即是其中之一。（6）比喻冰块，宋代范大成（1126—1193）在《爱雪歌》一诗中云："长篙斲（zhuó，砍伐之意）冰阴火迸，玉板破碎凝不流。"（7）美称戏曲表演击节的拍板，清代蒲松龄（1640—1715）《聊斋志异·马介甫》："恨煞'池水清'，空按红牙玉板；怜尔妾命薄，独支永夜寒更。"（8）纸名，一种光洁坚致的白纸，如玉版纸、玉版宣。

由此可知，我们所说的玉版纸，通常是指对这两种纸的称呼。这又是古人以"假借"的手法来为纸张命名的一个例子。

宋代书画家黄庭坚（1045—1105）写有《豫章集·次韵王炳之惠玉版纸》诗一首：

王侯须若缘坡竹，哦诗清风起空谷。
古田小纸惠我百，信知溪翁能解玉。
呜碪千杵动秋山，裹粮万里来辇毂。
儒林丈人有苏公，相如子云再生蜀。
往时翰墨颇横流，此公归来有边幅。

① 辞海编辑委员会．辞海第六版（缩印本）[M]．上海：上海辞书出版社，2009：2327．

小楷多传乐毅论，高词欲奏云门曲。
不持去扫苏公门，乃令小人今拜辱。
去骚甚远文气卑，画虎不成书势俗。
董狐南史一笔无，误掌杀青司记录。
虽然此中有公议，或辱五鼎荣半菽。
愿公进德使见书，不敢求公米千斛。

从这首诗里，可以获知：作者对友人的怀念，从而联想到使用玉版纸的心情和感受。诗人黄庭坚（1045—1105），字鲁直，自号山谷道人，又号涪翁，洪州分宁（今江西修水）人。治平四年（1067年）进士，以校书郎为《神宗实录》检讨官，迁著作佐郎。后以修实录不实，遭到贬谪。黄庭坚为苏门四学士之一，是江西诗派的开山祖师，生前与苏轼齐名，世称“苏黄”。这首诗中的首句：“王侯须若缘坡竹，哦诗清风起空谷。”进一步用空谷的清风形容王炳之那闻声不见嘴的大胡子。接下去又曰：“古田小笺惠我百，信知溪翁能解玉”。让人读到拿着玉版纸写的信时的那种爽朗和愉快的感觉，于是便增加了一层新鲜的意境。其后就是运用玉版纸所带来的一系列好处，让诸君豪气倍增，即使纸价昂贵一点，也无所谓。

至于玉版纸所用的原料，历来说法并不一致。请看：

（1）宋代诗人苏轼（1036—1101）写有《孙莘老寄墨四首》诗，其中第三首的原文是：

溪石琢马肝，剡藤开玉版。
嘘嘘云雾出，奕奕龙蛇绾。
此中有何好，秀色纷满眼。
故人归天禄，古漆窥蠹简。
隃麋给尚方，老手擅编划。
分余幸见及，流落一叹赧。

此诗的第一句就说明，玉版纸可能用的原料是藤树，即浙江剡溪所产的古藤。苏轼，字子瞻，号东坡，四川眉山人，苏洵的长子，人称“苏长公”。他在宋神宗时曾受重用，然因新旧党争，屡遭贬抑，出任杭州、密州、徐州、湖州等地方官；又被人构陷入狱，出狱后贬黄州。此后几经起落，从此随缘自适，过着读书作画的晚年生活。他和孙莘老应该是朋友关系。孙莘老名孙觉（生卒年不详），与欧阳修、苏轼、黄庭坚等人要好，皆因为反对王安石变法被逐出京城。孙觉被降职到了湖州，后因故而亡。苏东坡通过这首诗，讲到了互相倾心（用玉版纸写的）书信的往来，表达了对老友的思念。

（2）南宋袁说友（1140—1204）在《笺纸谱》中则介绍：“今天下皆以木肤为纸，而蜀中乃尽用蔡伦法，笺纸有玉版，有贡余，有经屑，有表光……玉版、贡余，杂以旧布、破履、乱麻为之”。这就是说，玉版纸可能是用各种麻类纤维所造，因为它跟其他不同品名的纸所用的原料是一样的。

（3）南宋陈耆卿（1180—1237）在《嘉定赤城志》（1223年成书）中称：“今出临海者曰黄檀，曰东陈，出天台者曰大澹，出黄岩者以竹穰为之，即所谓玉版也。”在这本书里却说玉版纸是用竹子生产出来的。

玉版纸到底是用什么原料制造的？是藤、是竹、是麻还是混合料？目前没有一个确凿的定论，有待以后进一步研究。以上种种看法，可以各存其说，不必强执一词。不过，笔者认为：玉版纸很可能是由多种原料构成的单页纸、再经裱糊加工后制成的。后来改进了工艺操作，增大了纸的“定量”，才得到了较厚实的纸张。

二、演变

从宏观上看，自五代开始，到北宋时期，传统手工业从“官营”

的桎梏中逐步解放出来，走进民间，呈现百业兴旺景象，无论数量或质量都有明显进步，其中造纸业在国内享有的信誉也日渐增长。北宋初年，在天台（今浙江省东部属台州市）等县已用青竹、桑皮、山麻皮与笋壳等制作玉版纸、花笺纸、南屏纸、小白纸与皮纸等[1]。这样一来，玉版纸的原料更加扩大化了。

不过，据苏轼的《东坡杂志》记载，名士吕献可曾对苏说，天台玉版纸质优，超过五代南唐后主李煜的澄心堂纸。明代中叶黄岩县的《万历县志》说，优质的藤纸，产于西部山区。清代乾隆末，临海举人宋世荦（luò，1765—1821）撰写的《台郡识小》一书中亦记载黄岩（今浙江省台州市黄岩区）产藤纸。清代中叶之后，因机器造纸的兴起，手工造纸渐渐衰落，玉版纸与藤纸不再生产。故玉版纸与藤纸也不见记载。至清末，黄岩造纸一落千丈。

北宋书法家米芾（1051—1107）的《书史》中记载："以台州黄岩藤纸捶熟，揭其半用之，滑净软熟，卷舒更不生毛。"北宋年间，黄岩又有玉版纸闻名天下。可见当时台州各县都生产纸张，而且质量上乘，品种不少。这样就使得我们对玉版纸的认识逐步清晰起来。

前已述及，玉版纸起初是由人工裱糊的方法来得到的。经过加工之后，玉版纸的特征具有洁白、厚实、平整等优良性能。但是，各人的手法不一，成纸的品性也有高低。因此引起了一些麻烦，使用者期望在造纸工艺上进行改革，免去后来的一系列手续，确保玉版纸有稳定的性质。

在这个形势下，某些纸坊的纸师接受了纸要"加厚""更新""增强"的建议和观念，采取一系列的办法——于是，便有后来所命名的"单、夹、匹、贡、屏、连、层、重"之说。所谓（1）单，就是在抄纸槽里竹帘入槽、"摆浪"后捞一次，浆层较薄而形成的纸页。（2）夹，捞两次（上帘两回），稍厚一点，成纸后不可分开。

① 林渊，王铁柱．历代文房四谱选译[M]，北京：中国青年出版社，1998：147.

（3）匹，又作疋（pǐ），表示纸页的尺寸长度，采用大竹帘抄造。（4）贡，又称共，合起来干燥之意。（5）屏，由屏风大小转意而来，像屏风狭长形状。（6）连，是指有连接、强韧之意，扯不断。（7）层，单页算一层，多层合起来一次干燥，成纸后可分开。（8）重，摆浪次数多（一般为3次），竹帘上浆多，浆层厚，强度高，加重之意。当然，以上的具体操作，完全依靠师徒手口相传，在文献中很难找到它们的踪影。

造纸工艺上的革新，势必带来成纸的品质提高。在"优胜劣汰"法则的影响下，那些虚有其名的玉版纸纷纷"落荒"逃亡，剩下的高品质的玉版纸，逐渐树立了在纸业中的地位。由于玉版纸的性能既接近于书画，又靠拢于印刷。加之宋末元初，写意派的画风骤起，大笔泼墨，对画纸的强韧性要求急速增长。玉版纸厚实，能够承受浓墨笔触的压力，使用此纸的人也"跟风""起眼"，因此让玉版纸日益普遍，大加流行。

与此同时，玉版纸也适合用来印刷古籍。宋代的雕印工艺成就很高，版式、字体十分讲究，且刻工精心镌刻，刀法精致。如绍定二年（1229年）刻印的《昌黎先生集考异》和咸淳年间（1265—1274）刻印的《河东先生集》都清楚地表现出了宋版书的特色：字体端庄、秀劲古雅、墨色香淡、纸面莹润。此外，宋版书特别重视内容的正确性。书稿必须经过三道校勘，确定无误后方才付印。所以，一本用玉版纸刻印的宋版书，实际上是一部艺术性很高的工艺品。在书史上，赫赫有名的宋版书，给人留下极为深刻的印象。

鉴于原有的玉版纸品种较杂，差距较大。从宋末起，有人把品质较高的两层单生宣合起来而制成一种洁白厚实的宣纸，取名玉版宣（Jade White Xuan Paper），更加能够满足书画家们的需要。其后，各地纸坊、纸店大力推销它们，其规格有四尺、五尺、六尺、八尺、丈二等。纸质厚实，洁白棉韧，为宣纸中之上品，能吸多量的墨、可反复装裱，宜作书法、册页、扇面、笺谱等。这里需要指出是：玉版纸

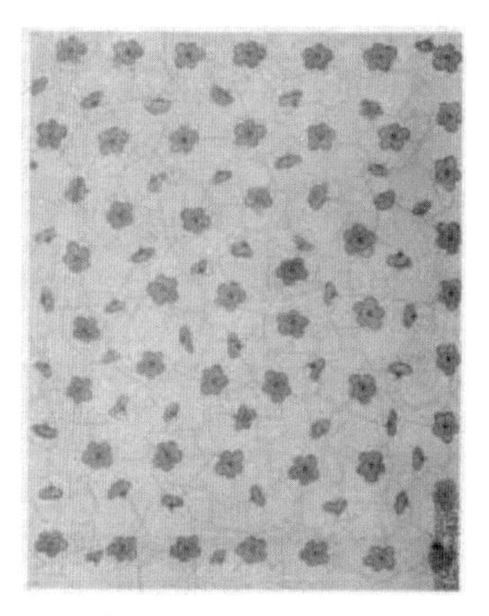

图4-4　梅花玉版纸

是白纸的复合；而玉版宣则是宣纸的复合，这是它们两者的区别。

明、清以来，造纸原料及生产技术都有了很大突破和发展，出现了许多精品，成为可供人们观赏珍藏的艺术品。而洁白的玉版宣进入宫廷后，更是引起人们的关注。于是便有了进一步的加工，在总结以前的基础上创造了诸如染色、加蜡、研光、施粉、描金、洒金银和加矾胶等多种新技术，使我国造纸业在各方面都达到了很高水平。例如，明代生产的“宣德贡笺”，在制作技艺上较为精湛。这种加工纸有许多品种，如五色粉笺、金花五色笺、五色大帘纸等。清代以来仿制加工的纸品种更多，尤其康熙、乾隆年间（17—18世纪）的制品最为精细，且有传世纸品留存。还有一些创新的产品，如保存在故宫博物院内的“梅花玉版笺”（图4-4），纸为斗方式，纸的表面加以粉蜡，再用泥金或泥银绘以冰梅图案，有长方形“梅花玉版笺”朱印。这种纸创于清康熙年间，乾隆年间复制盛行，薄于仿明仁殿纸。

从此，玉版纸、玉版宣从单色、单一的品种走向多色、多元的纸类。它的重要意义是向纸中逐一添加文化元素，从而使纸的价值提高，应用面更广泛了。明清时期，安徽的宣纸、浙江的皮纸、福建的竹纸，以及皖浙合作的玉版纸、笺纸等，均为当时著名品种，它们作为工艺品流传国外，实为对人类文化的发展和交流作出了很大的贡献。反观现在的机制纸的生产，却缺少一些艺术意识和创意设计，两相比对，这是值得我们深思的。

三、点评

玉版纸经过历史演变，从一个品种发展成为多个品种，并在原有的基础上，进一步发扬光大。从宋元直到明清以后，玉版纸步入了笺纸的行列，成为闻名遐迩的纸品中的佼佼者。

明代是中国版画艺术发展的高峰时期，各种印刷品几乎无不附以精雕之插图，其中彩色套版精印成册，雅趣高绝，专供士大夫“清玩”。这些图册又多选用玉版纸。明朝天启六年（1626年）吴发祥（约1578—？）印造的《萝轩变古笺谱》和崇祯十七年（1644年）徽州人胡正言（约1584—1674）刊刻的《十竹斋笺谱》，首次都是选用玉版宣来完成的。这种精细的厚纸更能符合饾版、拱花加工技术的要求，使纸笺印刷得更加精美[①]，彰显了玉版纸的艺术价值和文化意义。

《萝轩变古笺谱》又名《萝轩笺谱》（图4-5），分为上、下两册，上册49页，98面（因古代的书页单面印刷、对折装钉，一页分成两面）；下册45页，90面。明末颜继祖辑，吴发祥刊版于江宁（今江苏南京）。1963年在浙西被发现，今藏上海博物馆。明刻《萝轩笺谱》今已难得，1981年，上海朵云轩用宣纸把《萝轩变古笺谱》复刻出版，受到关注。

图4-5　萝轩变古笺谱

《十竹斋笺谱》（图4-6）由胡正言编印。相传胡本人酷爱竹筠，

① 茅子良．木版水印纵横谈[N]．文汇报，1984-06-19（4上），1984-07-03（4下）．

尝于寓所种竹十余竿，读书雅玩古董于竹窗下。后在南京鸡鸣山侧开一古玩店，因而取名“十竹斋”。此谱共四卷，框高21cm，宽13.5cm，白口，四周单边，内容丰富，包括历史故事、诗词意画、山水人物、商周铜器、古陶汉玉等，有二百八十图。笺谱诸图，皆纤巧玲珑，印制极工，典雅清新，今难再现。20世纪在山西被发现，为郑振铎收藏，后捐赠北京图书馆（现国家图书馆）。1934年，鲁迅（1881—1936）与郑振铎（1898—1958）合作重刊《十竹斋笺谱》，书套采用冷金宣，书页采用棉料四尺宣，书皮采用瓷青棉连书皮宣（一种加工宣），封面呈青蓝色，显得古朴、典雅、大方。鲁迅拿到一本样书十分高兴，亲笔在卷首页题字：“纸墨良好，镌印精工，近时少见”。

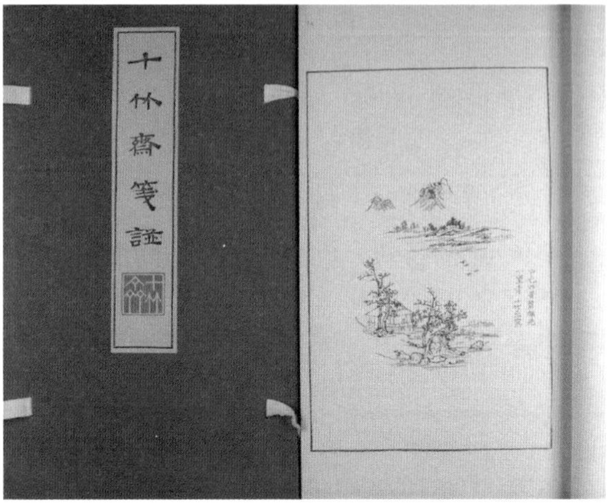

图 4-6 十竹斋笺谱

话又说回来，在清朝康熙皇帝亲政之后，提倡学习汉文化，诏命纂辑《钦定图书集成》。同时，版画艺术遥接明末余绪，日渐繁荣。乾隆时期，始有单张印的笺纸出现。此后，苏州、南京、上海、北京、安徽歙县皆有诗笺绘刻，那时候使用的纸张多为玉版纸和玉版宣。晚清工商业发展，开明人士受到西方资本主义社会和封建王朝腐朽现状的影响，咏诗作词已不再是时代的风尚。诗笺、画笺的载体（即笺纸）也由雅趋俗，面向社会现实发展。而使用的纸变得“五花八门”，玉版纸等受到排挤。因此，需求者日渐减少。

辛亥革命后，涌现一阵子文化回潮。如天津“文美斋”刊印出版了一部《百华诗笺谱》，作者为天津人张兆祥，善画花鸟，设色艳雅，备极工致。图册内有紫丁香、玉兰、菊花、万年青等草木花卉。继《百华诗笺谱》之后，清代天津的“文美斋”画店又刻印成一部

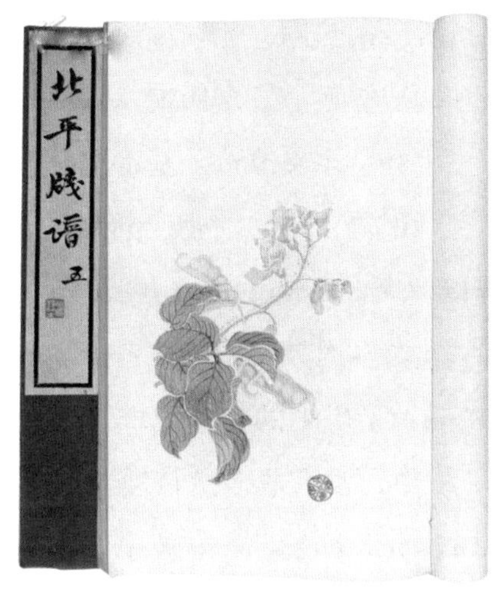

图4-7　北平笺谱

《文美斋笺谱》，收集了许多画家所作的人物、花卉、博古、山水等等。据说，所用的也许是玉版宣或玉版纸。但因未见实物，不敢随意断言。

有意思的是，在20世纪中叶，1933年初，鲁迅先生收到郑振铎（西谛）赠送的《中国文学史》三本后，于2月5日回信说："去年冬季回北平，在留黎（琉璃）厂得了一点笺纸，觉得画家与刻印之法，已比《文美斋笺谱》时代更佳，譬如陈师曾、齐白石所作诸笺，其刻印法已在日本木刻专家之上，但此事恐不久也将销沈（沉）了。因思倘有人自备佳纸，向各纸铺择尤对于各派（原文为小字）各印数十至一百幅，纸为书叶形，采（彩）色亦须更加浓厚，上加序目，订成一书，或先约同人，或成后售之好事，实不独为文房清玩，亦中国木刻史上之一大纪念耳。"[①]据此可见，鲁迅居然决定要刊行一部《北平笺谱》（图4-7），并且要采用"佳纸"——据鲁迅先生当时给日本友人增田涉的信中说，《北平笺谱》用的就是宣纸[②]。这可能为节省成本，未用玉版宣。1934年此书如愿落实出版。两年后，鲁迅先生病逝于上海。鲁迅和郑振铎编印的《北平笺谱》，第一次印了100部，预约出售40部，其余60部赠送给有关的中外人士。这100部都有编号和鲁迅、西谛亲笔签名，十分难得。第二次又补印了100部，但均无鲁迅、西谛之签名。今天无论是第一次或第二次印刷的《北平笺谱》，都是弥足珍贵的收藏品了。

《北平笺谱》印行不久，1937年日本帝国主义者发动全面对华侵

① 鲁迅．鲁迅书信 二[M]．北京：人民文学出版社，2006：266-267．
② 鲁迅．鲁迅书信 四[M]．北京：人民文学出版社，2006：347．

略战争。七七事变后，全国人民投入抗日救国热潮，无暇再谈笺谱盛衰之事。待到1949年10月中华人民共和国成立后，文房四宝，诗笺墨谱，淡出人们日常生活。1956年，“三大社会主义改造”基本完成。当时北京琉璃厂一带的私营南纸店、字画铺等，早已歇业，更无彩笺印制。后来，成都的春熙街文具店曾以“夹江纸”（是单页纸吧？）于1960年印制了一点《蜀笺》。到了“文革”时期，诗笺作者、笺纸收藏者连同诗笺、笺纸和笺谱被一并扫入了历史的“垃圾堆”。以至于1979年出版的《辞海（缩印本）》中，没有收录“诗笺”（第387~388页）、笺纸和“笺谱”（第1877页）等条目。好像中国的年轻人和后代，再不需要知道它们为何物了？!有幸的是，在2009年发行的《辞海第六版（缩印本）》中，却收进了对“笺”字的解释——精美的纸张，供题诗、写信等用（第0880页）。

有人会说，现在玉版纸已经消亡了，此话似嫌武断。不过，它只是“名失物在”，分化成若干各种别类的纸张了。至今在手工纸的销售清单中，仍然列有玉版宣之大名。其他的玉版纸因为再也没有“用武”之地，所以退出历史舞台。回想当年玉版纸盛行之日，花样之多，让人津津乐道。玉版纸及其印制的各种图册，不仅为中国版画家、美术家的创作、研究提供参考，同时也是研究中国印刷史、文化史不可多得的实物资料。

第四节
金粟山藏经纸（金粟纸）

金粟山藏经纸（ Jinsushan Scripture Paper ）系宋代名纸，简称金粟纸，或金粟笺纸。在讨论这种纸之前，我们要先说明一下这个长长纸名的意思：金粟山是位于浙江省海盐县（现为海宁市）西南36里处的一个山名；山下有一座金粟寺，庙内收藏有大量的佛教经卷。这些经卷所使用的纸张，与众不同，就被称为金粟山藏经纸。

这种纸究竟有何特点？为何在史书上最为有名？以至后来又因何缘故而消亡？这三个问题就是本文讨论的重点。从这一古纸的演变历史中，到底可以折射出什么呢？读者读完此篇之后，或许会得出相应的结论。

一、从佛教的写经纸说起

相传，佛教起源于印度，公元前5世纪，由古印度迦毗罗卫国（现尼泊尔境内）王子释迦悉达多创立。佛教的信仰是释迦牟尼（其意是迦族人的圣贤），信奉经典是“三藏”——即经藏、律藏、论藏（俗称佛经）。佛教的崇拜仪式有：剃度（削发）、拜忏、追福等。佛教主张“永生”，追求涅槃，因果报应，轮回不止。公元1世纪之后，佛教文化分为三大体系：小乘佛教（以前的老佛教，又称南传佛教）、大乘佛教（新生派，又称北传佛教）和大乘密教（印度教，又称藏传佛教）。不过，唯因中国内地的汉文化背景，人们似乎不能吸收另外两个体系，即冷漠小乘佛教和大乘密教，而是热衷并接受了大乘佛教。

大约在公元1世纪汉朝初年，佛教流传入我国。最早的汉译佛经是汉明帝永平十年（67年），游僧迦叶摩腾及竺法兰二人来到洛阳，于白马寺译出的《四十二章经》。此后为扩大传播、施布的影响，需要宣传、鼓动，让各种人（识字的、不识字的）能够明白教义，被吸收入教。从而使各种媒介物（包括口头的、抄写的）应运而生。于是乎，佛教与纸张之间的关系日益密切起来。

在日后佛教举行仪式活动时，除了经常使用黄裱纸、钱纸外，还有积善簿、经帖和经藏等，都要使用纸张。其中供广大僧侣和信众使用的佛经，更是难以估算。随着佛教的发展，这种善行日益普遍，用纸的机会和数量势必增加。通常把当时人抄写或印刷佛教经文使用的纸张，统称为写经纸（或经卷纸）。比如1928年新疆吐鲁番哈拉和卓旧城出土的唐朝（618—907）写经纸（图4-8），其长度100.7cm，宽度25.9cm。纸纤维交结紧密、均匀，说明了那时对浆料的舂捣比较精细，打浆度高，成纸的品质优良。这一方面表示了唐代人对佛教的虔诚；另一方面也证实佛教选用的是较高质量的植物纤维纸。此纸现被中国国家博物馆收藏。

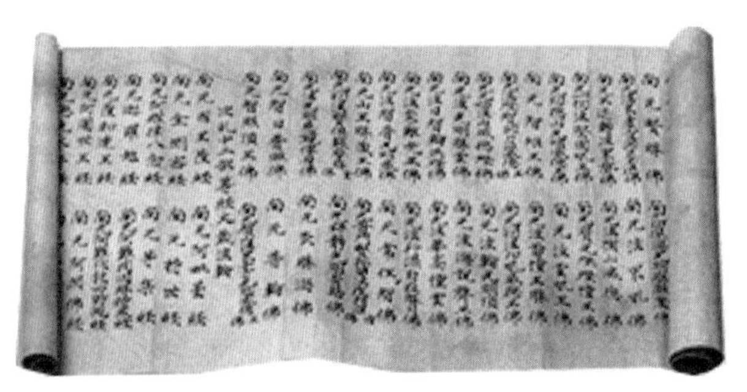

图4-8　写经纸

起初，经卷纸的品种繁杂，什么样的纸都有。我们从敦煌石窟藏经洞里，可以见到各式各样的经卷，它们竟是大量用纸抄写的佛经、书卷、契约、账册、信札、祭文等。这个堆满了大量经书典籍的石窟，就是被后人称道的敦煌“藏经洞”。洞窟中所藏的“东西”，以“写经”为最多，估计有30 000多卷，其中书写年代最早的是东晋，最晚的则是北宋，前后相距约有600多年，它们被命名为敦煌写经纸，或者被后人称为藏经纸（Paper Used for Buddhist Scriptures）。

写经纸的原料，根据专家们的研究结果[①]，如北魏·汉文《涅槃经》（纸宽28.2cm）、中唐·藏文《大乘无量寿佛经》（纸宽44.0cm）、晚唐·汉文《金刚般若波罗密经》（纸宽25.0cm）等，多为麻类植物，纸面比较粗糙。这或许是当地造纸作坊所造。纸幅的尺寸大小不等，没有固定或统一的规格，这可能是依据抄写的不同要求而改变的。

敦煌石室的写经始于东晋、十六国，盛于隋唐，而终于北宋。除佛经外，还有迄今罕见的经史子集写本和公私文书、契约等，以及许多用古代少数民族文字（如古维吾尔文、吐鲁文、西夏文、于阗文、龟兹文等）和中亚、西亚、南亚以及欧洲文（吐火罗文、粟特文、波斯文、古叙利亚文、波罗蜜文、梵文、希腊文等）书写的书卷和文书。这些古文献是研究中外历史、科学、文化、中外文化交流和造纸术的重要实物资料。大体说来，晋到南北朝时期多是麻纸，隋唐、五代和北宋时期仍以麻纸居多。晋、十六国时期麻纸有两种尺寸：甲种纸高23.4~24cm，乙种纸高26~27cm。一般说，甲种纸（即小纸）较多而年代又较早，也许它近于汉代的尺牍。南北朝时的写经纸也有两种尺寸，比晋纸稍大些，这些与苏易简（957—995）在《文房四谱·纸谱》中所说大体相符。看来写经纸尺寸是逐代加大的。这是因为我国历来度量衡用尺，逐次加大。汉代1尺等于23.1cm，魏晋1尺等

① 荣新江．敦煌学新论[M]．兰州：甘肃教育出版社，2002：157-162.

于24.12cm，隋唐1尺等于26.7cm，而宋元1尺等于30.72cm[①]。因此同是“尺”的规格，各朝代的尺长度是有所不同的。敦煌隋唐时期的写经用纸也可分为两种：小纸直高为25~26cm，长44~51cm；大纸高30cm，长40.5~43.5cm。敦煌写经纸的厚度一般在0.05~0.44mm之间。在新疆各地出土的魏晋、十六国、南北朝至隋唐、五代时的纸，尤以吐鲁番地区高昌遗址的为数最多。与敦煌石室中所不同的是，除了佛经之外，还有更多的官私文书、契约和非宗教性的古籍。这些纸的原料主要是大麻和苎麻，多来自于破麻布。纸的帘纹宽度一般在0.2cm左右，有的帘纹并非笔直，而略有弯曲。纸质一般较厚重，薄纸少见，迎光看，纸浆分布不甚均匀。很可能是新疆本地造的纸，与中原地区的纸相比，品质要稍差一些。

如果要问为什么社会需要供应写经纸？其源头是因为佛教在中国广大地区传播后，归附的信徒数量逐日增加的结果。但以往用来抄写（或印刷）佛经的，是一些杂七杂八的纸张，难以满足信奉者心理上的要求。所以渐渐地把合乎要求的、写上佛经的纸叫作写经纸，这些纸经过沧桑岁月之后，就变成了藏经纸，这就是事物发展的规律，我们要以历史眼光来看待这两种抄写佛经的纸张。

二、金粟纸为何特别有名

自从在汉代佛教传入中国后，历经数百年，走过了一段既顺当又不平坦的道路。唐太宗崇尚佛教，派玄奘西行取经，庙门烟火旺盛，社会环境安定。到了会昌元年（841年），唐武宗李炎继位，他接手的却是一个大大的乱摊子：朝廷全国人口为210万户（约1 500万人），而寺庙竟有4万余座，僧尼为26万多人，占地几千万顷，有富贵“主

① 矩斋．古尺考[J]．北京文物，1957（3）：25-28．

持”（和尚）与空门“猗顿”（巨商）数万人，佛门的财产占全国的70%~80%。寺庙不纳税、不服役，还有独立的“护寺僧”（被后人戏称为“武装和尚”），俨然成了“针插不进、水泼不进”的独立王国。而皇帝面临的巨大难题是国库虚竭、军费拮据、危局日甚，于是乎导致唐武宗与寺庙之间骤然发生了尖锐的矛盾。

会昌五年（845年）7月，李炎毅然决然地发布了“全国禁佛”诏令。毁除大中寺庙4600座，其余的小庙改作他用；没收他们的地产、财产；还俗僧尼近26万人，放赦寺庙奴婢15万人①。在这种重拳打击之下，终于使唐代晚期的佛教一蹶不振。这就是历史上唐末的“会昌灭佛”事件。

五代十国时期，在后梁、后唐、后晋、后汉的40多年的政权交接转移过程中，禁令压力有所缓和，佛教稍有复苏。不料在五代十国显德二年（955年），后周世宗柴荣执政，突然又宣布在全境内“禁佛”，到处捉拿和尚，烧毁佛经，造成民众惊恐不安，社会局面又处于动荡之中。

宋朝的第一任皇帝宋太祖赵匡胤（927—976）出身于武林世家，他原本是柴荣手下的一名心腹大将，官拜殿前都点检（官职），掌握了实际军权。赵匡胤假借“菩萨”的旨意，利用一次“陈桥兵变、黄袍加身”机会，登上了金鸾宝殿，但他在位仅17年（960—976）。为了加强皇权、拢络民心，宋太祖又回头尽力提倡佛教，乃至一直影响北宋的各个时代。于是，在五代乱世后人心思定的形势下，佛门香火重新复燃，读经、抄经、藏经又成为一种社会时尚。

金粟寺原本是浙东南一座古庙，由三国时期孙吴僧人康僧会（？—280）建造。此人在吴国首都建邺（今江苏南京），翻译佛经，为吴国大帝孙权（182—252）手下做事。他劝说孙权为之设塔并建三寺：即南京保宁寺、安徽（当涂）太平万寿寺、海盐金粟寺。前两座

① 郭伯南．中国通史图说·第2册·神州鼎盛[M]．西安：陕西师范大学出版社，2008：211-212．

寺院在灭佛、禁佛事件中早就不复存在了，至宋代时仅有金粟寺被保留下来。

宋代大中祥符（1008—1016）初，金粟寺改称为广惠禅院。全盛时寺院前后七进，依次为山门、天王殿、古山门、大雄宝殿、法堂、藏经阁、方丈室，而周围附着的建筑足有数百幢，排列有序，僧侣上千人，其规模宏伟，蔚为大观。奇怪的是，金粟寺在历次“禁佛”的浩劫中居然“漏网”，最终能够保存下来，这不能不令人称奇。

金粟寺内藏有大量经书，它们多数是用写经纸手抄（或印刷）而成的。北宋熙宁元年（1068年）由金粟寺（广惠禅院）发起编写了一部写本《金粟山大藏经》，称为《北宋写金粟山大藏经》（又称“海盐金粟山广惠禅院大藏”）。一般认为，自北宋初年刊雕《开宝藏》以来，佛教大藏经完成了从写本时代向刻本时代的转变。而《金粟山大藏经》抄写于北宋中期，说明此时在民间保留了一个写本与刊本并行的时期，为我们提供了刊本时代有关写本藏经重要的实物标本。

该经为卷轴装，共计六百函、万余卷，每纸30行，每行17字，朱丝栏，以千字文编号。每幅纸心皆钤有朱色“金粟山藏经纸”小长方印作标识（图4-9）。卷端下小字题写“海盐金粟山广惠禅院大藏”。

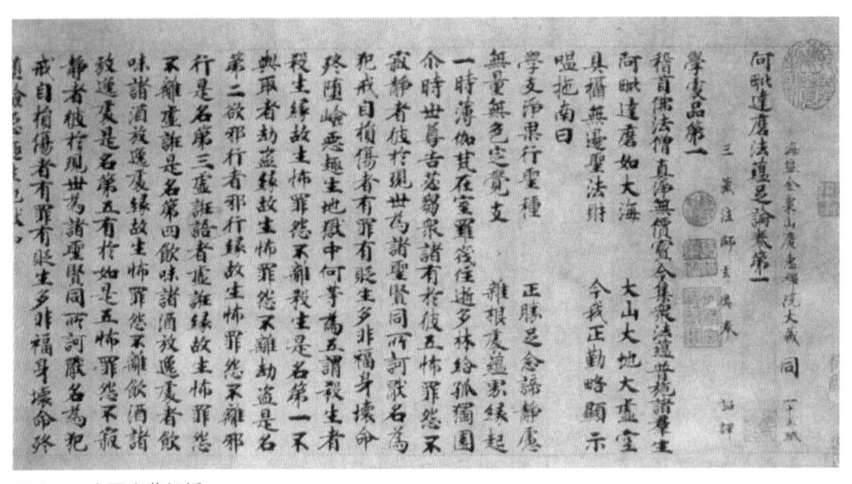

阿毗達磨法蘊足論卷第一　海鹽金粟山廣惠禪院大藏　同　一十五紙
三藏法師玄奘奉　詔譯
學處品第一
稽首佛法僧真淨無價寶今集衆法蘊普施諸群生
阿毗達磨如大海　大山大地大虛空
具攝無邊聖法財　令我正勤略顯示
嗢拕南曰
學支淨果行聖種　正勝足念諦靜慮
無量無色定覺支　雜根處蘊界緣起
一時薄伽梵在室羅筏住逝多林給孤獨園
爾時世尊告苾芻衆諸有於彼五怖罪怨不
寂靜者彼於現世爲諸聖賢同所訶厭名爲
犯戒自損傷者有罪有起生多非福身壞命
終墮險惡趣生地獄中何等爲五謂殺生者
殺生緣故生怖罪怨不離殺生是名第一不
與取者劫盜緣故生怖罪怨不離劫盜是名
第二欲邪行者邪行緣故生怖罪怨不離邪
行是名第三虛誑語者虛誑緣故生怖罪怨
不離虛誑是名第四飲味諸酒放逸處者飲
味諸酒放逸處緣故生怖罪怨不離飲酒諸
放逸處是名第五有於如是五怖罪怨不寂
靜者彼於現世爲諸聖賢同所訶厭名爲犯
戒自損傷者有罪有起生多非福身壞命終

图 4-9　金粟山藏经纸

我国宋代寺庙名刹逾千以上，藏经卷帙汗牛充栋。据称，仅以明代的海盐县为例，登记注册的寺庙祠院已达139所。但以一处寺院命名的藏经纸，历史上似仅有金粟寺一处。

如今，《金粟山大藏经》残存不多，仅20余卷而已，国内主要收藏在中国国家图书馆和上海图书馆。国家图书馆藏7卷，上海图书馆藏6卷。此外，南京图书馆、故宫博物院、贵州省博物馆、安徽省博物馆、吉林省博物馆、辽宁省博物馆、天津艺术博物馆各自收藏一卷或二卷。从另一个角度看，一部大藏经，并非年内可以写竣，如果即以治平元年（1064年）为始，至熙宁元年（1068年），已有5年，如再延至有元丰年号（1078—1085）者，则有22年之久。因此，《金粟山大藏经》自始至终，写竣的时间应该在20年以上。而《金粟山大藏经》的零本，在中国台北、香港各图书馆、博物馆以及日本、韩国等处都无收藏。只有美国柏克莱加州大学东亚图书馆藏有《大般若波罗蜜多经》的一册存卷（254号）。金粟山藏经纸到底为何处所造？有什么特点？为什么会誉满全国？至少有以下4点值得关注：

（1）根据史籍记载，相传此纸是苏州造纸工匠所为，以桑皮为原料，以硬黄纸为蓝本，精心加工后制成的。此纸大约造于宋代治平（1064—1067）或更早，其“纸厚重，纹理稍粗，精细莹滑，久存不朽，书写效果绝佳”，专供寺庙写经之用。明代胡震亨（1567—1634）在《海盐县图经》一书中说：“金粟寺有藏经千轴，用硬黄（茧）纸，内外皆蜡，摩光莹（洁），以红丝栏界之。书法端楷而肥，卷卷如出一手。墨光黝泽，如髹漆可鉴。纸背每幅有小红印，文曰金粟山藏经纸。有好事者，剥取为装潢之用，称为宋笺。遍行宇内，所存无几。有言此纸是唐藏，纸上间有元丰（1078—1085）年号，则其为宋纸无疑矣。”又据《金粟寺志》称：“藏经（蚕）纸硬黄，笔法精妙。其墨黝泽如漆，每幅有小红印曰：金粟山藏经纸。计六百函。宋熙宁十年丁巳，写造大藏，赐紫思恭志，今仅存百余轴。”

由此可知，金粟纸的质地坚固结实，内里加蜡，表面平滑并具有光泽，而无帘线痕迹，品质极佳。每张纸上都印有“金粟山藏经纸”的红色印章。宋治平元年（1064年）至元祐九年（1094年）之间，广惠禅院（寺）藏经万卷之多，每卷用纸15张连接而成。“金粟笺”一时为收藏家所珍贵，并加仿制，迄今仍用于书籍和卷轴的标签耳。

（2）据传有些金粟山藏经纸，就是寺内僧侣自己建造纸坊（？）所为，乃用桑皮、楮皮加工制成。加工时且纸之两面涂蜡、磨光，又以药水濡染使之发黄，纸厚重，纹理粗，精细莹滑，久存不朽，书写效果绝佳，其品质超过硬黄纸。笔者认为，佛门之内兴建纸坊，没有充分和必要的条件、环境和技术，恐系夸大了的“传说”。还不如说是约请外地工匠所造，运来寺院使用更妥当一些。明代文徵明（1470—1559）在《漪兰室图》画轴的卷首装有一张金粟山藏经纸，纸上附有“宋金粟山藏经纸楮桑合制”11个字①，言之凿凿。

由此可知，金粟山藏经纸是在以楮皮、桑皮为原纸的基础上，再经过涂蜡、研光等处理，故质量极佳。这种纸因为使用了两种浆料混合造纸，可以发挥各自的优点，对提高成纸的质量有利，在造纸技术上也向前迈进了一大步。

（3）在宋代时，有一些民间善男信女出资捐造的写经纸，也有可能混在金粟山藏经纸之中。清代蒋超伯（1845—1871在世）《南漘（chún）楛语·卷一》中说：“金粟牋（笺）有最长印至五十八字者，其印称许咸熙妻陈五娘等舍（献）藏经纸七千幅（张）云云。”注意，这7000张金粟山藏经纸，数量可谓不少。在当时如此之多的纸量，想必不是一（个纸）坊所能包办，而是由所在地多家纸坊合制。所以，虽然纸有数种，但皆钤有“金粟山藏经纸”朱色小方印。据上海图书馆所藏的六卷，经研究后得知：至少有潢竹写经纸、潢细麻纸、潢双层写经纸三种。

① 刘仁庆．中国古纸谱[M]．北京：知识产权出版社，2009：134．

由此可知，所谓金粟山藏经纸之名，实际上不止一种，犹如现在的许多印刷用纸名——如新闻纸、胶版纸、轻型纸一样，名称相近，质量相差甚多。而只有金粟寺所使用的写经纸才是顶级的。

（4）金粟山藏经纸系北宋优质纸，黄艳硬韧，犹不变色，用途亦广。如文人名士多喜用之书画装潢。此纸上皆有朱色印文“金粟山藏经纸”。明代董穀（gǔ）在《续澉（gǎn）水志》中说：“大悲阁内贮大藏经两函，万余卷也。其字卷卷相同，殆类一手所书，其纸幅幅有小红印曰‘金粟山藏经纸’。（纸上）间有元丰（1078—1085）年号，此乃五百年前之物也。其纸内外皆蜡，无纹理”。以后人们爱用它来装裱珍贵书画作为引首。这种纸的原料多用桑、麻，产地可能是安徽歙县，明代屠隆（1542—1605）在《纸墨笔砚笺·纸笺》中说：“今徽州歙县地名龙须者，纸出其间，光滑莹白可爱。有黄白经笺（即金粟笺），可揭开用之。”

由此可知，金粟纸有可能产自安徽，使用的原料是桑和麻，成纸的品质也不错。纸质厚重，经染黄涂蜡，表面莹润，隐约呈现斑纹，书写效果尤佳。故后人用它来作为装裱用纸，受到人们的喜爱。

综上所述，因为金粟山藏经纸是迎合皇上旨意，为刻印大藏经72卷尽心尽力；加上此纸的品质异乎寻常，寺内僧侣诵经之余，交口称赞。同时，对入庙朝拜、进香信客者大肆宣传，从而让众口皆颂。再经朝廷再三再四地表彰，从而使得金粟山藏经纸大大有名，让全国民众家喻户晓。从宋代直至明清，金粟纸之所以闻名于世的原因就十分清楚了。

顺便提一句，金粟寺自元代以后，开始衰落。明代万历中（1506年）寺院部分坍塌，后来被毁，屡建屡毁，又屡毁屡建。到了清代咸丰（1851—1874）年间，寺中大部分建筑被毁。抗日战争时期，又遭日寇严重破坏，所存房屋无几，令人惋惜。但有幸的是，到20世纪末，出现了新的转机。自改革开放以来，金粟寺的重建受到中国佛教协会和浙江省有关方面的关注和支持。据报道，2008年11月4日，社会各界人士，各方高僧大德云集海盐金粟寺旧址，参加为金粟建寺1761周年、赐名“广慧禅寺”1000周年暨修复奠基祈福的法会，大批善男信女纷至沓来，场面热烈壮观。相信在不久的将来，新建的雄伟殿堂定当成为佛教盛地、观光景点。

三、仿制金粟纸有何意义

金粟纸虽始造于宋代，并为后世所推崇。但至明代时，金粟笺的制作技术已经几乎失传，原因尚待进一步探讨。这种纸自宋代起与佛教的传播关系密切，佛荣皆荣，佛灭亦灭。不过，其应用后转向文化、书画方面，为墨客所欣赏，更为宫廷所重视。明代的一些著名书画家在创作时，也喜用藏经纸全幅着墨。清代张燕昌（1738—1814）称：“至国初，则查二瞻辈以零星条子装册，供善书者挥写，可知纸在彼时已不易得，宜今之绝迹于市肆，而仿造者且不佳也。”上海画家吴湖帆（1894—1968）藏有明代沈石田（即沈周，1427—1509）作《西山纪游图》长卷，以金粟纸画之（见《顾廷龙年谱》1941年6月5日）。吴氏还藏有明代王穀祥作《玉兰图》轴，图中钤小印为“金粟山藏经纸”。海盐县博物馆藏明代文徵明（1470—1559）画在金粟笺上的《枯木幽兰图》、苏州市博物馆藏文徵明书《和石田先生落花诗》，也是二例。上海博物馆藏明代祝允明书宋苏轼前后《赤壁赋》，为明代中期狂草书法的经典之作，其纸即用金粟山藏经纸书写。又北京故宫博物院藏明董其昌行书《宋之问诗》，纸上也有“金粟山藏经纸”的小印。这些是否为原藏或后仿的金粟笺（纸），还需要进一步研究确认。

在明、清代，文士们常以用金粟山藏经纸作书画的引首为荣。明代周嘉胄（1582—1658）《装潢志》中云：“余装卷以金粟笺（纸）、白芨糊，折边永不脱，极雅致”。清代乾隆时期，有人曾试图重新制作金粟纸，可是因昔日纸样一去不复返，人们终究无法再生产出货真价实的金粟纸。于是，宫廷内府多次派人去各地收集金粟山藏经纸，可惜收获不大。在清宫中原收藏有少许此种纸品，乾隆颇喜拿它来书写诗文，也用它来作装潢或引首。不久，宋纸存量日渐减少。乾隆皇帝便下令宫廷的官纸局仿制，从选料、抄纸、染潢、上蜡等，精工细作，不计成本，终于制出了精美的纸张。这种金粟笺仿品，呈浅玳瑁色，有淡色的圆斑，在每张纸上都盖有朱红色的“乾隆年仿金粟山藏经纸”的长方印章（图4-10）[①]。此纸专门用于抄写或印制佛经，并把清代仿制的取名清仿金粟山藏经纸（图4-11）。今北京故宫博物院、国家图书馆内还有收藏。

图4-10　清乾隆时期仿金粟山藏经纸放大图（局部）

图4-11　清仿金粟山藏经纸

仿造古纸在今天看来究竟有何实际意义，可以进一步加以讨论。但是，这与发掘、整理和研究中国传统文化有着十分密切的关系。从一粒砂土看大地，一滴清水视海洋，我们可以通过一件物品从诞生直到消亡的过程中找到种子、环境和生长的诸多因素，提取养分，引发

① 田洪生．纸鉴[M]．太原：山西古籍出版社，2004：86．

思考。有人认为，任何新文化，不论多么新，都是离不开本民族的原有文化基础，都是对传统文化或既有文化中某种成分的继承和放大。我们虽然不一定学明清代抄造“今仿金粟山藏经纸”，可是，认识一个古代名牌产品的影响和价值，对于现在的造纸工业及其生产，难道没有一点启示作用吗？

第五节 元书纸

元书纸（Yuan Shu Paper）系宋代纸名。在宋时兴起乃至历代各地生产的竹纸中，它是一个名牌产品。元书纸原呈米黄色，其纤维结构松软，帘纹明显，吸墨较强（图4-12）。元书纸那种有别于宣纸及其他手工纸所具有的特性以及独有的色泽，赢得了许多书画家以及书法爱好者们的欣赏和欢迎。

图4-12 元书纸外观

一、源流与特色

元书纸原称赤亭纸。此纸名称的由来，据传有两个说法：

一个说法是，北宋真宗赵恒年间（998—1022）每年的“元祭”

日（农历三个祭日，是分别指上元即正月十五、中元即七月十五、下元即十月十五），要选用一种纸来书写祭文。大臣们到浙江找到了赤亭纸，将其当作“御用文书纸”，后来，有人把“元祭”与“书写”中的各一个字，取名为元书纸。实际上是将赤亭纸改了一个名称[①]。

另一个说法是，南宋绍兴二十三年（1153年）小朝庭从汴京（今河南省开封）迁都到临安（今浙江省杭州）之后，苟且偷安，偏居江南一隅，大批达官富贾、文人学士涌进杭州，促进了经济、文化的畸形繁荣。杭州成为当时的政治、经济和文化中心，学子研读、刻印书籍之风兴盛，对纸张的需求量猛增。原来从江西、四川、福建等纸产区调运的成品，无法及时满足要求。在这种形势下，势必要向距杭州较近的地方求援。于是，便把用来起草文书、练习书法，富阳地区出产的竹纸叫作原书纸。而古时“原”与“元”两字通用。这种竹纸又被称为元书纸[②]。

这两种说法的理由到底哪一种比较准确？目前还不能决断。不过，由于宋时各地的竹纸生产技艺发展迅速，如同雨后春笋一般。要在众多竹纸品种中鹤立鸡群，并不简单，没有特色是难以支撑的。那么，浙江富阳的元书纸到底有些什么特点呢？

第一，元书纸的原料、水源、制造和成品都具有鲜明的特色。原料采用当年生的嫩毛竹。水源为富春江的清冽溪流，尤其是“冬水”，水质优良。而且加工精细，“其中优劣，半系人工，亦半赖水色，他处不能争也”。

第二，元书纸系毛笔书写用纸，它的纸质较薄，光滑细腻，帘纹清晰可见；入水易溶、浸水后纤维会散开；着墨后渗化较慢、久不变色。因不施胶，故纸的吸水性较佳。

第三，元书纸的用途广泛，在古代用于书画、写公文、制簿册等；中华人民共和国成立后，主要用作学生大楷簿、书写信函、裱装画轴等。此

---

① 刘仁庆．中国古纸谱[M]．北京：知识产权出版社，2009：162.

② 杨建新．富阳竹纸制作技艺[M]．杭州：浙江摄影出版社，2009：14-15.

外，还可作为上等包装衬纸。

第四，元书纸的纤维结构虽然比毛边纸疏松，纸面不及宣纸平整。但更重要的是它的价格比较低廉，使用方便，因而受到广大群众的欢迎。

二、制法与品种

前已述及，元书纸的传统制法，是采用嫩竹为原料。凡经过砍竹、晒竹、浸竹、沤料、发酵、蒸煮、洗料、打料、调料（添加黄色染料）、捞纸、压纸、晒纸、裁纸等多道工序制成。现在把从备料到成纸的主要工序，分述如下：

（1）砍伐（俗称碑青）：每年的农历“小满”（每年5月21日或22日）前后，毛笋开始脱壳成长为嫩竹，被称为青竹。此时应立即上山砍竹，把砍下的大捆青竹运到贮竹场。

（2）截断（俗称断青）：把青竹截成每段约2m的长度。

（3）削青（俗称削竹）：去青皮。把切断的青竹，放在专门的架子上，用弯刀刮去青竹的青皮。

（4）破竹（俗称拷白）：削去青皮的嫩竹叫作白坯（或“白筒”），将白坯在大石上甩打，使其破碎。不易打碎的竹节，再用铁锤在石墩上将其敲烂。大约100~150市斤为一捆，以便于浸入料塘。

（5）浸料：把成捆的白坯放入清水塘中，放松把捆的篾绳，夏季在水中浸泡4~5天。遇冬季，时间要延长几天，以把白坯里面的“苦水”浸出（水色变暗）为准。

（6）断料：从清水塘中把白坯捞出，洗净，砍成五段，每段长约40cm。将砍断的白坯用篾捆成约一尺直径的小捆，每捆重量约30市斤，一捆称之为“一叶”。然后，把它们送到腌料场。

（7）浸坯（又称灰料）：把石灰倒在“石灰塘”里，一般100市斤石灰加水40担，可浸泡灰料600叶（600×30=18000市斤）左右，石灰浆以能黏附在竹料上为度。用二齿耙把一叶一叶的白坯放在石灰浆池里左右旋转，务使石灰浆侵入料里，做到每块白坯都粘上石灰浆（否则，这批白坯会有半生半熟现象，成了废品），叫作灰料。然后，在石灰塘边堆置1~2天。

（8）装料（俗称入镬）：先解释一下“镬”（huò，大锅之意），又称纸镬、皮镬（当地土话），即手工纸生产中常用的蒸煮器、楻桶、甑锅等。把堆置后的白坯，竖直放入纸镬内，大约装至400~600叶（皮镬有大小、容积不相同），填满。加水浸没白坯，顶部用稻草或竹笠盖严，封闭起来。

（9）煮料（俗称烧镬）：在镬底烧火，日夜煮料。根据竹料老嫩，气候冷热，煮料时间有长有短，一般4~5天，锅内的水以烫手为度。灭火后闷几天方可出镬。

（10）出料（俗称出镬）：把煮熟的白料（由白坯蒸煮后而得）从皮镬中取出，去掉旧篾，抽上新篾捆好，浸入“漂滩”（清水塘）内，不要放在干燥地和太阳下曝晒，防止石灰质干结在竹料上。在5~15天以后出料。

（11）洗料（俗称翻滩）：把每叶白料用“料杈”（专门供翻滩之用）翻跌4~5下，用木勺舀清水冲洗，使翻跌后的石灰浆流出。白料堆放漂滩岸上，直到全部翻跌完毕。把漂滩里的石灰浆水扫洗干净，再把白料竖放，放时不能太紧。白料必须按原来的方向放，朝上的一头仍朝上，不能调来倒去。每天必须调换一次，封好出水口，放入清水。第二天再来重翻，翻6~7次，直到能使存余的石灰质除掉，白料上的石灰浆基本干净了（看白料颜色而定），就可以缚料。

（12）缚料：先把漂滩水放净，每叶白料用竹篾重新缚扎。在缚扎时，每叶白料应该均匀搭配，小的补入，大的抽出，软的放当中，硬的放外面。

（13）挑料：把重新捆扎好的白料，送到尿桶边上。

（14）淋尿：把每叶白料在尿桶（专门淋尿用、盛有纯净人尿）中浸一遍，进一步促使纤维软化（这一工序，应予改变）。

（15）堆蓬：把淋过尿的白料横放堆叠成蓬，以青干草垫底盖顶并围裹四周，或用尼龙薄膜，让其密封。堆置时间视气候寒暖而定，一般热天约7天，冷天为15天，让白料堆叠自然发酵。

（16）落塘：把堆蓬的白料一叶一叶地竖排于清水塘内，按排料高低而堆叠数层，引入清水浸泡10~15天，按气候冷热而定。直到水色逐渐由红变黑，说明白料已经成熟，再移至榨床挤干水分即可。

（17）挤水：利用榨床把白料中的水分挤干，此时，变白料为竹浆。竹浆中大约含有的剩余水分为12%。至此，竹浆制备全部完成。

（18）舂料（又称打浆）：对竹浆进行机械处理，使竹纤维被帚化。过去采用脚碓的办法，把竹浆舂成绒状的细料。

（19）检料：从石臼中取出细料，除去块状或束状浆疙瘩。把竹浆积成一团团的浆饼，备用。

（20）入槽匀浆（俗称木耙搅拌）：向捞纸槽内放入清水，依其容积之大小，数若干团浆饼投入。用木耙反复敲打、搅拌，使槽内的竹浆纤维分散均匀。

（21）去粗筋：在搅拌过程中，不时有粗大片（俗称粗筋）浮出，如果发现应及时剔除，使竹浆悬浮体更为纯清、干净。

（22）捞纸（俗称入帘抄提）：捞纸也叫抄纸。富阳抄竹纸的方法与《天工开物》中“造竹纸”的记载基本相同，只是技巧更加精致完善。首先把舂好的竹浆放入纸槽，和水搅拌，使其分散均匀，成为稀薄的浆液。抄纸工两手持帘床入槽（帘已放在帘架上），荡起浆液入于帘内，竹帘随手腕动作而前后左右自如晃动，帘上浆液平衡荡漾，使其厚薄均匀。继而帘床慢慢向前倾斜，则使多余的水浆由前沿晃出，帘上就沉淀一层薄的浆膜，这就是湿纸页。再将帘拎起，反扣到纸架板上，轻轻揭起竹帘，板上就留下一张湿纸页。如此一次一次抄放，到一定数量再压干成“纸帖”（多张湿纸叠合形成的长方形纸块，犹如一块大豆腐）。

（23）榨纸：把木架上的纸帖，移到压榨机上去，利用杠杆原理，榨去湿纸页中多余的水分。

（24）牵纸：可以借用手指甲或小镊子的帮助，把纸帖上粘在一起的湿纸页一张一张地分开、扯下来叫牵纸。也有的晒纸工用特别的木制、光滑、形似鹅头的“鹅榔头”，在纸筒上划几下，然后用食指和拇指摄住纸筒的右上角捻一捻，纸角微微卷几卷，后抹平，再用嘴巴鼓气一吹，使其一张一张分开，从右向左牵下来，用松毛刷快速刷之平实。牵下的湿纸立刻要送往下一道工序。

（25）晒纸：晒纸就是烘纸，也叫焙纸，有专用的烘房，又称火墙（俗称焙弄）。它是在室内中间用砖砌起一道夹墙，四面密封中间空一头留一洞烧火，另一头留一小洞使其通风。砖外用桐油石灰粉面，刷实使其坚硬，平整光洁，一头烧火使墙身受热，以贴纸烘晒。视火墙之温度高低，一般晒好一面就可按先后次序一张张揭下来，剔出破纸，晒完数好刀数。晒纸是一项细巧活，湿纸用力不当就会破。要求晒纸师傅运气吹纸，手指轻巧，干净利落，除了速度快外，纸要晒平整、堆放整齐，因此抄纸、晒纸技术颇有难度，都是从小就拜师学艺而成的。

（26）数纸：把干燥后的竹纸点数，按每刀200张（一般手工纸规定100张为一刀），每50刀用篾捆成一件，拿到磨纸房。

（27）磨纸：把捆成一件的竹纸，先用龙刨子四面刨平，再用磨石磨光，使其平整美观。每件纸捆的外观尺寸高低一样。

（28）盖印：捆扎好的竹纸，每件纸边盖上红色或蓝色大印，标明某地某人制造，如同现今的商标牌号。印章一经盖上，就有可能产生品牌效应，有利销售。

以上所说元书纸的传统工艺，是按当地造纸艺人口述而传承下来的，仅供参考。应当指出，在上述制造过程中的某个工段（操作），也不宜全部照抄照搬，要结合实际情况进行调整和改变。

本来，中国各地手工纸的制造工艺方法，多数是大同小异。只是按照因地制宜、因时制宜、因人制宜的“三原则”，在原料、工具、季节上有些差别而已。如果不突出其各自的特点，在实地调查中，不加分析，照样全收，记录在案那么其生产过程将会是“千篇一律”的，这就没有任何实际意义了。

富阳元书纸的生产工艺中，最突出的“人尿发酵制浆”和“荡帘打浪抄纸”两项，是全国各地竹纸产区所少见的。因为尿液中含有尿素和尿酸等嘌呤类化合物，能够脱去竹料中的硬性灰质，加快浆料发酵软化，而对纤维的损伤很小。不过，这种做法太原始、不卫生，不宜照搬使用。可以用尿素和尿酸等现代化学品来取代。所以对待传统应该有正确的认识，它不等于“墨守成规、一成不变”，而是“去伪存真、与时俱进”。当然，修正后的工艺条件还要进一步研究落实。

至于打浪抄纸时，由于执帘入槽后，浆液被荡起，前后左右晃动自如，致使湿纸层厚薄均匀，从而确保了成品的质量。这个工序的操作细则，应当好好地加以总结提高。

传统文化不是“仙丹”，它有好的方面，也有落后的东西。我们不能囿于以往的老观念，而要有当今新的诠释。光有传统文化并不能让中国走向现代化。还是要古今结合、中西结合，好的要继承，不好的要去掉，不能让那种“绝对化”的思维继续霸占我们的头脑。

元书纸的种类，按原料分为黄纸、白纸两类。黄纸除用嫩毛竹外，还掺有部分杂竹。白纸选料是60%石竹和40%嫩毛竹。按品质分为高级和普通两种，即六千元书和五千元书（纸）。前者品质稍高于后者。据《富阳县志》中载：“富阳各纸以大源之元书纸为上上佳品。”按用途分为文化用纸、祭祀用纸、生活用纸、包装用纸等。按规格分为大尺寸和小尺寸的，即19.3市寸×18.3市寸（64.3cm×61.0cm）和17.5市寸×16.5市寸（58.3cm×55.0cm）。现在浙江的富阳、萧山、余杭等地亦有少量生产。

新中国成立以后，又有人生产一种“改良元书（纸）”，它是以竹子、稻草为原料，按传统法制浆，手工捞纸、焙干。所得成纸的色泽微白，纸面平滑，吸水性好，利于书写，是一种新式的文化用纸（图4-13）。但是，它与原本元书纸已经拉开不小的距离了。

图4-13　改良元书纸

三、保存与前景

我国的传统手工纸，一方面经过长期积淀，其技艺已构成华夏文化的一个组成部分；另一方面由于近代多种原因，而使其面临失传的危险。例如，灵桥镇曾是浙江的“造纸之乡”，有着源远流长的造纸技艺，“一根竹子一张纸”的神奇手工造纸技术，产品曾畅销各地。前些年却濒临消亡的困境，灵桥人中懂得全套元书纸制作方法的只剩下几个人了；当地很少有年轻人愿意从事这个古老行业，抢救这项被列为国家级非物质文化遗产的传统手工造纸技术刻不容缓。如果任其自流，后果是不堪设想的。

要抢救一项非物质文化遗产，必须要按照国家的全面规划，上下齐动手，才能留下中华传统文化的根儿，使中华民族的文化如参天大树，枝繁叶茂，生气勃勃。2004年，我国加入联合国教科文组织《保护非物质文化遗产公约》。2005年，国务院办公厅下发《关于加强我国非物质文化遗产保护工作的意见》，国务院下发《关于加强文化遗产保护的通知》，明确了非物质文化遗产保护的方针和政策。近几年来，文化部按照“保护为主、抢救第一、合理利用、传承发展”的方针，已逐步建立起比较完备的有中国特色的非物质文化遗产的保护体系。

该体系中有对非物质文化遗产实行“生产性方式保护”①②，尤其值得重视。它是指通过生产、流通、销售等方式，将非物质文化遗产及其资源转化为生产力和产品，产生经济效益，促进相关产业发展，使非物质文化遗产在生产实践中得到保护，实现非物质文化遗产保护与经济协调发展的良性互动。这是一条可行、可信、可靠之路。不过，在落实过程中还会遇到各种各样的困难。但是，为保存中华民族的文化遗产必须勇敢地走下去。

我国手工纸的产地分散性大，据初步估计大概有1000处。如果希望每个产地都当作“非遗”保存起来，既没有必要，也没有可能。而必须组织有关部门、有关专家，经过层层筛选，把那些具有特色、又有代表性的手工纸产地、产户和传承人精心挑选出来，再分门别类地确定哪些实行生产性方式保护，力争要真正把中华民族的文化保护与传承下去，并使之发扬光大。

富阳造纸历史悠久，素称“土纸之乡”。富阳境内多山，毛竹资源丰富，目前有40万亩（2.67万km^2）竹山，存竹量在5 000多万株，一般每年能削竹1亿多斤。拥有制作竹纸厚实的原料基础。竹纸生产显著发展，以其“制作精良，品质精粹，光滑不蛀，洁白莹润”而被誉为“纸中上品”，名扬天下。以生产性方式保护传承纯竹浆元书纸制作技艺，成果显著，并使之成为特色文化品牌，做好手工技艺的保护与传承。生产性方式保护与传承手工元书纸制作，关键在于“手工技艺的保护”。

在浙江省富阳建立元书纸制作基地，应该说有充分的条件。

其一，元书纸是富阳的特产，生产历史悠久。光绪年间编出的《富阳县志》载：“竹纸出南乡，以毛竹、石竹二者为之，有元书纸……时元、中元、海放、段放、京放、京边、长边、鹿鸣、粗高、花笺、裱心等，名不胜举，为邑中生产第一大宗。总浙江郡各郡邑出

① 陶立播，樱井龙彦．非物质文化遗产学论集[M]．北京：学苑出版社，2006：101-104．
② 周和平．非物质文化遗产概论[M]．北京：经济出版社，2006：17-21．

纸，以富阳为最良。”

2008年9月，富阳在进行第三次全国文物普查时，发现一处古造纸作坊遗址，遗址总面积达22 000m²。其中出土的方砖上有“大中祥符二年九月二日记”铭文。大中祥符二年即公元1009年，这清楚地表明该造纸作坊最迟在北宋真宗时期就已存在了[①]。

其二，元书纸制作的核心取决于掌握传统造纸技师的人数。据初步调查，现今总共还有不同年龄段的83人（包括年老体弱多病者）[②]，他们是挖掘保护传承“非遗”元书纸制作技艺不可忽视的宝贵资源，也是以生产性方式保护传承元书纸制作技艺的主干力量。须知要形成具有一定规模的产业，没有技术力量作后盾是不行的。同时，还应该看到一方面这些技师的年事较高；另一方面他们的文化科技水平有限，要进一步提高元书纸的生产，还有一些意外的困难。因此，殷切希望政府与社会的有关部门要鼓励和动员一部分年轻人加入到整理“国宝”的队伍中去，为中华民族的文化复兴事业做出有益的贡献。

其三，任何纸张只要有人用，它才有价值。传统的元书纸，有人使用才会有真正的生命力。虽然我国的人口众多，用纸市场广阔，需求数量可观，但是，元书纸毕竟作为毛笔书法用纸，使用范围有限。只有“书法搭台，造纸唱戏”，进一步打响元书纸的名声。普及全民书法教育，大家热衷书法，元书纸的名气和销量日渐增长了，那么从事这项技术的年轻人也会多起来。只有这样，才能对“非遗”的元书纸进行有效的“生产性方式保护”。

① 屠悦，王颖．最大最古造纸遗址发掘记[N]．钱江晚报，2009-03-02．
② 鲍志华．富阳手工元书纸制作技艺的保护和传承[J]．浙江文化月刊，2009（7）25-27．

第六节
宝钞纸

一、演变过程

宝钞纸（Precious Paper）系元代纸名。它是宋代发行纸币——“交子”“会子”后的延伸，也是用于印制钞票的纸张的总称。据《宋史·食货志》载：“会子（纸）取于徽、池，续造于成都，又造于临安（杭州）。”北宋的纸币叫“交子”；南宋的纸币叫“会子”。印钞所用的纸起初来自安徽，后来用的是四川蜀纸，转去浙江则用的是桑皮纸。又据《元史·食货志》称：“以钞法屡变，随出而随坏，制纸之桑皮故纸皆取于民，至是又甚艰得，遂令计价。但征宝券通宝名曰桑皮故纸钱，谓可以免民输挽之劳，而省工物之费也。”由此可知，在元代以前的货币用纸具有两个特点：第一，用纸来自多个地区，原料不一；第二，钞票用纸与普通印刷用纸并无区别。到了元代，官府印刷纸币便统一使用了特制的桑皮纸，取名宝钞纸。由于是官府监造之纸，“工程务极精致，使人不能为伪者”，因此会提高宝钞纸的品质，并采取某些防止作伪印记，以确保纸币的价值。

在我国元代初期，即由当时朝廷下令发行了社会流通货币——“宝钞”（纸钞）。其缘起相传是元世祖忽必烈在大都（今北京）建立都城之时，曾经设想仿效宋朝以“铜制钱两”为主要的流通货币。但是，有大臣劝阻奏上：“铜钱，乃华夏阳明政权之用；吾等起于北方草原，属幽阴之地，不能和华夏阳明之区地相比，应该适用纸币。”忽必烈相信阴阳八卦之说，认为言之有理，便采纳这一建议。由此开始，元朝采用的货币是纸钞，而不再继续使用金银元宝和铜钱了。

忽必烈建立的元朝（1271—1368）结束了中国长期存在的南、北分裂局面，形成了强大的多民族的统一国家，这是他首要的政治成就。不过，元朝的统治集团以蒙古贵族为核心，他们实行的是种族歧视、等级政策，人为地把全国民众划分为四等（蒙古人、色目人、汉人、南人），分而治之，以达到统治目的。面对由“少数人”去统治“多数人”的状况，忽必烈懂得：只有保持汉民族原有的经济制度，恢复和发展经济，才能安定社会秩序；同时保证了国库充实，使新建的王朝得以巩固，他才能成为真正的统治者。所以在其当政后发布的诏书中说，国家以人为本，人以衣食为本，衣食以农桑为本，由此采取了一系列发展农耕经济的措施。首先是发展农业，建立管理农业的政府机构，指导、督促全国各地的农业生产，以“户口增，田野辟”作为考核、选用官吏的选才准则。此外，还重视手工业、商业和对外贸易的经营，采取以流通纸币的方式，发挥金融的杠杆作用。

元朝实行的纸币制度，也是中国古代史上纸币最盛行的时期。元代印制的纸币（钞票）由宫廷所造，纸的原料初有楮树、棉质等纤维，后改为把南方出产的桑树皮，运到京城加工成纸，然后再采用木质雕版刻印成纸钞。据意大利人马可·波罗（Marco Polo，1254—1324，他于1275年随父亲和叔叔起程来到中国，行居春秋17载）在《东方见闻录》（中译名改为《马可·波罗游记》）一书第24章中介绍[①]：汗八里（今北京）曾有一个“大汗”（按：蒙古语中的大汗是御名，意为众王之王）造币厂（兼造纸坊），它采用下列工序生产货

① 马可·波罗．马可·波罗游记[M]．陈开俊，戴树英，等，译．福州：福建科技出版社，1981：115-116.

（纸）币的技术，真可以说是具有炼金术士的秘密……他们将桑树（它的叶子可以养蚕）的树皮剥下，取出介于粗外皮与木质部之间的一层薄内皮。然后将它浸泡在水中，使其软化。再倒入石臼内，捣烂成糊状，用它最后抄成纸张……到加工完成能使用时，就裁切成一片片大小不一的货币，近似正方形，不过略长一点。

元代宝钞的形制、图案、花纹、印押等多仿效宋金纸币，幅面较大，长方形，一般长25~26cm，宽16~18cm，版面的四周是花边。上方从右到左印有“某某通行宝钞”，正中为数额，下方印有印钞的单位，职官名称，发行年、月、日及伪造者处死等警告语。钞上有蒙文、汉文，书法各异，版别很多。

元朝的纸币，还借助于经济和文化上的联系向外流传：往东流入到朝鲜半岛和日本；往南流到东南亚各国，如安南（今越南）、真腊（今柬埔寨）、暹罗（今泰国）；往西传到非洲和中欧的一些国家，如利比亚、埃及、马达加斯加、坦桑尼亚，以及君士坦丁堡、那不勒斯、罗马等。元世祖至元三十年（1293年），元朝派丞相孛罗到伊利汗国（今属阿富汗和伊朗东部等地区），帮助该国采用元朝的制钞法，发行了纸币，全境通行。在汗国各地还设有钞库，负责发行及缗（mín，铜钱）钞（纸币）兑换事务。伊利汗国的纸币发行制度和钞票形状，都是照搬中国元朝大都所制定的。

元朝曾先后发行过三种纸币：1260年的“中统（宝）钞”（图4-14），1287年的“至元（宝）钞”（图4-15），1350年的“至正（交）钞”（图4-16）。换言之，元朝印制的纸币主要经历了中统钞、至元钞、至正钞三个时期。这三个时期中币值最稳定的是中统钞；流通时间最长的是至元钞，前后超过了36年。至正钞则无从与前两者相提并论。

这三种纸币的面值是[1]：

(1)中统（宝）钞，分为10等：十文、二十文、三十文、五十文、

① 千家驹，郭彦岗．中国货币演变史[M]．上海：上海人民出版社，2005：145-146.

图4-14　中统钞

图4-15　至元钞

图4-16　至正钞（印板）

一百文、二百文、三百文、五百文和一贯、二贯。一贯就是一两，五十两为一锭。

（2）至元（宝）钞，分为11等：五文、十文、二十文、三十文、五十文、一百文、二百文、三百文、五百文及一贯、二贯。

（3）至正（交）钞，名曰新钞，一贯合旧钞二贯，一贯权钞一千文，并采用中统钞加盖至正交钞字样，官价贬值25倍，以应付残局。

值得指出的是：元朝在金融管理上发布了鲜明有力的措施。在至元二十四年（1287年）大量发行的“至元通行宝钞”，纸上盖有朱红色的官印，上边告示：不得拒用或伪造，否则朝廷杖以极刑。还规定“钞”（宝钞）是本朝唯一的合法货币，金、银和铜钱禁止流通。并且还制定了《至元宝钞通行条例》，其中详细规定了纸币的制作、发行、流通等事项，以及对伪造者的处理办法。例如，伪造纸币是以伪造纸币的数量、规模来定罪轻重的。从受刑时间、罚没财产数量直至死刑都有明确的规定，这些都使元朝的纸币制度走向了成熟和完善，对我国古代纸币制度的进展也有推动作用。

元朝发行和流通的纸币，最大的特点是长期性和广泛性。元朝的版图，包括四大汗国在内，领域横跨欧亚，由于纸币本身轻便，携带之便可“北逾阳山，西极流沙，东尽辽东，南越海表”。这样使得当时的欧洲人觉得纳闷、不可思议。在《马可·波罗游记》中还写道：

“纸币流通于大汗所属领域的各个地方，没有人敢冒着生命危险拒绝支付使用……用这些纸币，可以买卖任何东西。同样可以持纸币换取金条”。他还惊奇地说：“可以断言，大汗对财富的支配权，比任何君主都来得广泛。”

但是，此后元朝被“胜利”冲昏了头脑，肆无忌惮地大量发行纸币，完全不计其负面效果。元顺帝至正十一年（1351年）时开始流通的至正钞，与此同时还发行少量的“至正之宝”铜钱，来配合发行纸钞。这种新钞一贯权抵铜钱一千枚，是以前的至元钞的两倍。过去的纸钞或以丝为本，或以金银为本，而这种至正钞却是以纸为母（本），铜钱为子（发行量极少），本末倒置。大量印刷纸钞的结果是使物价上涨10倍以上，民众不愿使用纸钞，以至于有人用纸币糊墙铺地，至正钞最后形同废纸。元朝政府自始至终顽固地以政府采用强制的方式，发行不兑换纸币为其基本的货币政策。后来，“大汗”每年制造和发行的纸币，甚至达到“每日印造不可计数”的程度。其后果必然是使纸币贬值，给经济发展带来了严重的恶果，导致纸币制度的全面崩溃。

二、社会影响

自忽必烈于1271年定都大都起，直到1367年被朱元璋攻占元大都，元顺帝逃亡蒙古草原止，元朝执政的时间大约有96年（如从1263年定都上都计算，则为104年）。与唐宋朝的两三百年相比，时间是少了许多。可是，在这近百年的时光里，元朝的国土空前扩大，北至西伯利亚，南至南海诸岛，东北到鄂霍次克海，西北达到新疆、中亚地区以及今天的西藏、云南、台湾及其他南海部分岛屿等，还有锡金、不丹、克什米尔东半部、缅甸、泰国北部、老挝、朝鲜东北部等，都在元朝统治范围之内，是我国历史上最大的版图，今天中国的疆域在元代时基本上定下了轮廓。那时的国土面积估算已超过2 200万平方公里，是当时世界上疆域最庞大、实力最强大的国家（图4-17）。

元朝在经济上实行了开放政策，积极鼓励并参与同世界各国的贸易往来。元朝口岸极其繁华，无论是规模还是数量均远远超过两宋时期。当时的“刺桐港”（今福建省泉州）就是与北非埃及的亚历山大港并列为世界的两大港口之一。至今屹立在泉州海岸的六胜塔，即为当年引导航船进出的灯塔遗迹。当时的刺桐港港口里船舶相连一片，大宗货物堆积如山。在元朝的经济政策鼓舞之下，阿拉伯、波斯与印度等地的香料、药材等物质大批运至中国；而中国著名的丝绸、瓷器亦大批漂洋渡海，远赴欧洲。商贸需要货币交换，物资需要金融交流。

在经济蓬勃发展的大好形势下，社会趋于稳定平安，民众生活逐日向上（不排斥隐藏在后边的社会矛盾和危机）。元朝的宗教信仰比较自由，佛教、道教、伊斯兰教、基督教、犹太教都有所发展，其中尤以藏传佛教（喇嘛教）更盛。元朝的科学技术及文化艺术等取得了可喜的成绩，元朝时中国南方棉花种植技术有了质的飞跃，并带动了纺织业发展，黄道婆等对改进与发明棉纺织技术做出了巨大贡献。元朝的戏剧空前繁荣，有《西厢记》《窦娥冤》等一大批影响深远的作品相继问世。而“元曲”则成为与“唐诗”“宋词”并称的中华优秀文学遗产之一。中国人使用阿拉伯数字是从元朝开始的。这些奇妙的数字是元朝时期来华穆斯林转手赠与我们的礼物。

今日的北京，是在元大都的基础上建立起来的。就建筑学而言，元大都（今北京）堪称享誉中、外的建筑学的艺术瑰宝。主持设计与参与的建设者，包括一大批当年著名的专家学者和能工巧匠。可以毫不夸张地说，元大都是中华民族优秀的传统文化与聪颖智慧的完美结晶。元大都从1267年开工兴建到1285年建成，历时18载。她早已成为全中国的政治、文化、商业和交通中心。

这一切都与金融事业和经济管理密不可分的。尤其是货币的协调作用，使得元朝的经济生活获得了空前的繁荣。元代的纸币究竟是如何流通的呢？在《马可·波罗游记》第2卷中，以“大汗发行的一种纸币通行全国”为标题，首次向西方披露了中国纸币的制造秘密。其内容十分详细，包括有：（1）纸币的材料：“此币用树皮作之，树即蚕食其叶作丝之桑树”。“用水浸之，然后捣之成泥，制以为纸，与棉纸无异，唯其色纯黑”。（2）纸币的形制：把上述桑皮纸“裁作长方形，其式大小不等”。其上“有不少专任此事之官吏署名盖章”，然后“诸官之长复盖用朱色帝玺，至是纸币取得一种正式价值”。（3）纸币的法令（推行使用）：“制造此种纸币之后，用之作一切给付。凡州郡国土及君主所辖之地莫不通行”；“所有军饷皆用此种货币给付，其价如同金钱”；“此种纸币制造之法极为严重，伪造者处极刑（斩首）”。

关于元朝的宝钞价值，马可·波罗曾用威尼斯银币（Venetions Silvergroat）与元代纸币互相进行换算。威尼斯银币有二个、五个和十个的面值，二个银币折换为一个金币。一个银币可兑换80个贝壳，一个金币可换得40~60小块盐巴。他指出：1枚威尼斯银币可以相当于（兑换）元代纸币若干（比率依地区不一），可以买山西农村的野鸡3只，或者买苏州市场的生姜40磅，或者买杭州集市的1对鹅和2对鸭，或者买福州的药材姜8磅、福建的德化瓷杯8只①，等等。由此可知，元朝纸币可以和欧洲货币互相换算，并且具有较高的购买力。

三、历史教训

从宋代开始，原本印发纸币纯属民间的“自发行为”，对纸张没有特别的要求，直到朝廷（官方）接手印制纸币时，因涉及伪造等破

① 马可·波罗．马可·波罗游记[M]．梁生智，译．北京：中国文史出版社，1998：138-139，156-157，165-167，199，202，215，219．

坏活动，故决定使用统一抄造——并取名为宝钞纸，可以视为今天钞票纸的前身。不过，由于元代的造纸技术仍秉承宋朝的“老一套”方式，对宝钞纸的抄造没有进行改进，未能提高其加工水平。因此，世间对纸币也不够重视，甚至还有反对的声音。那些反对发行纸币的人士曾经预言：“楮（纸之代称）币久远必败”，这话虽然说得有些“过头”，不过令人遗憾的是，这话最终却应验兑现了。

首先，当初宋代发行的纸币，开始它只是能兑换铁钱，到南宋孝宗时才正式兑换铜钱。铜钱是用铜作的，铜的价值不低。若将1斤铜钱熔化制成铜器，拿到市场上能卖比1斤铜钱高出好几倍的价钱。而纸币的纸本身是不值几文钱的。出于这种考虑，后来朝廷的收税官就不乐意收纸币，百姓缴税时非缴铜钱不可。这样就直接动摇了纸币原有的金融地位。

其次，当时没有银行，发行纸币的数量完全由朝廷决定，不受其他制约。当国库出现了亏空，就多印纸币。造成纸币贬值，贬了值的票子又重新流回国库，造成财政的实际减收。为了弥补财政亏空，就再多印……以后形成恶性循环。如此这般，国家经济秩序越来越混乱。通货膨胀日益严重，纸币如同废纸被人们抛弃。同时也激化阶级矛盾和民族矛盾。

再次，由于统治集团的贪婪、腐朽和堕落，对有“经济血液”之称的纸币，不改进它的原纸品质和印制技术，不采取严厉打击、防止民间伪造纸币的措施，不确保钞票的流通和信誉。只在票面上加盖官府印鉴，就以为万事大吉了。所以，当元朝末年红巾军起义时，正如民间流传的元曲“醉太平小令”这么唱道：

“堂堂大元，奸佞专权，开河变钞祸根源。

惹红巾万千。官法滥，刑法重，黎民怨。

人吃人，钞买钞，何曾见？

贼做官，官做贼，混愚贤，哀哉可怜！”

最后，随着元朝的灭亡，纸币制度也全面瓦解，民间又恢复到了旧有的“以物易物”和“铜钱支付”的年代。元朝发行纸币的历史教训证明：即使曾以发行纸币推动了经济的发展，即使有完备的发行体系，即使《宝钞通行条例》规定得如何完美，如果执法不力，也形同一纸空文。发行纸币切忌过多，否则就会陷入通货膨胀的泥潭。还有，不稳定物价、不平衡贫富、不协调收支、不限制钞量，终究逃脱不了纸币流通规律的严厉惩罚。

哲学家说历史是一面镜子。镜子的作用是使人们认识自我。当我们面庞虚肿得必须要照镜子时，复习元朝的一段历史可以矫枉而不过正。使用纸币最早、最广、最多的中国，到了明朝后期和清朝前期，却再也找不到纸币，宝钞纸只留下一个“空名”，从此纸币在中国封建社会晚期也几乎消失得无影无踪了。

第七节
明仁殿纸

明仁殿纸（Ming Ren Palace Paper）是元代纸名。这种纸是以元朝“两个首都”（元上都、元大都）内的一个宫殿的名字来命名的。根据元代陶宗仪（1316—1396）撰写的《辍耕录》中介绍，明仁殿又名西暖殿，在皇帝寝宫以西，是皇帝阅校奏章之场所。又据明代肖洵（此人在明朝洪武年间——即1368至1398年任工部郎中之职，曾亲自到过元故宫的明仁殿）撰写的《故宫遗录》中载：“自西瀛泺洲西便渡飞桥，沿红墙而西，则有明仁殿”。此宫殿在明初尚存，不久因故毁灭，至清代未再重建。元朝时，大都内府设有专门的“造纸坊”，将贡纸或加工后专供皇帝使用的纸都存于此殿内，故借殿名为纸名。这种纸以优质皮纸加染成黄色或其他颜色，纸的两面涂蜡、砑光，最后在正面用泥金描绘如意云纹。纸的右角下钤有明仁殿纸的小长方印。这类专供皇宫内使用的纸（宫廷纸）都要经过艺术加工以显示皇室的气派。可惜，我们现在无法找到元代明仁殿纸的原纸纸样，眼下能见到的都是清朝的仿制品。

在简单说明了明仁殿纸的来由以后，现就要讨论有关这种纸的制作、品质和使用等方面的问题。但是，为了能够更深入地探求明仁殿纸诞生的原因，必须首先要弄清楚它与宫廷文化有些什么关系。其次还要了解该纸与当时的经济、文化、技术环境之间的联系。最后归结研究明仁殿纸的历史意义。

一、宫廷文化及内容

任何一个地域或国家的文明大体上可以分为三个部分，即上层、中层和下层等文化层次。就世界范围而言，中华文化、欧洲文化、伊斯兰文化等文化彼此之间是有很大差别的。中华文化是由宫廷文化（又称皇家文化）、官绅文化（又称文人文化）和平民文化（又称民间文化）三部分组成的[①]。其中以宫廷文化代表当时生产技艺、人文意识的最高水平。在中国老百姓的心目中，皇帝使用的一切肯定都是最好的东西，纸张也不例外，那么明仁殿纸就是其中之一。

宫廷文化的核心是宣扬帝王思想，从都城建设到典章制度的制定，再到文学艺术，无不体现着帝王至尊的政治内涵。同时，宫廷文化又是不同民族文化特别是北方少数民族的礼俗与有着深厚历史底蕴的汉族文化相互影响、逐步融合的结晶。其基本特征主要包括皇权至上、敬天法祖、专制独裁、奢侈腐化、兼收并蓄、包罗宏富等。而围绕以皇帝为内圈、贵族为外圈的中心，就是宫廷文化的辐射源。

中国的宫廷文化起源于农耕文化，因为中国的贵族大多数都来自封建皇帝的家系，以及与皇帝家系有关联的皇亲国戚。所以，中国的贵族从诞生之日起，就有着强烈的依赖性。依赖于与皇帝的特殊关系，依赖于对皇帝家族做出的特殊贡献。有了依赖性，就有了腐朽性，人们称他们为纨绔子弟，膏粱子弟。“纨绔”这个词，指的是富贵人家的子弟穿的丝绸做成的裤子，泛指华美的衣着。也就是说，“纨绔子弟”泛指穿着华贵的人。“膏粱”这个词，指的是肥肉和细

① 龚斌．宫廷文化[M]．沈阳：辽宁教育出版社，1993：14-18．

粮，泛指美味的饭菜。“膏粱子弟”泛指吃得好的人。一个讲穿，一个讲吃，中国人用这两个词语来概括贵族子弟，可见中国人对贵族是否定的，因此“贵族”在中国是贬义词。贵族不但在吃穿上十分奢侈，在用玩上也挥霍无度。所以，推知明仁殿纸绝对不是普通纸张，而是一种高级的艺术加工纸。

中国的皇帝以及其奴才——贵族，从本质上讲都是寄生阶层，他们之所以居于社会上层，并非他们本人有特殊的才能和特殊的贡献，他们的智能和才干或许是在社会平均“等高线”以下。他们完全凭借特殊的关系成为雄踞社会或国家的“人上人”。而这一群人组成的“利益集团”，就成为宫廷文化的根基。贵族乃至皇帝所享用的任何物品，自然与众不同，当然是最高级的，用纸也精益求精。因此，在皇宫里设置专门的机构（如造纸坊等）就有了必要和可能了。而制作的工匠们，在双重压力下全力以赴地做出最优质的产品。

二、明仁殿到底有多大

中国皇宫里帝王奢华的生活是现代人无法想象出来的。先就从元朝建立的两个都城说起，一个是元“上都”；另一个是元“大都”（据文献记载得知，元朝原有“三都”（除上都、大都外，还有公元1308年曾在张家口地区建有宫阙的元“中都”，后因故该都城被废弃。但又有一说，金代的中都即后来被元代改称为大都。说法不一，立此存疑）。公元1251年，36岁的忽必烈受命总领军国庶事，在金莲州建桓州（今黑城子）成立“金莲川幕府”。忽必烈（1215—1294）即元世祖（图4-18），为成吉思汗之孙，蒙哥大汗之弟。1256年，他在此地选址建城，改名为开平府，三年后城廓建毕。1260年3月，忽必烈在开平召集开会，被推举登上皇位，开平府成为临时首都。中统四年（1263年）开平府升为“上都”，同年建立了上都路总管府。

图4-18　元世祖忽必烈画像

上都城是由忽必烈的汉族谋士、元代邢州（今河北邢台）人刘秉忠（1216—1274）主执设计建造的，主要体现了汉族传统的城市布局，也兼顾蒙古游牧生活的习俗。它是一座富有特色的草原城市。上都城建筑雄伟，大气磅礴，全城呈正方形，边长2 200米，由宫城、皇城、外城组成。皇城的大安阁是上都的主要宫殿，是皇帝登殿议政之所。此外，还有水晶殿、洪禧殿、五花殿、明仁殿等多处建筑物。这里所说的阁、殿实际上是指不同面积的大堂和小厅（房间）。元上都城从1256年始建，到1368年毁于元末战争，一共存在了112年。

根据元文宗至顺元年（1330年）时户部的统计，上都城不包括诸王属下户籍，直接归大汗管理的有41 062户，118 191人。《马可·波罗游记》一书中记载有对上都的描写[①]："终抵一城，名曰上都，今在位大汗之师建也。内有大理石宫殿，甚美。其房屋皆涂金，工巧之极，技术之佳，建筑之美，足以娱人心目，豪华壮观令人叹为观止"。由此可见，当年上都的人口众多、建设宏伟，其繁华与富庶的景况是有目共睹的。现之所以要从头开始介绍元代的宫廷建筑，其主要目的是为了引出明仁殿。在上都的时候，明仁殿只是一处小小的宫房，没有引起人们的注意，它早已成为历史的记忆了。只有在大都新址建起的明仁殿，才与现讨论的题目有关系。

到了1264年5月，忽必烈把元代初期设立的燕京（曾称中都）行省，设为新都，并同年改称大都，实行两都制：诏开平府为上都，燕京为大都。每年4月，元朝皇帝便到上都，9月秋凉返回大都，皇帝在

① 马可·波罗. 马可·波罗游记[M]. 梁生智，译. 北京：中国文史出版社，1998：92-93.

上都的时间长达半年之久。元大都大内宫殿的设计者也是刘秉忠[1]，基本是按照上都时采用的对称原则建造的。如大明殿左右的文思殿和紫檀殿对称，延春阁左右的慈福殿和明仁殿对称。外朝和内廷南北向的鼓楼和钟楼对称，等等。这种对称的建筑布局，易给人以庄严宏伟的感受，令人敬畏之心油然而生。上都、大都的兴建，体现了元朝政治、军事、经济、文化的需要。上都反映了元朝廷的根基，草原本土。大都更多的彰显了元朝廷的强大，威震四方。两都都显现了中华大一统的多元共荣，游牧文明与农耕文明的融和统一。

元大都平面布局基本上是一个正方形，面积约50平方公里。城墙为夯土筑造，有城门11座。皇城位于外城南部中央，为扁长方形。城中部有南北纵贯的太液池（今北海、中南海）和积水潭，西部是兴盛宫、隆福宫、太子宫组成的宫殿群。宫中前朝大明殿（今故宫后三殿）、后朝延春阁（今景山公园），采用宋元时通行的“工”字形台基。南墙外有金水河，宫殿分南北两部分，南部正朝为大明殿（正殿），东有紫檀殿，西有文思殿，北有宝云殿。北部常朝以延春阁为主殿，东有慈福殿，西有明仁殿，各殿之间有柱廊相连。向北端另有御苑区（延春阁）、鼓楼、钟楼等（图4-19）。

延春阁是大内中最高的建筑，比大明殿还要高出10尺，其顶为拱形攒顶，中盘金龙，四周皆为金珠琐窗，窗外环以周廊，凭栏远眺，至为雄杰。延春阁阁后为柱廊，广15尺，长140尺，高50尺；柱廊北接后寝宫，东西140尺，深、高各75尺，亦成“工”字形格局。延春阁寝宫东有慈福殿，又称东暖殿，东西35尺，深72尺；西曰明仁殿，又称西暖殿，规制与慈福殿相同[2]。换言之，明仁殿的面积是35 × 72=2 520平方尺，宋元代一尺等于现长30.72厘米[3]，约合238平方米，在这么大的地方，对于仓储、加工纸张而言是可行的。

① 蔡美彪. 中国历史大辞典（辽夏金元史）[M]. 上海：辞书出版社，1986：181-182.

② 潘谷西. 中国古代建筑史：第四卷元明建筑[M]. 北京：中国建筑工业出版社，2001：98，100-101.

③ 矩斋. 古尺考[J]. 北京文物，1957（3）：25-26.

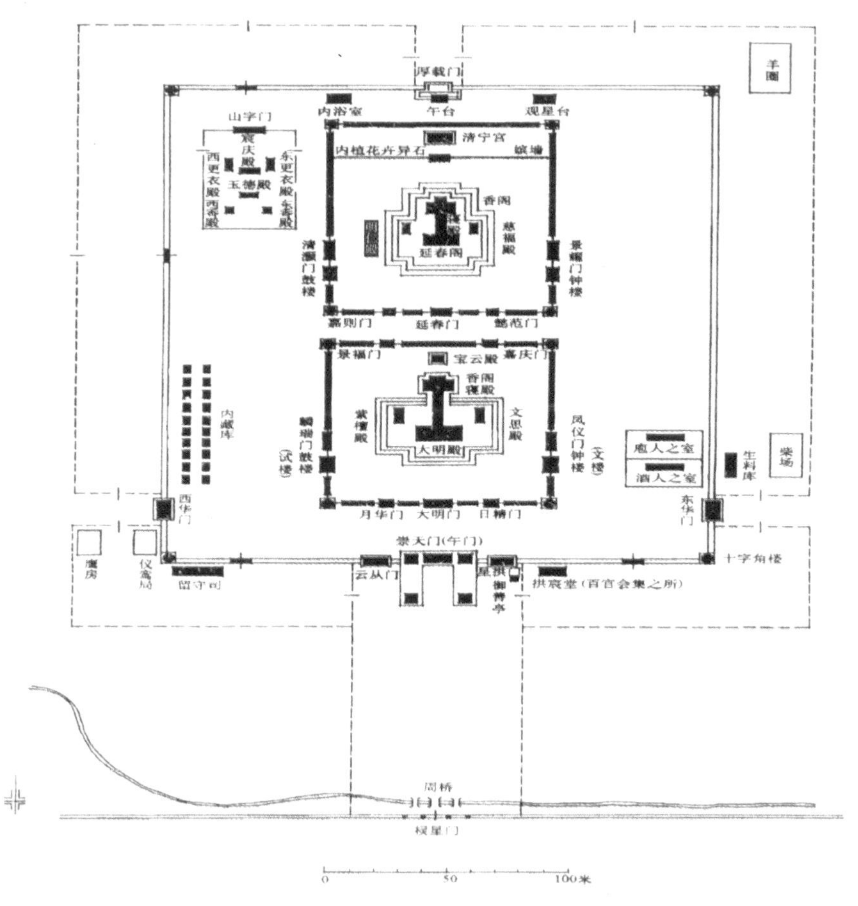

图4—19　元大都皇城平面示意图

在了解了明仁殿之后，我们再看一下元朝的统治者对汉文化的态度和考虑。从忽必烈建立大元帝国算起，元朝的时间是97年，先后继帝位的有11个皇帝。其中对政治、军事、经济、文化有较重大建树的只有5位，他们是元世祖忽必烈（1215—1294），在位35年。史载其文治武功，连年胜战。他对汉文化颇有兴趣，御用汉儒，当仁举用。元成宗铁穆耳（1265—1307），在位13年。他减税抚民，整理汉律。元仁宗爱育黎拔力八达（1285—1320），在位9年。他提倡儒学，力行科举。元文宗图帖睦尔（1340—1332），在位5年。他延揽名儒，讲授儒学。元惠宗妥懽帖睦尔（1320—1370），在位35年。他简除繁苛，始定新律，恢复科举，主持编撰宋金辽三史。他1333年就帝位，1368年出逃，1370年病死。明太祖朱元璋因其“知顺关命，退避而去”，加号顺帝，故又称元顺帝。

虽然我们从上述几个皇帝的生平经历和简单介绍中没有找到他们与纸张之间的直接关系。但是，仅就在其统治下对儒学的推行，与文化、与纸张不可能没有任何联系。因此，从“上都”的小明仁殿到“大都”新建的大明仁殿，不论面积大小、重视程度都让人刮目相看。我们有理由推论：正是因为奉承皇帝的旨意，在内宫开辟一处明仁殿来加工高级纸张——被命名为明仁殿纸，才有可能为典籍所记载和后世所关注，也使它不至于名落孙山，被历史遗忘而消失了。

顺带提及的是，元代的御用高级加工纸——除了明仁殿纸之外，还有一种名为“端本堂纸”，是皇帝给他的儿子们订制的纸张。端本堂是元朝大都内（太子宫）的另一个宫殿的名称，是皇太子学习的场所，又是存贮文房用品之地（该殿的面积不详）。堂内堆放大量纸张，品质特优，供其使用。元代陶宗仪撰写的《辍耕录》中曾记述：明仁殿纸与端本堂纸略同，上有泥金隶书“明仁殿”之字印。又据该书记载，端本堂是太子读书的地方；明仁殿是皇帝看书、阅奏本的地方，端本堂纸与明仁殿纸的制式大体相同。这两种纸专供宫廷内府使用，只不过明仁殿纸只供皇帝使用，端本堂纸则只供皇太子使用。这两种纸主要用于奖赏、写字、抄书，皇帝有时还用明仁殿纸写诏颁赐给有功大臣。

明仁殿纸的原貌是什么样子？它的初期原料是什么？采取何种工艺制造？在元代和其后的史籍中，都找不到任何详细一点的记录？这究竟是怎么一回事？让人困惑不解。

三、两个问题的探究

在本课题的研究过程中，有两个问题值得讨论：

（1）对明仁殿纸无存的推想

历史上曾经有过这样的事情，比如在南唐小朝廷被消灭后，宋朝初年在宫内仍然还有大量遗存的澄心堂纸。一些文人得到它，兴奋异常，作诗填词，倍加称赞。可是，元朝灭亡之后，明仁殿纸却只知其名，不见其物。据有关资料介绍，坊间或大中型博物馆均无收藏此纸（只有清仿明仁殿纸），这是出于什么原因造成的呢？

笔者认为：主要原因可能有三点：

第一，明仁殿纸生产的数量原本不多，加工一张明仁殿纸，就好像制作一幅艺术品那样，费工、费时、成本高，仅限于皇帝和太子们使用。皇帝奖赏给元朝大臣的明仁殿纸或用该纸写的赐品、赏状，数量也很有限。

第二，元朝的末代皇帝（惠宗），在面临朱元璋率领的起义军“兵临城下”、从大都仓促出逃之前，出于心怀复杂的情感和极端的忿恨，下令把原存放在宫里的明仁殿纸、端本堂纸统统烧毁，不许片纸留存。这个可恶的指令和行为，可能是导致这两种名纸从世间彻底消失的主要原因。

第三，元朝的王公大臣们多数信仰喇嘛教（藏传佛教），内心藏有帝王之物不许泄漏民间等世袭思想，而且即使有极少保留下来的明仁殿纸，也因害怕暴露而密不示人，经不起久传而损坏毁掉。

“一少二烧三害怕”，竟使后人再也很难找到元代制造的明仁殿纸和端本堂纸，更谈不上识别它们的“庐山真面目”了。

（2）对清仿明仁殿纸的简介

前已述及，明仁殿纸是元代一种御用的高级加工纸，它原是以宋代金粟笺为样板（模式）发展而制成的。在元代仅限于宫廷使用，民间知之不多。到了明清（朝）时期，有一个共同点是大量仿制历代名纸，如仿唐薛涛笺、仿宋澄心堂纸，仿元明仁殿纸等。于是，就使即将失传的一些名纸，有了一次“起死复生”的机会。

清朝——尤其是乾隆年间，皇帝弘历对汉学的兴趣极大，命令大臣调查全国各地，遍访名纸并加以仿制，其中就有“清仿明仁殿纸”，准确地说就是乾隆年仿造的明仁殿纸。这种仿制品是黄色（或浅红色）的粉蜡笺纸，以桑皮为原料，两面都用黄粉加蜡，纸上用泥金绘如意云纹，纸厚，表面润滑，纸质匀细，纸背洒以金片。纸的正面右下角有两行阳文：“乾隆年仿明仁殿纸”八个字（隶书）朱印（图4-20）。此纸制作精良，质地敦厚，为内府库贡品，造价极高，为宫廷御用。它的质地和工艺都具有很高的水平，反映了当时造纸术的精湛技艺已经达到了顶尖程度。但是，清朝仿制元代明仁殿纸的根据是什么？却无从知晓，也没有文献来说明。

图4-20　乾隆年仿造的明仁殿纸（局部）

不过，现存北京故宫博物院的“泥金如意云纹销金黄色粉蜡笺”等纸品，是清仿明仁殿纸的实物之一。清代人阮元（1764—1849）在《石渠随笔》书中称：“乾隆年亦有仿明仁殿纸，亦用金字印。”该院收藏有乾隆年间的一种仿明仁殿纸，据称是按原纸制形仿造的。其原料仍为桑皮，此纸两面以黄色粉加蜡，系大幅面（121厘米×53厘米，厚约6毫米），可揭分为3~4层，纸上多用泥金画以图案，被称为“描金如意云黄色粉蜡笺”①。这种仿制品的加工技术，并无太大变化。据说，清代乾隆皇帝喜用此纸写字，还用此纸印《般若波罗蜜多心经》。有些内府的名画也用此仿明仁殿纸做“引首”（这是中国装裱业的专用名词之一，它是指在手卷的前端用来题写手卷名称和内容

① 王诗文．中国传统手工纸事典[M]．台北：树火纪念纸文化基金会，2001：41．

的一块纸，一般使用洒金宣纸或其他高级加工纸类），北京故宫博物院可能尚有少量保存。

历史是过去的一页，历史真实是一种很脆弱的形态。从传统意义上讲，历史是人类生活的痕迹。但是，历史自身又具备某种“隐消”（不是本真，而是假象）作用。这种隐消作用的产生，不仅有人为的影响因素，还包括风云覆雨、时势易转等多种诱发原因。因此，“历史重现谈何易”，有些历史问题是很难做出明确的结论的。曾经风行一时的明仁殿纸等纸品，除了留下寥寥数语的记载外，我们还能知道什么？！

人类文明呈现阶段性不停顿地发展，在每个时代都有可能绽放出不同寻常的光辉。13世纪前后，在亚欧大陆刮起的“蒙古旋风”，震撼了整个世界。人类的古文明也经过漫长的探索，又走上了一个新的发展阶段。元朝的时光虽不长，但一个强大、统一、开放的元帝国的崛起，使得游牧文化与农耕文化，东方文化与西方文化有了空前广阔的交流与发展。那么在用纸方面（如明仁殿纸、端本堂纸）起码告示人们：任何一个事物的兴起与存亡，都是有理由的，不以人们的主观意志来偏离、转移或变形，历史可以作证！

第八节
白鹿纸及白鹿宣

一、引言

首先要说明一下，白鹿、白鹿纸、白鹿宣（纸），这三个名词是不同的概念。关于白鹿，此系多意词，在我国古代，它有几种表意：第一是动物名，即白色的鹿。古时候，人对白色的鹿没有正确的科学认识和解释，误以为它是一种“神鹿”，现在我们知道其实它是一种变异体。但仍给予它“吉祥物”荣誉，赋予 “祥瑞”之意。第二是鹿与福禄寿的“禄”字近为谐音，是我们这个民族的生存向往。第三是代表一个地区、一个部落、一个家庭的姓氏符号。例如，现代陕西作家陈忠实写的长篇小说《白鹿原》，就是讲的这方面的历史故事。第四是假借为纸张的名称。因此，对“白鹿”一词千万不要顾名思义，如果仅仅把它只理解为是一种动物名，非也。

关于白鹿纸（White Deer Paper），有多个说法，其中之一是它起于元代，原名白箓。早年系供道教创始人、东汉人张天师（张陵）写符敕、拜祭祀的专用纸。最早的产地是江西，该地为道教圣地，又有著名的制作竹纸的铅山县。为了宣扬道义，自设纸坊造纸，取名白箓纸（又易名为白鹿纸、白露纸、白乐纸）。后来，因元代的书画家赵孟頫（1254—1322，字松雪）、鲜于枢（1257—1302）等人用来写字作画，在捉笔之余，议论玩味，一致认为“以箓不疋（yǎ）”、又嫌弃“箓”字不吉（利）。但是，又因看到抄纸帘上仿佛显有形态各异的鹿图，或纸面有隐约可见的鹿纹，便更名为白鹿纸。这个意见是后世的一个推论，可供参考。

关于白鹿宣（White Deer Xuan Paper），则是到了明清代，不知为何因产地由江西转移到了皖南，成为当地增添的新纸种。与此同时，改换原料（不用嫩竹，而选用青檀皮），扩大尺寸，改抄为白鹿宣，作为上奉朝廷的贡纸。从此以后，白鹿宣成为宣纸中著名的品种之一了。

二、白鹿纸的制造

根据元代孔克齐（又名孔齐，1367年前后在世，生卒年不详）《至正直记》（又称《静斋类稿》）一书中的记载：“世传白鹿乃龙虎山写箓之纸也。有碧，黄，白三品，白者莹泽光净可爱，且坚韧胜西江（按：泛指江西境内沿此江流域）之纸。”这说明：第一，白鹿纸的最早产地原在江西贵溪县的龙虎山[①]。龙虎山原名云锦山，位于今天江西省鹰潭市西南20km处贵溪县境内，群峰绵延数十里。为象山（应天山）一支脉西行所致，山尤如龙盘虎踞。传说东汉中叶，张陵曾在此炼丹，“丹成而龙虎现，山因得名”。据道教典籍记载，张陵的第四代孙张盛在三国或西晋时已赴龙虎山定居，此后张陵的后裔世居龙虎山。推测张天师的后人僱工或自行造纸，是出于宣传道教、扩大影响，以用来抄写或刻印道家经典老子（原名李耳）著述的《道德经》；第二，白鹿纸不是单一的纸，有青绿、浅黄、白色三个品种，

① 孔克齐，撰．庄敏，顾新，点校．至正直记［M］．上海：上海古籍出版社，1987：225.

根据不同的具体情况分别加以使用；第三，常用的白鹿纸，不单品质好，而且其强度高于其他的江西纸。为什么呢？当年，江西地区以铅山、贵溪、上饶、永丰等县盛产竹林。但竹子的品种多，其中以嫩竹（毛竹）为上，别种竹次之。在宋代竹纸技术已有很大的发展，市场上十之七八是竹纸①。所以继而在元朝时，张天师的教徒们自制或他制纸张时，因地制宜，就地取材毛竹，抄出了白鹿纸。故所生产的白鹿纸，实际上是竹纸。为了突出这个纸种的特点，就在抄帘上“绣”（编织）有形态似鹿的图案，成纸后隐约可见白鹿的形纹。不过，那时的白鹿纸，或许图形并不复杂，仅是一种线条示意（仿佛远看天上变化多端的云彩，恰似白鹿隐现）而已。

关于白鹿纸制造工艺，其方法、流程与其他竹纸品种基本相同。元代的竹纸生产，与宋代的技艺大体上差不多，也就是选料，灰浸，堆置，蒸料，洗料，拣料，浸洗，碱煮，洗料，发酵，漂白，打浆，捞纸，压榨，分纸，烘干，整理，以及打包等。值得注意的是，在白鹿纸的制造过程中，增加了蒸料以后再行碱煮，同时还加强了洗料工序（两段洗浆）。因此提高了浆料的成熟度和洁净度。在操作上又对许多工序细节有了一些严格的、完美的要求。由此可见，制造白鹿纸的关节点就在于选料，从而使成品品质比较好。此外，白鹿纸制造除了原料和工艺的一些特点外，还有一个要点是在于选择了有图案的捞纸帘。

手工纸的抄造，一个重要的工具就是纸帘（或俗称竹帘）。最初的纸帘，起源于苫布。它是利用麻布拉伸呈平直状，周围用木棍固定（图4-21），借以截住纤维让多余水分滤过。但是，这种粗陋的帘子，不久便被竹条框所取代（图4-22）。

嗣后，随着手艺人水平的提高，竹帘分由帘子（竹条编织而成）、帘床（木质支架） 和帘尺（竹或木做的边柱） 等三部分组成

① 戴家璋. 中国造纸技术简史［M］. 北京：中国轻工业出版社，1994：123.

图4-21　早期的织模帘

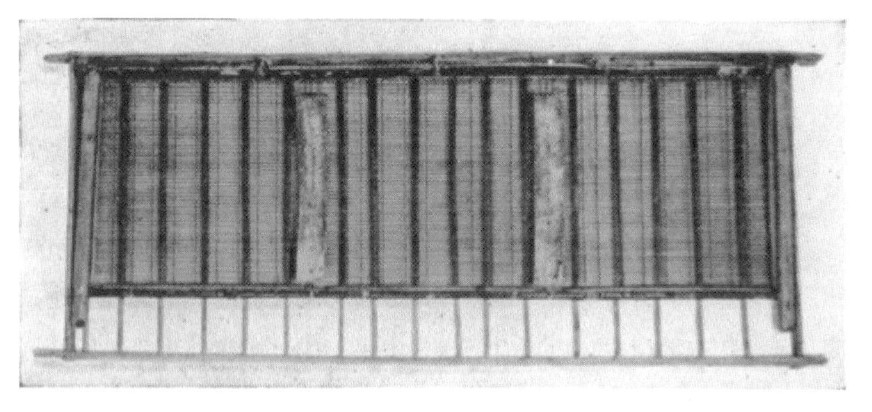

图4-22　后期的床式帘

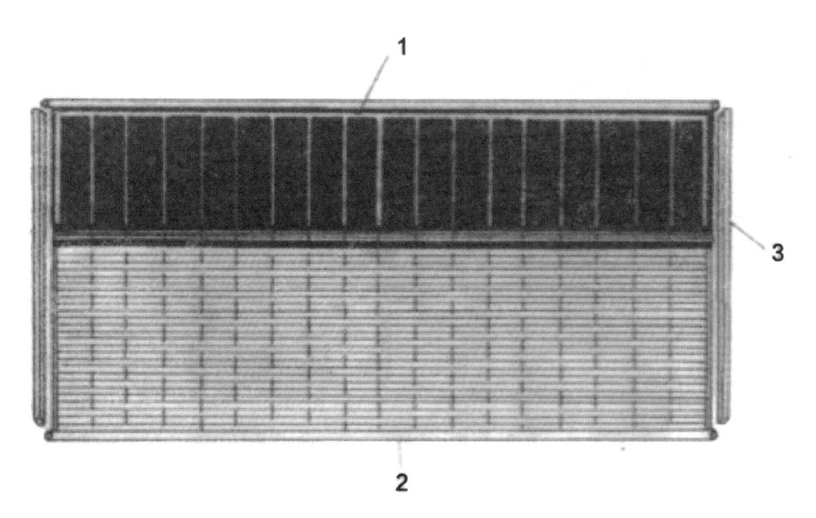

图4-23　拆合式竹帘（图注：1-帘床，2-帘子，3-帘尺）

（图4-23）。这种结构形式，避免了以前一帘一纸、笨重死板、干燥率低等缺点。通过由竹条联线组合而表现了竹帘可平直、可卷起、可分开、可合拢等灵活自如的优点。帘床是撑托帘子的支架，帘子与帘床可以随时分开或合起来。再往后，依据在竹帘上用丝线或马尾编织出某些线纹，这很有可能是近代“水印”的雏形。

鉴于当初的白鹿纸，虽然享有一定的声誉，在社会活动中流行无可厚非。但是，要想进入宫廷还有一段里程。老天有眼，事在人为，到了明朝时期，白鹿纸终于有了一个华丽的转身。

三、白鹿宣的诞生

白鹿纸在江西流行开来以后，江西东北部毗邻安徽，而皖南的宣州府（含泾县、宣城等）世代以产纸闻名于周边各地。于是，当地在明代便改用青檀树皮（以当时的认知水平，应该能够分清楚选用的是专一青檀皮）[①]为原料来抄制，取名白鹿宣纸（简称白鹿宣），后列为地方贡品之一（图4-24）。

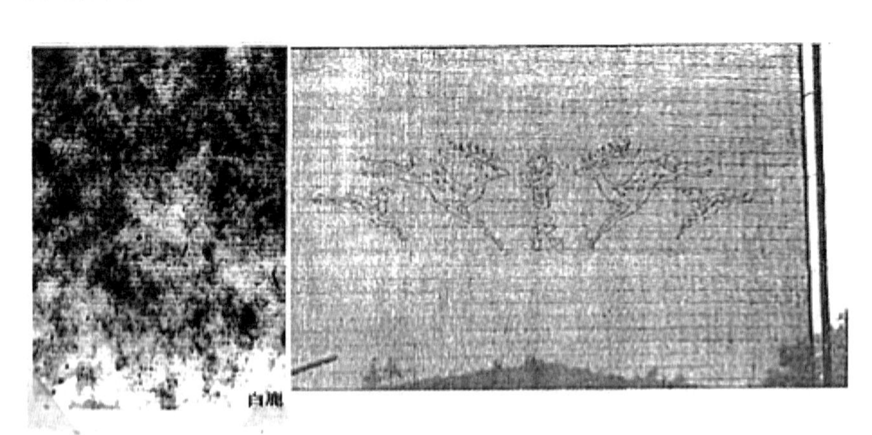

图4-24　白鹿宣与抄纸帘

① 刘仁庆．关于宣纸发展史中的一个重要问题［J］．纸和造纸，2008（1）：67．

这种贡品纸既然要向上呈奉朝廷，那么就不能够“原封不动、照搬老样”，必须是高档精品，乃至极品（比精品更好）。否则会犯欺君之罪、弄不好有杀头的危险。于是，纸师们便在保留生产白鹿纸优点的基础上，进行了一系列的革新。重新拟定生产“白鹿宣”的新工艺。倘若要问这个新工艺是谁发明的？因未查出史料记载，故目前无法回答。

前已述及，既然改用以青檀皮为原料，那么顺其自然地采用了与宣纸制造相同的流程，但又有与白鹿纸制造不同的工序。因此，另在技术上表现出了三大特点：

首先是原料的细化。白鹿纸与白鹿宣不是同一种纸，两者在原料上不同，如果在处理工艺不加以细化，其后果可想而知。根据对古代宣纸样品的化验研究，直到明朝时期，宣纸大多数是以单一的青檀皮（俗称皮料）制作的[①]。那么，选料和砍伐是第一要务。纸农全凭经验把外形相近的青檀树选定，并且不宜砍伐生长期短的或长的枝条。通常选择生长期为2年左右不嫩不老的枝条韧皮，此时的青檀皮质量处于最佳状态。因此，对青檀皮的处理，必须经过砍条、剥皮、渍灰、堆积、蒸皮、踏洗、制皮坯、蒸煮、洗涤、撕选、摊晒（天然漂白）、再蒸煮、再洗涤、再摊晒、鞭皮、再洗涤、检皮、做胎、压榨、选皮、打料等一系列加工，才能成为供抄纸之用的纸料。至于在制白鹿宣时添加沙田稻草，选用的是沙田稻草中段，那是后话了。

其次，是抄帘（工具）的精化，即要加大纸帘的尺寸（由抄四尺扩大三倍至丈二）、美化图案。对纸帘的编织，明代以前还没有专门的加工者，通常是由纸师根据自己的想法和手艺来制作。现在，还没有找到手工纸编帘业诞生的具体时间表。有人认为，作为捞制宣纸的竹帘，是同宣纸“与生俱来”的。这种看法有待商榷。因为竹帘的编织不仅关乎纸张的大小规格（长度、宽度），而且决定纸的品种。在

① 刘仁庆．宣纸与书画［M］．北京：中国轻工业出版社，1989：31-32.

史籍中关于纸帘的制作工艺记载很少，研究更少。仅有明代《天工开物》中记载：“凡抄纸帘，用刮磨绝细竹丝编成。展卷张开时，下有纵横架框”，寥寥数语。此后再无专门的文字论述。千余年来，纸帘生产技艺全靠师徒传承，即靠师徒之间言传身教，世代相传。要凭悟性和长期实践的体会及感觉，才能完全掌握。纸帘生产工艺流程复杂，包括剖蔑、抽丝、编织、涂漆、晾干等一整套制帘工艺，每道工序都要求精细周密，它是劳动人民长期的智慧结晶，且不易为现代科技所替代，是一份极其宝贵的文化遗产。现今懂得完整的纸帘技术的人已经不多了。

纸帘是抄纸的重要工具，而抄纸是纸浆经抄造成为纸的极关键的工序。纸帘分固定式和拆合式两种，分别代表着两种截然不同的造纸工艺。根据所抄纸张品种的不同，每种纸帘在规格和精细度上都有具体特定的设计要求。固定式纸帘是将一块帘子沿四边固定在帘床上。拆合式纸帘则由可卷起的“帘子”和固定帘床两部分构成。抄白鹿宣的制作工艺复杂而精细，均采用做工最为精细的拆合式纸帘。还有一个要点，就是白鹿宣的制造还使用一个专有名词，即白鹿帘。

最后是制（纸）药的活化。纸药有很多，其性能各异。现以制白鹿宣（宣纸）为例，选用上好的、生长期2年的杨桃藤，它的砍伐期在每年9月至来年4月间。经过剪藤、砸裂、冷水（山泉水，水温15℃）浸汁，等等。现配现用，务使发挥更大的作用。如此一来，白鹿宣逐日取代了白鹿纸，其名称渐为世人所详闻。反之，因为再也不生产白鹿纸，所以不久以后，此名在市场中便消失了。

四、白鹿宣的声誉

当白鹿宣制成后，为了扩大宣传这个品牌，与此同时，邀请民间说书人编造故事，或者约请文人墨客撰写诗文，借以推广，产生影响。在安徽皖南地区曾经流传过多则轶闻。其中的故事之一是说，在很早以前，有一年，当地时逢大旱，河枯地裂，求神下雨不灵，太阳依然高照，百姓苦不堪言。这时候，有一个名叫“白乐”的青年，勇敢担当起了寻找水源的任务。他不畏艰辛，翻山越岭，四方觅源，一时误路走进了一片树林之中。由于饥渴劳累，致使他靠在一棵大树旁晕睡过去。梦中的他，遇到一位美丽的仙女飘然而下，仙女颈上围着一条雪白的丝绸巾，她询问白乐有什么困难。听完白乐的诉说后，她随手拉下丝绸巾抛下，转眼间飞逝而去。白乐赶紧上前接住，此刻梦也醒了。急看手中不知何时丝绸巾已变成了一张白纸。抬眼望去，此刻只见有几只白鹿跑过来。白乐追上前去，在白鹿转弯之处，眼前一亮，居然看见一涧清泉，流水声潺潺作响。白乐大吃一惊，喜出望外，赶紧把它留下记号，并飞快地把这个喜讯告诉乡亲。从此，那股有名的清泉，变成了长长的乌溪河，泉水滋润了周边的世间万物，河水也解救了众多百姓。后来，人们为了纪念白乐，想到了水与纸、与白鹿密切相关，便研制出了在纸帘上编织有形态各异奔驰的白鹿，并抄出了特别好的宣纸——被命名为白鹿宣，又称白乐纸。

当然，以上这仅仅是一则民间传说，没有史料根据。而清代剧作家、泾县人士蒋士铨（1725—1785）曾作了首七言诗，赞美白鹿宣（纸），常被引用，影响很广。这首诗的大题目是：《南昌翟异水郡丞，以泾上琴鱼及白露（鹿）纸、藏

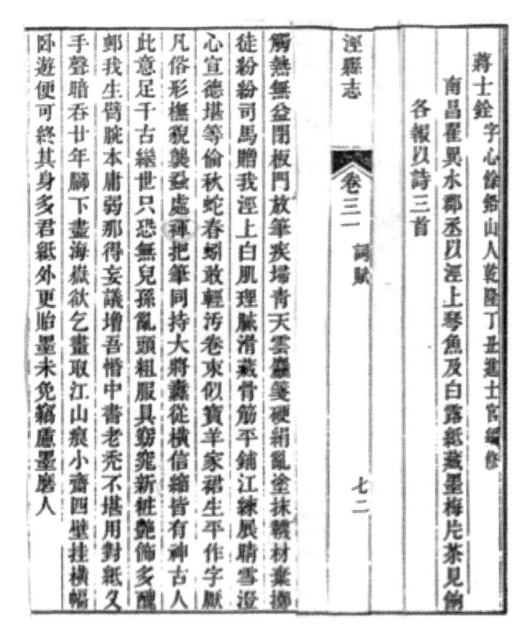

蔣士銓 字心餘鉛山人乾隆丁丑進士官編修

南昌翟異木郡丞以涇上琴魚及白露紙藏墨梅片茶見餉

各報以詩三首

觸熱無盆閉板門放筆疾埽青天雲蠶箋硬絹亂塗抹輕材棄擲徒紛紛司馬贈我涇上白肌理膩滑藏骨筋平鋪江練展晴雪澄心宣德堪等倫秋蛇春蚓敢輕污卷束似寶羊家裙生平作字厭凡俗形模貌襲叢處稗把筆同持大將纛從橫信縮皆有神古人此意足千古繼世只恐無兒孫亂頭粗服具窮苑新粧艷飾多醜鄭我生瞥腕本庸弱那得妄議增吾懵中書老秃不堪用對紙久手癢暗呑廿年歸下盡海嶽欲乞畫取江山痕小齋四壁挂橫幅卧遊便可終其身多君紙外更貽墨未免窮廬墨磨人

涇縣志　卷三二　詞賦　七二

图4-25　蒋士铨诗作影印件

墨、梅片茶见饷，各报以诗三首》，该诗是其中的第二首，原诗载《安徽省通志·泾县志》（图4-25）。

诗的全文（将繁体字化为简体字，共14句）如下：

触热无益闭板门，放笔疾扫青天云。
粗笺硬绢乱涂抹，袜材弃掷徒纷纷。
司马赠我泾上白，肌理腻滑藏骨筋。
平铺江练展晴雪，澄心宣德堪等伦。
秋蛇春蚓敢轻污，卷束似宝羊家裙。
生平作字厌凡俗，形模貌袭虱处裈。
把笔同持大将纛，从横信缩皆有神。
古人此意足千古，继世只恐无儿孙。
乱头粗服具窈窕，新妆艳饰多丑村。
我生臂腕本庸弱，那得妄议增吾惛。
中书老秃不堪用，对纸叉手声暗吞。
廿年脚下尽海岳，欲乞画取江山痕。
小斋四壁挂横幅，卧游便可终其身。
多君纸外更贻墨，未免窃虑墨磨人。

从这首诗中可以看出，诗人感情深沉地把泾上白——白鹿宣大加赞赏，它可以与南唐的澄心堂纸、明代的宣德纸相媲美。可知其品质之高，应用之广也。在这种社会舆论的影响下，从地方吹弥到京城，从大众播散到小众，由此极大地提高了白鹿宣的知名度，连宫廷采购人员也时有所闻，效果可观。

白鹿宣（纸）的制造是使用白鹿帘。纸帘的规格不同、编制方法、密度不同、图纹不同，制造出的宣纸的名称也不同，即用什么帘制什么纸，反过来说，要制什么纸，就应制什么帘。宣纸的品种与帘的品种、规格分不开。多品种、多规格的纸帘，形成缤纷多彩的不同品种的宣纸。

当时宣传的白鹿宣的一个特色就是尺寸大。因为要作为贡品，所以必须要“与众不同”。就宫廷御用的白鹿宣而言，纸名为特净（皮），规格为一丈二尺（今约合145cm × 367cm），所以也被称为“丈二宣”[①]。白鹿纸的制造工艺要求高，制作难度大，是一种难得的书画佳纸。它纸质洁白而莹润如玉，纤维长且厚重而有韧性，面滑如蚕丝，受墨柔和，明清时作为一种独特的名贵纸品名扬开来。御用白鹿宣每刀25张（与常用的每刀100张不同），四刀一包，用明黄布缝裹。每刀纸的边口钤有不同组合的印记，如“上用”（或御用）、“官”（或官用）以及“福”“禄”“寿”“白鹿”“宣邑”“本槽”等等。“上用”或“御用”是专供皇帝使用的，表示这种纸是最好的，代表了当时造纸工艺的最高水平。一旦被封定为“上用”或“御用”之纸，其他人就不能再用，市面上也不可能见到。“官”（或“官用”）是供内廷皇室成员和大臣们使用的，纸的品质较“上用”纸稍逊。它是在纸的抄造、分检过程中，优中选优的为“上用”，其次为“官用”。“福”“禄”“寿”是吉祥、恭敬用语，对于供奉者来讲，自然是有意义的。“白鹿”是表示纸的品名。“宣邑”是指这一白鹿宣纸的产地，来源于安徽省宣城，申明其是正宗品。“本槽”是表明这一白鹿宣纸抄造的出处，出于本家的老纸槽。此印记含糊，其后不用。

沧海桑田，时代变迁。自清末开始，大概有半个多世纪的时间里，白鹿宣在市场上完全绝迹。它经常成为不少书画名家、收藏家梦寐以求的佳纸。国画大师、美术教育家刘海粟对白鹿宣的题词是：“白如云，柔如锦”。书法大师启功对白鹿宣的评价是：“退笔如山未足珍，读书万卷可通神。”直到1979年改革开放以后，经过安徽泾县的宣纸制造工作者不断地努力，对传统宣纸工艺进行了深入地发掘

① 黄飞松，汪欣．宣纸［M］．杭州，浙江人民出版社，2014：95.

和改进，终于使这项祖传的绝技获得了新生。

五、小结

从白鹿纸到白鹿宣的演变中，我们由此获得哪些启示呢？

第一，任何一种产品（比如纸）都有一个从诞生到消亡的过程，即它的发展完全符合新陈代谢的规律。从起初普普通通的一种白鹿纸，到成为闻名遐迩的白鹿宣，经历了长达六七百年的岁月，最后是一种旧纸的消亡，另一种新纸的重生。世界上的物质呈环式循环，长久如此。这是自然规律，是不依人的意志为转移的。此外，纸种的生存离不开市场的需要。一旦不被社会认可，或者被别种产品所取代，它也就完成了自身的“历史使命”走向终点。

第二，宽松的社会条件、自由的文化空间和充实的生活水准，这个大环境是发明创造的推动力。三者缺一不可。我国有汉兴、唐盛的朝代，但也不要忘记很有深味的宋朝和元朝，宋朝无武将（如岳飞被害），两宋与邻国（北方契丹、西北党项）交战，总是胜少败多。但是，宋朝的文化、科技进步，不可小视。司马光的《资治通鉴》面世，我国古代的“四大发明”，有三项始于宋朝。宋朝学术上的多元化，元朝的疆土面积扩大到东欧，中西文化相冲突，视野的不断延伸、放大，从而促成了许多大小发明不停顿地涌现出来。白鹿纸转化为白鹿宣就是一例。

第三，人世间的任何事物皆具有两面性。产品的价值，也是利与弊相辅相成的。十全十美的事物并不存在。白鹿纸的消失，白鹿宣的出现，后者成为宫廷的御用品，“质高价贵”，从为大众服务改为小众服务。这是必然的、符合事物发展规律的。

第五章 明代古纸

第一节
宣德纸

宣德纸（Xuan-De Paper）又名宣德笺、宣德贡笺或宣德宫笺，系明代纸名。它是明朝宣德（1426—1435）年间所生产的名纸。宣德纸与“宣德瓷”“宣德炉”一起被誉为“明（代）宣德三宝”而闻名于世。宣德纸中包含有本（白）色纸、五色粉笺、金花五色笺、五色大帘纸等多个品种。根据明代沈德符（1578—1642）撰写的《飞凫语略》一书中介绍，宣德纸原本是专供内府的御用纸（又称宫廷纸），后传入民间，成为纸中极品。它在民间较少用作书画（因太贵了），而是与金粟山藏经纸（简称金粟笺）、宣和龙凤笺一样，常作装潢之用。这种纸边角上记有“宣德五年造素馨纸”印，并以有“陈清”款者为最佳品。到了清代初年，人们还将宣德纸与（南唐的）“澄心堂纸”相提并论，堪称名贵之纸品。

可是，长期以来对于宣德纸的历史背景、生产地区和应用领域等问题，造纸界和史学界存在一些不同的看法，迟迟未获一致的认识。现拟从“宣德纸”之名说起，探讨其诞生的缘由、品种及其在中国造纸史、文化史上应占有的地位。

一、宣德纸名的辨识

首先，要弄清楚宣德纸是什么意思？在我国学术界曾有过以下4种不同的观点：

（1）有人认为“宣德”一词是地名，故宣德纸即是宣德地区出产的一种良纸。但是，经查典籍证实，宣德原为今日河北省宣化县之旧地[①]，后有多次变动。在金、元代曾设置为宣德州府，明代被废除（取消这个地名），清代改为宣化县。查阅《宣化县志》，该地在历史上（特别是明代）并无造纸业，何谈出产良纸？对此，很不靠谱，本人不予支持。

（2）宣德纸可能是宣城纸之误本[②]。由此推想，宣德纸即宣城纸或简称“宣纸”，但是这种可能性极小。宣纸一词在唐代的《历代名画记》中早有记载，白纸黑字，言之凿凿。宣德纸在明清印制的史籍中多次提及，不胜枚举，却很少记录有“宣城纸”之名。仅有《安徽省志》中说，宣城为宁国府治所在，府辖各县所产纸张，均以宣城为集散地。这里也没有指名道姓地称呼为宣城纸，更不可随便猜想是有人把宣德纸中的一个“德”字写错或印错。另外，在《新唐书》中记载“宣州有贡纸”的文字，即便如此，照理应该是叫“宣州纸”而不能是“宣城纸”。对此，混淆不清，鄙人表示异议。

（3）宣德纸不是别种纸，而是“宣纸真纸”[③]（意即真正的宣纸）。原因是在明代宣德年号之前，因为生产技术尚不完全成熟，没有出现标明宣纸成熟的事件。到了宣德贡笺、“陈清款”（？）宣纸问世之时，这才标志着宣纸工艺已达到炉火纯青的程度。所以宣德纸就是宣纸，或者是用宣纸加工的高级书画用纸。这种把宣纸与宣德纸之间划等号的说法，恐有商榷之处。对此，尚待探讨，笔者不敢苟同。

---

① 辞海编辑委员会．辞海（1979缩印本）[M]．上海：上海辞书出版社，1980：1019．

② 陈大川．中国造纸术盛衰史[M]．台北：中外出版社，1979：246．

③ 曹天生．中国宣纸 第二版[M]．北京：中国轻工业出版社，2000：32，50-51．

（4）宣德是明朝宣宗皇帝朱瞻基（1398—1435）在位时的年号，时间仅为10年（1426—1435）。在这一时期，据明代《会典》中称："凡各处进到纸劄（zhā），宣德七年（1432年）令不依式及太湿不堪者，本部行移本处，抄来赔补原数。宣德九年（1434年）以福建进到纸劄不合原式及观薄不堪，令按察司治提调官罪。"这里明白无误地提出是依年号来进纸的，而且多部书籍上都写有宣德纸之名。由此可以肯定，宣德纸就是明代宣德年间制造的一类好纸之统称①。对此，作者同意这个看法，也为众多学者所首肯。

在确认了宣德纸的名称之后，下一步就要研究是在什么条件、什么地方生产了这种名纸？又是谁在此纸的制作和应用中发挥统领的作用？

明朝是我国历史上继汉唐宋代之后的第四个鼎盛时期。无论在农业、手工业生产和科学文化方面，明朝都取得了较大的成就。明朝又是我国封建社会漫长的缓慢发展时期的一个"夕阳"朝代，将向封建社会的衰落时期过渡，所以在社会面貌方面发生一定程度的变化，显示了某些时代特点。值得注意的是：明代在社会经济发展史上是一个非常重要的时期。一方面，农业生产力已达到或接近传统技术条件下所能达到的最高水平；另一方面，在农业经营和生产关系方面都出现了一些前所未有或以前不太明显的"新因素"。特别是经济作物的广泛种植，为工商业的发展和市镇经济的繁荣提供了动力。

在政治方面，由于在洪武和永乐时期曾经发生过较大的社会动荡，比如朱元璋放肆诛戮同辈的功臣、朱棣滥杀不忠于他的朝臣，弄得人人自危，心惊胆战。后来，历史进入了有名的"仁（仁宗朱高炽）宣（宣宗朱瞻基）之治"时代。宣宗清革前弊，整顿机构，对那些"贪津不律""政体不达"和"老疾不为"者，予以罢免，以振朝风。结束了以前那些不得人心的政策和法规，安抚民心，调整和完善

① 张秉伦，方晓阳，樊嘉禄．中国传统工艺全集：造纸与印刷[M]．郑州：大象出版社，2005：58-59．

了明朝中央和地方的一些统治制度和统治机构。

在宣宗朱瞻基执政的10年中，社会、经济得到了进一步发展。宣宗爱惜农力，重视农业，力劝农桑，使农民得以安居乐业，社会财富迅速积累起来。同时，手工业得到了发展，商品生产程度提高。随着明代中期的经济迅速发展，社会形势日趋稳定，文化事业也蓬勃兴盛起来。宣宗实行的安抚政策，让思想发展有了一定程度的松绑和解脱，掀起了新的文化浪潮。

明代的文化艺术在政治、经济皆有利的条件下获得了新的发展。在中国画方面出现以地区为中心的名家及流派，例如，以沈周、文征明为首的吴门派，以董其昌为首的松江派等，流派众多，风格迥异。人物、山水、花鸟等技法全面发展。对各种（皮）纸的应用，润笔和水墨要求更加讲究。明初的院体画多用水墨，稍带写意。中期的“吴门四家”（沈周、文征明、唐寅、仇英），尤其是沈周的浅绛山水及粗笔水墨的独特风格，发展了文人水墨写意画，对于以后的水墨和写意画影响巨大。明代后期董其昌的水墨，深浅渍染，浓淡分明。徐渭的绘画，更是水墨淋漓，泼墨纵横，把中国画的技法和用纸结合得更加完美。

明代是中国版画艺术发展的高峰时期，当时无论是文学艺术、启蒙读物，还是医药气功、衣食生活以及文房四宝，几乎无不附以精雕之插图。以图为主的画谱、墨谱、人物图谱，更不必细说，而其中以彩色套版精印成册，雅趣高绝，专供士大夫“清玩”者，莫过于《萝轩变古笺》和《十竹斋笺谱》了。在这种大量需求好纸的情况下，在1426年即宣德元年朱瞻基即位主政之后，一方面让各地继续生产贡纸；另一方面积极找寻官纸局的造纸基地，最终制作出了一大批闻名遐迩的良纸。

这些良纸的品种很多，诚如明代安徽桐城人方以智（1611—1671）所著《物理小识》卷八中这样写道：“宣德陈清款，白楮皮厚，可揭三、四张，声和而有穰。其桑皮者牙色，砑光者可书。今则棉推兴国、泾县。”另外，清代浙江海宁人查慎行（1650—1727）在《人海记（下）》中如此记述：“宣德纸，有贡笺、有锦笺、边有‘宣德五年造素馨纸’印。又有白笺、洒金笺、五色粉笺、金花五色笺、五色大帘纸、瓷青纸，以‘陈清款为第一”。又有一位清朝的邹炳泰（1741—1820）在所撰《午风堂丛谈》卷八中介绍：“宣纸至薄能坚，至厚能腻，笺色古光，文藻精细。有贡笺、有棉料，式如榜纸，大小方幅，可揭至三四张，边有宣德五年（1430年）造素馨纸印。白笺，坚厚如板面，面砑光如玉，洒金笺、洒五色粉笺、金花五色笺、五色大帘纸。瓷（磁）青纸，坚韧如“段（缎）素”（精细丝织品），可用书泥金。薛涛蜀笺、高丽笺、新安仿宋藏经笺、松江潭（谭）笺，皆非近制所及。”凡此种种，蔚为大观。

由此可知，明代的造纸业是十分发达的，所造的纸张品种繁多，除宣德纸（或“宣德宫笺”、宣德贡纸）之外，还有连四纸、连七纸、毛边纸、观音纸、奏本纸、绵纸、油纸等。仅从明代王宗沐（1523—1591）编著的《江西省大志》一书中的记载：当时江西抄造的纸张就有28种之多，还不包括明代研制出的不少著名加工纸（如瓷青纸、羊脑笺）。

形成这种局面的主要原因是什么呢？因为封建社会的特征之一就是专制，那时一切的一切皆随宣宗的旨意、兴趣和爱好等“指挥棒”来转移。所以当朝的朱瞻基无形之中起到了皇帝所能发挥的统领作用。

二、宣德皇帝有才华

明朝的第五任皇帝，即明宣宗朱瞻基系明太祖朱元璋的曾孙，自号长春真人（图5-1）。他其貌不扬，但颇和善，是一个很特别的统治者，除了主持国事外， 平日还尤其酷爱书画艺术、促织（蟋蟀的别称，属于蟋蟀科，也叫蛐蛐儿）游戏。因此，朱瞻基既是一位杰出的书画家，具有较高艺术天资和水平；同时，因迷恋促织，他也被后世称作“促织天子”。由于宣宗爱好和擅长绘画、书法艺术，宫廷上下便聚集了一批宫廷画家，他的继任者英宗、宪宗、孝宗到神宗等也多受影响。亲近艺术的宣宗还培植了两三代宫廷画派，在中国书画史上留下浓笔重彩。因此，“爱屋及乌”，朱瞻基也就十分关心和重视所用的纸张，以及属下的造纸部门（产业）了。

图5-1　明宣宗（朱瞻基）画像

据史籍记载，宣宗朱瞻基从年少时起，对书法功课颇为用心。成年后于21岁（1428年）时，他写的行楷文书清丽潇洒，内中还散发些皇室的雍容柔媚之气（图5-2）。一心追求太平盛世的宣宗，兴之所致，常常挥毫泼墨，写诗作画。朱瞻基工画山水、人物、花果、草虫等，很有成绩，出类拔萃。据清代钱谦益（1582—1664）撰写的《列朝诗集》中说，（宣宗）其“点染写生，遂与宣和（宋徽宗赵佶）争胜”。殊可知明朝的朱瞻基在绘画上，甚至不把宋朝的书画皇帝赵佶

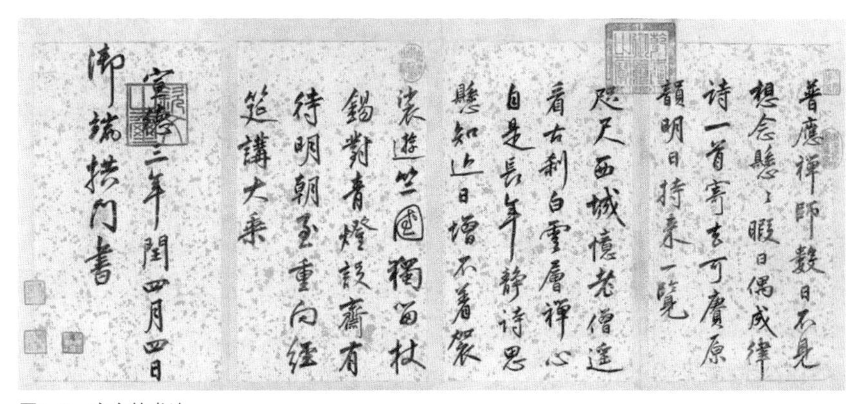

图5-2　宣宗的书法

放在眼里，气派非凡，不可一世。宣宗本人每次作画，必召画史官立于身旁，稍不如意，即令修饰。同时，常以书画赏赐给众亲近大臣①。

朱瞻基的绘画不同一般，出人意表。现举宣宗绘的《南阳躬耕图》为例（图5-3），此画绘出诸葛亮敞胸露怀，头枕书画，仰面躺在竹丛下，举止疏狂。这当是诸葛亮出茅庐辅助刘备之前，隐居南阳躬耕自乐的形象。该画纵27.7cm，横40.5cm，北京故宫博物院收藏。正是由于朱瞻基对书画的喜好，因此对所使用书画材料如纸笔等尤为重视。据明代项元汴（biàn，1525—1590）写的《蕉窗九录》中称："永乐（1403—1424年）中，江西西山置官局造纸，最厚大而好者曰连七，曰观音纸，有奏本纸出江西铅山。"明朝内府所设置的官纸局，初隶属户部宝钞提举司，以生产宝钞纸为主，兼造宫廷宣笺等名贵纸张，后者统称为宣德纸，专供内府御用。

图 5-3　宣宗的绘画

当时，朱瞻基和宫内使用的纸张通常有三个来源：第一，派专人主持和监督朝廷操办的官纸局，所产的纸张凡纳入内府者，要求制

① 郎绍君，蔡星仪，水中天．中国书画鉴赏辞典[M]．北京：中国青年出版社，1988：361-362．

作工艺精湛，成纸品质优良，否则将遭入罪（明代《会典》中有记载）。第二，调令各地造纸高手进京制作精致的物品以供御用，如瓷器、纸品等，均冠名“宣德某”之名，如宣德瓷、宣德纸等。第三，精选全国著名产地的纸品，交官解送京师，虽说是民间的一种贡纸，却也用“宣德纸”称呼。总之，不论是“内（宫）制、外（地）造”，成品均直接以皇帝的年号来命名。它的意义在于：一方面是对该纸品质予以肯定；另一方面也反映出该纸在社会上受青睐的炽热程度。尽管明代的加工纸名目繁多，异彩纷呈，然而制作最为精良的还当首推“宣德纸”，它代表了明代造纸的顶级水平。

“明承元技”，说明了元、明两代造纸技术上的继承性。明朝宣德皇帝朱瞻基的书画所用之纸几乎都被称为宣德纸或宣德宫笺。这种纸光滑洁白，细润耐用。明初有大片洒金纸，明代中期发展起来的小金片纸和金花纸，明代后期又发展为泥金笺。这些明代纸光滑细润，作书绘画，得心应手。凡此种种，证明了明代加工纸的生产和应用，有了焕然一新的长足进步。

此外，明代宣德年间，官纸局抄有一种纸，名曰素馨笺，纯白如玉，纸面匀整、细密帘纹，别有雅趣，颇受人喜爱。宣宗皇帝曾经御笔挥毫后赞曰：“坚厚如板，两面光彩，如玉洁白为素馨笺。”又据明·方以智（1611—1671）《通雅》称：“宣德五年（1430年）造素馨纸印，有桑皮者磨光，有砚光者俱可著书，纸中瑰宝也。”

宣德宫笺又称宣德金龙纹笺。它是明朝宣德年间由“官纸局”监制的一种供书写皇帝诏书或宫廷要件的专用纸。官纸局由生产宝钞纸直到名贵的“宫笺”，如金龙纹笺、细密洒金笺、洒金五色粉笺等。明·文震亨（1585—1645）撰写的《长物志》中载：“国朝（明朝）连七、观音、奏本、榜纸俱不佳。惟大内（内宫）所用细密洒金五色粉笺，坚厚如板，砑光如玉，还有印（金）花五色笺，有瓷青纸，如缎玉，俱可爱。”

从政治上说，明朝的朱瞻基比起元朝的皇帝要开明得多。元代前

图5-4　清郑板桥的楹联（用宣德纸书写）

期的明仁殿纸、端本堂纸，只许宫廷内府使用，不许流入民间。而明代的宣德纸则不然，君民共享。据清朝阮元（1764—1849）在《石渠随笔》一书中说：“明宣宗写生小幅，立石上有菖蒲数叶，石下平地有金杙（yì，小木桩）连索锁，一小鼠方噉（dàn，吃）荔子，荔子尚大于鼠。款楷书宣德六年（1431年）御笔，赐太监吴诚中钤”①，此画藏于北京故宫博物院。清代乾隆三年（1738年）书画家郑板桥（1693—1765）写给“又老年学兄”之楹联一幅：“墨竹一枝宣德纸，香茗半瓯成化窑”（图5-4），此联收藏于中国台北故宫博物院。仅此两件藏品可作佐证：说明了宣德纸在明清代时，宫廷、民间也都可能同时流通使用。

郑板桥说：茶是他创作时不可缺少的伴侣，“茅屋一间，新篁数竿，雪白纸窗，微浸绿色。此时独坐其中，一盏雨前茶，一方端砚石，一张宣德纸，几笔折枝花。朋友来至，风声竹响，愈喧愈静”。在作画时欣赏的是宣德纸，在品茶时喜爱的成化窑。成化窑是明宪宗成化（1465—1487）时的景德镇官窑。成化青花的颜色，蓝中微泛灰青，没有宣德青花的那种“里斑”，却以色泽柔和、淡雅而著称。这时的彩瓷，被推为明代八大时期（永乐、宣德、成化、弘治、正德、嘉靖、隆庆、万历）之冠，淡描五彩，精雅绝伦。

① 《续修四库全书》编纂委员会．续修四库全书·子部艺术类[M]．上海：上海古籍出版社，1995：455．

宣德纸打破宫廷纸的“桎梏”而面向全社会，从而推动了造纸技术的进一步发展。因为原来的官纸局不论在人力物力方面，还是在工艺制作方面，其总体实力都比普通民间造纸作坊要强得“多得多”。所以一旦被社会了解，彼此会相互沟通，发展开来，形成为民造福的“双赢”局面。此外，宣德纸的流行，对于中国文化事业的发展，特别是书画和印刷典籍等制作，都有极好的影响。由此可知，明宣宗在宣德年间的作为，仅就对造纸业发展而言，也是值得大书特书的。

三、宫廷用纸之释疑

我国的封建社会时间非常漫长，社会金字塔的顶端就是皇帝。皇帝的生活圈子在皇宫，换言之宫廷采购的一切物资，完全是为皇帝服务的。其中宫廷纸或称宫廷用纸，自然是不可缺少的物品。汉唐以前，宫廷用纸是绝对保密的。到了宋朝初年，由于发生了“南唐澄心堂纸外流”事件，用纸的规定开始有所松动，民间用纸情况则有所改变。元代以后，对宫廷用纸逐步由封闭状态转向开放状态。作为明朝宫廷纸的宣德纸，则大步走向了民间，这也是社会发展的必然趋势。

（1）宫廷纸内涵

前已述及，宣德纸是一个统称，代表了皮纸技术发展的新高峰。所采用树皮包括楮皮（今称构皮）、桑皮，也可能有青檀皮，或许还有三桠、结香、雁皮等。从历史上说，早在中唐时期已经有了青檀皮造纸，因古人分不清楮、桑、檀三个树种①，受到那时科学技术发展阶段的局限，对于植物纤维的精细结构没有更深刻的了解，故常常含混地把它们统称为“皮纸”。从地区上说，明代皮纸技术最发达的三

① 刘仁庆．关于宣纸发展史上的一个重要问题[J]．纸和造纸，2008（1）：67-68．

个省份是安徽、江西和浙江。青檀树盛长于安徽地区，而在江西地区这种树很少，浙江的桑树多，养蚕业发达。同时还应当指出，明代的竹纸那时候也相当兴盛。不过，从原料上讲，皮纸应该列为高级纸类；竹纸似乎“难入流”，则属于普通纸类。

明代皮纸的最高成就当数明宣德年间开始生产的“宣德纸”。宣德纸是一系列加工纸的总称，如果是泛称的宣德贡纸，则包含了以下内涵：一是由各地送来的贡品，品质高；二是多个品种的统称，并不代表某一个纸种；三是内府使用，民间流传少；四是不计生产成本，不出售，没有单价。这也是作为宫廷纸的主要特色，它不同于在民间流行的“宣德纸”。

由于明代印刷技术日趋发达，民间刻书之风大盛，成为明代造纸业获得巨大市场的推动力。同时，竹纸也成为另一种最常用的印刷用纸。虽然竹纸不被列入“宣德纸”之列。明末清初竹纸的迅猛发展，使之成为清代及其以后中国造纸业的重要纸品之一。

明代宣德纸的主要产地在江西。据明代屠隆（1544—1605）《考盘余事》记载，“永乐中，江西西山置官局造纸”。之后内府几乎全用江西楮皮纸。如明成祖永乐元年（1403年）内阁首辅、大学士解缙（1369—1415）主持编纂《永乐大典》，开始用的就是西山纸厂所产的楮皮纸。到了宣德年间，西山贡纸（楮皮纸）则改名为宣德纸。宣德纸对皖南皮纸有重要影响，使得安徽泾县等地多有仿造。那时候，宣纸在民间制作，名声还不够大，故让宣德纸独拔头筹。所以，乾隆时有一位大臣名叫沈初（1729—1799），竟在撰写的《西清笔记》中提及：“泾县所进仿宣纸，以供内廷诸臣所用。”这里所说的“仿宣纸”应当指的是仿宣德纸。总而言之，“宣纸”向宣德纸学习，原由是宣德宫笺或宣德贡笺，实为皇家的御用品。该纸的用料考究，工艺精湛，品质优良，显示了千年来我国文房用具的水平以及能工巧匠的创造智慧与艺术才能。这种纸是文房用具中的瑰宝之一。

此外，明朝还生产出一些高档的加工纸（也被列入宣德宫笺的范围），比如，瓷青纸光如缎玉、坚韧耐用；羊脑笺色黑如漆，明亮如镜，还能防虫蚀（后文讨论）。明代还仿制出了历代的名纸，如仿唐薛涛笺、仿宋金粟山藏经纸等。这些方面也反映出了明代在造纸技术上的进步。

（2）陈清款之谜

清代查慎行（1650—1727），浙江人，初名嗣琏，字夏重，号查田；后改名慎行，字悔余，号他山，系当代作家金庸的先祖。在有关宣德纸的史籍记载中，他写有一首诗：

小印分明宣德年，南唐西蜀价争传。
侬家自爱陈清款，不取金花五色笺。

自注云：宣德贡笺，有宣德五年造素馨纸印。又有五色粉笺、金花五色笺、五色大帘纸、瓷青纸，以陈清款为第一①。对这首诗如何解读呢？由诗中看出：首先是明代的宣德纸颇为有名，甚至可以与澄心堂纸、四川蜀纸媲美。其中又以有陈清印记（或命名）的宣德纸品质最佳，一旦得到了这种纸，则对金花五色笺也不感兴趣了。

其次，对诗中陈清款的理解历来有两种看法。一种看法是。陈清款三字是人名，那时有陈清款之名的宣德纸列为第一。另一种看法是：款，同音字为欵（kuǎn），它的意思就是款识（zhì），即古代钟鼎铭器上铸刻的文字。陈清款是以陈清之署名的纸张。考古学家邓之诚（1887—1960）说过，宣德炉款，即宣德炉有十六字真书者，曰："大明宣德五年（1430年）监督工部官臣吴邦佐（明工部尚书，生卒年不详）造"②。因此，可以明确了"陈清款"并非为人名，而陈清才是人名。再查阅多部有关《明史》的资料，获知没有人叫陈清款，

① 刘仁庆．中国古纸谱[M]．北京：知识产权出版社，2009：140-141．
② 邓之诚．骨董琐记[M]．北京：中国书店，1991：278．

却有人叫陈清，同名者共有两人。陈清为何许人？

①陈清（约1395—1460）为江西人，是宣德年间的造纸高手[①]，这是寡言孤证。笔者曾查阅了一些史籍，找不到确凿的材料来证实陈清的生卒年代和他从事的职业，只好立此存疑。有人猜测：陈清也许是该纸的制造者（或贡纸监制官与提调官）[②]，这也难以确定。总之，这个谜底还有待日后揭晓。

②陈清（1438—1521），字廉夫，山东益都人，天顺八年（1464）进士，正德元年（1506年）任南京工部尚书。有据可查的是："此陈清"生于正统三年（1438年），距宣德末年还差3年，而非宣德年间在世的"彼陈清"。第二个陈清在有名的明朝"十同年"（一大学士，一都御史，四尚书，四侍郎，皆为最高权力机构成员）中，任户部右侍郎。因此，这位官员跟落款的宣德陈清，显然没有直接关系。

（3）宣德纸≠宣纸

最后，再次强调一下：前边早已说过，宣德纸是皮纸的统称，但它不等于就是宣纸。有记载指出，"宣纸"是以"白楮皮"（白色楮皮或漂白楮皮，不是青檀皮，这个说法存疑）为原料抄造而成的生纸，然后再予以第二次加工而成。宣德贡纸中不排除有用青檀皮造成的宣德纸，不过很可能是混入其内，因这种纸张产于宣德年间，故那时仍以宣德纸命名来统称，这是被"为尊者荣、为上者誉"的观念所支配，犹如明时所说的"宣德窑""宣德炉"一样。也正因为如此，才引起了皇室重视而列作贡品，成为以皇帝年号命名的宣德纸。自此以后，文人墨客对宣德纸的记叙才逐渐多了起来。

综上所述，由此得知：明代的宣德纸是一大类纸种的统称或混称，它不应该混同于宣纸。它们之中既有皮纸——如楮纸、桑皮纸、

① 潘吉星．中国造纸史[M]．上海：上海人民出版社，2009：269．
② 王菊华主编．中国古代造纸工程技术史[M]．太原：山西教育出版社，2005：338．

“宣纸（青檀皮纸）”等，又有一些特殊的加工纸——如瓷青纸（磁青纸）、羊脑纸等，这就是结论。

第二节
瓷青纸及羊脑纸

瓷青纸（Bluish Green Paper）为明代纸名。过去有人以为古时瓷与磁同音、通用，故又称磁青纸。从造纸技术的演变史上看，还有一种名叫磁蓝纸的宋代纸名，因蓝与青同义，有时又被人写为磁青纸。这两种纸（宋代磁蓝纸、明代瓷青纸）常混淆不清，造成误会。它到底是怎么一回事呢？这里有两个问题。

第一个问题，明周嘉胄（1582—约1661，江苏淮海，今扬州人）在《装潢志·贴签》中透露了一句话："宋徽宗、金章宗多用磁蓝纸、泥金字，殊臻庄伟之观。"北宋第八位皇帝宋徽宗赵佶（1028—1135），从建中靖国元年至宣和七年（1101—1125年）在位，他不务国事，穷奢极欲，出入青楼，与汴京名妓李师师有染。任用蔡京、童贯等人主执朝政，排斥异己。指司马光等百余人为奸党。崇信道教，大建宫观，自称教主道君皇帝。赵佶在位时广收文物、书画，他精诗词、擅书法、写狂草。同时，还下令遣臣布道，广泛收集纸品。赵佶多用磁蓝纸抄写经文，就是在深蓝色的纸上用泥金写的字，明亮夺目，蔚为大观，即为后人所称道的所谓"瘦金体"。但所留存下来的作品尚少，记录文字罕见。靖康二年（1127年）赵佶被金兵所俘，押囚于"五国城"（今黑龙江省依兰县）受尽凌辱、磨难而亡。金章宗完颜璟（1168—1208）小字麻达葛，系金显宗完颜允恭之子，金世宗完颜雍之孙，金朝的第六位皇帝，他其实是宋徽宗的“曾外孙”。南宋周密（1232—1298）撰《癸辛杂识》中称：完颜璟的母亲是宋徽宗公主之女（徒单氏，谥号孝懿皇后），故知宋徽宗与金章宗有亲戚关系。可巧的是完颜璟的后妃名李师儿，他写的汉字又与赵佶的瘦金体神似，后世传言金章宗可能是宋徽宗“转世”。金章宗在位19年，正礼乐，修刑法，定官制，小有治规。但他宠信女流涉政，擅把朝事，传授非人，致使金朝败落，后患病而死，终年41岁。这两位使用过磁蓝纸的皇帝，对此物不苟一言，密不示人，毁掉所有的相关资料，留下空白，甚为憾事。至此使宋代出现的磁蓝纸陷入井底，暗无天日，没人知晓，无法再做进一步研究。直到三百多年后的明朝时期才有人把它恢复起来，取名瓷青纸，其源一脉相承。由此可见，明代瓷青纸是宋代磁蓝纸的延伸品。

第二个问题，瓷青纸是明朝宣德（1426—1435年）年间生产的一种染色加工纸。它曾与明代其他纸张搅在一起，被人统称为宣德纸。不过，因这种纸在加工后新鲜时的外观颜色给人有与宣德青花瓷相近的印象，故而另取名为瓷青纸（图5-5）。同时，瓷青纸的加工方法特殊，与其他宣德纸有明显的差别。而且瓷青纸一般比较厚重，质地坚韧，可分层揭开。明清代的文人墨客又将其与宣德瓷并列而称为明代“宣德年间”出产的“双珍品”。

图5-5　瓷青纸

在了解了瓷青纸的“前身”和“自身”情况之后，就要深入地对由瓷青纸及其派生出的羊脑纸进行说明。本文拟从瓷青纸出现的环境和应用为起点，探讨瓷青纸、羊脑纸的制法，以及这两种染色加工纸的实用价值和文化意义。

一、起因

自从汉代佛教由“天竺”（印度）僧人来华传入我国后，唐朝初年，朝廷派遣玄奘西行赴印度取经，后回长安把经书翻译成中文。因为古代印度人称中国为CINISTHANA（音译：希里圣单），在佛经中曾译作“震旦”或“震旦国”。依照印度佛教规定，佛经绝对不许书写在皮（动物）、骨（骨头）、土（泥巴）等材料上，却准允皈依佛教的诸国使用本国自己的书写材料（如印度人用贝叶、中国人用纸张）。例如，唐代名僧释道世（？—683，俗名韩玄恽）在《法苑珠林》（卷二十）一书中涉及有关写经材料的文字时，他这样写道：“依我经本，书写庄严，又随诸国所用不同得传文字者，皆可用之；唯除皮骨土书不得传写，树叶纸素金宝石铁等并得用之。”

造纸术早在我国汉代已经发明，采用轻巧、方便的纸张书写佛经，自然是顺理成章的事情。在唐代益州（四川成都）有大小黄、白麻纸。杭婺衢越等州（浙江省内杭州、金华、衢州、绍兴）有上细黄、白麻纸。均州（湖北丹江口）产大模纸，蒲州（山西永济）有细薄白纸，等等。其后，宋元明各代接连出现了一些名纸，如金粟山写经纸、砑花笺、奏本纸、大笺纸、小笺纸等。供内廷使用的还有细密洒金五色粉笺、五色大帘纸、洒金笺、印金五色花笺等。以上这些纸张，都是可供抄写或印刷佛经的主要载体。

不过，我们从唐代的许多史籍记载和出土的经卷实物中可以证明，虽然黄纸佛经已经成为首选，但是，不论是黄麻纸，还是硬黄纸都不能完全满足抄录大量佛经的需求。特别是某些高层次的佛经，不能千篇一律地使用黄纸。普通白纸不吉庆，有的黄纸不“上档次”，怎么办好呢?

在我国魏晋南北朝时期，当佛教在华夏土地上获得广泛传播之后，不久社会上便流行为佛教“装金”的一种风气，就是利用贵重的金子（金箔、金粉等）来贴涂美化佛像或装潢经册。到了唐初，为寺庙佛像贴金，显得庄严肃穆、金碧辉煌；为宫廷服饰绣金，变得雍容华丽、光彩夺目。这些在建筑、服饰上描金洒银的手法，无疑促使技师在对纸张的外观处理方面受到了启发。这样一来，便出现了金字银书（在银箔上写金字）、银字金书（在金箔上写银字）的佛经。但是，受材料加工与价格昂贵等原因所限，不可能制造大幅面的金箔、银箔用来写经，于是便采用了“金银纸”。所谓金银纸就是划有金丝栏与银丝栏的纸，因为金、银分别呈显黄色、白色。如果只用黄纸、白纸在其上会出现“不显眼”之毛病，若采用蓝色纸就能够同时显现出金银色。于是便有了以用青藤纸、朱字书写“献天奏章祝文”的习俗。诚如唐代李肇（791—830）的《翰林志》（成书于819年）中所说：“凡太清宫道观荐告词文，用青藤纸朱字，谓之青词”。这说明了唐代已有用青（色）纸祭天的宗教法则[①]。隋唐时期佛教在我国广布流行，众多善男信女以抄写佛经来献佛，称为敬舍或供养。写经的主要材料，过去一般有贝叶、丝帛、纸张等，用研墨、鲜血（液）、泥金等作“书写色料”。泥金（又称金银泥）多为皇室和富贵人家所用，黄金贵重，藉以表达对信仰的虔诚与恭敬。因此，瓷青纸的出现，与佛教的写经需求有很大的关系。

许多文献都有记载泥金的制作，如清代王概（1644—1700）《芥子园画传》中云：“泥金：将真金箔以指略黏胶水，蘸金箔逐张入碟内干研。胶水不可多，多则水浮金沉，不受指研矣。俟研细，金箔如泥，黏于碟内，始加滚水。研稀漂出胶水，微火炽干，再加轻胶水用

① 陶宗仪．说郛 卷九十第11册[M]．北京：中国书店，1986：97．

之。”此文简略地叙述了泥金的制作过程，以及写经时如泥金黏稠，运笔上讲究“迟送涩进”之法。应当注意的是，每次使用后都要把胶水尽数漂出，再使用时重新加胶水，以免金色晦暗。如果色泽不亮，可加皂角以出锈之。换句话说，将金粉或银粉放入胶水中调匀，即成金泥或银泥，或称金银泥、泥金，都是同一个意思。

泥金写经大多数使用瓷青纸，写出的字金光烨烨，色泽鲜亮。明代刘侗（1593—1636）《帝京景物略·卷四》曾有：“瓷青纸，坚韧如段（缎）素，可用书泥金”的记载。瓷青纸的价格颇为昂贵，据明朝沈榜（1540—1597）《宛署杂记》中记载：明万历二十年（1592年），太史连纸2 000张，售价1两8钱（每100张太史连纸的单价为0.9钱）。瓷青纸10张，值银1两（即1张瓷青纸的价钱需1钱银子，可买110张太史连纸）。当时1两银子可买20瓶烧酒，或者（小麦）白面粉100斤或铁钉50斤。而且，与那时的一般纸张都以100张来作为基本计价相比，瓷青纸这个价钱高出其他纸的价格许多倍，可以说是当时最昂贵的纸张之一了。因此，瓷青纸往往成为公卿王侯、高僧大德、富商巨贾、文人名士所喜爱和收藏的“顶级”写经纸。

虽然起初并没有瓷青纸这个纸名，而是被混称为宣德纸或（宣德）写经纸。但是，随着它的应用及其声誉、价格的日渐高涨，人们又因喜其颜色与青花瓷相近，致使它从宣德纸中“脱颖而出”，成为一只飞出草窝的“金凤凰”而被称为“瓷青纸”。所以，不能把它混同古代写经纸。

瓷青纸的外观表面呈现深蓝的颜色，具有一种安祥静谧、意象深远的特征，最适合用于书写内容深奥、哲理性强的经典。再与泥金的字体明暗相映，可以彰显该经典的庄严肃穆，典雅尊贵。故瓷青纸成为专门用来写（神）佛经、画（圣）佛像的名贵纸张。同理，羊脑笺则作为它的派生产品当属同一纸类。

古代写经纸依书写颜料不同大体上可分为两种：第一种是以黑墨书写在白色、米黄色或黄色的写经纸上，如敦煌写经纸、硬黄纸，以及著名的金粟山藏经笺等。第二种则是以金银泥书写（图5-6），纸张为深蓝或蓝偏黑色，以衬托金色字迹，如瓷青纸和羊脑笺。例如故宫博物院所珍藏的清代贝叶式泥金藏文《甘珠尔》、西藏布达拉宫的八宝七彩《丹珠尔》、明朝宣德贡笺羊脑笺等。

图5-6　明代《贤劫经（藏文、图画）》（瓷青纸）

二、实物

在以往的许多研究报告中，对瓷青纸诞生年代，常有不够准确的记载。例如，过去说在敦煌遗书中，发现有少数晋唐年代用“瓷青纸”书写的佛经，可见使用之早①。又如，在1966—1967年，浙江瑞安县仙岩慧光塔发现一批佛经，其中有“瓷青纸”《妙法莲华经》残卷。另有一部经书上有“仙岩寺住持灵素写于大中祥符三年（1015年）及庆历三年（1043年）舍入塔中”的纪年文字，证明为北宋时期的故物。再如，对1978年在浙江苏州市瑞光寺塔出土的北宋雍熙年（984—987年）刻本《妙法莲华经》卷子引首用的是“瓷青纸”，经过显微分析化验，可以确认其原纸为桑皮纤维所造，其后再对原纸用

① 吴织，胡群耘．上海图书馆藏敦煌遗书[J]．敦煌研究，1986（3）：99-101．

"靛青染料"（？）加以处理。还有，日本三井文库所藏敦煌遗书中的经卷《维摩诘经》是用8.5张"瓷青纸"（已成黑色）抄写，一同收藏的还有一批隋唐纪年的经卷，借以认定它们是同一时代的纸品。总之，从敦煌藏经洞的佛教经卷中，以及由山西应县、浙江瑞安、江苏苏州分别出土五代、辽、宋等代的"瓷青纸"佛经，已经将"瓷青纸"始制年代大大提前了①。难道真是这样的么？

笔者认为：迄今为止，在查阅明代以前（包括晋、唐、宋、元朝）有关造纸的史籍中，都没有见到有瓷青纸这个纸名出现。而唐宋元代出产的"青纸"（即蓝色纸）：如儿女青纸、青藤纸、碧楮纸、鸦青纸、碧云春树笺等却有案可稽②。据记载，唐宋代的青纸的原料有藤、楮等（均为韧皮长纤维），并经过染（此处的"染"，自然是青色，即蓝色）、槌加工，纸质较厚③。从外观颜色上看，它们与明代瓷青纸相差不太多，均为一脉相承的染色加工纸。但是，那些纸在当时并不是名叫"瓷青纸"，而应该被称为青纸（类）或青藤纸、碧楮纸（或碧纸）等。遗憾的是，近代以来它们被有的敦煌学者、部分考古工作者主观生硬地套上了"瓷青纸"之名，还进一步认为"发现"了有很早年代的"写经瓷青纸"。从造纸专业角度讲，这是称呼上的一个误会，显然是不妥当的。

在这里，我要特别地恳请专家、学者：鉴于上述存世和出土的那些蓝色的、以金银泥书写的佛经，均为珍贵文物（不许损坏），难以对其纤维原料、加工方法与染料品种等进行全面地分析化验，在未对古今瓷青纸（明代以前、宣德年间、现代仿造）的样品作出对比鉴定之前，请不要随意作出"瓷青纸"的始制年代已提前到晋唐代的结论，以免误导读者。

现存的明代瓷青纸，在各地的一些博物馆、文化馆、图书馆内多

---

① 陈启新．从敦煌遗书探讨瓷青纸始制年代[J]．纸史研究，2003，18：34-36．

② 明·高濂．遵生八笺[M]．兰州：甘肃文化出版社，2004：383．

③ 王菊华．中国古代造纸工程技术史[M]．太原：山西教育出版社，2005：259-261．

有收藏；有的还在私人手中保存。仅举两例，一是明代泥金写本《大方广佛华严经》（图5-7），八十卷。在该经卷中有明确的纪年，为明代万历（1573—1620年）时所写，经折装，每半叶五行，行十五字，金色双边。框高26.6cm，宽12.2cm。瓷青纸，有书牌，记施金祈福者姓氏，卷十五有绘韦陀像，笔意流畅，生动鲜活，惟妙惟肖。《大方广佛华严经》又称《华严经》，或称《杂华经》，是大乘佛教重要经典之一，为中国佛教宗派之一华严宗的主要典籍。又例，清代泥金绘本《无量寿佛》（图5-8）瓷青纸尺寸：纵99.3cm，横61.9cm。本幅款署："乾隆二十六年（1761年）长至（五月）月。臣丁观鹏恭绘。"丁观鹏（1726—1770）为清代宫廷画师。绘本上钤有清内府收藏印："乾隆御览之宝"朱长圆印、"乾隆鉴赏"白圆印、"三希堂精鉴玺"朱长方印、"宜子孙"白方印、"秘殿珠林"朱长方印。图中绘"佛祖如来"现灵世间的情景。画面除神态端庄的佛祖外，还有四大金刚、迦叶、阿难、哼哈二将等佛教人物以及合掌跪拜、虔诚祈福的女信徒。作者采用"勾勒填金"的方式，以泥金为墨绘在瓷青纸上，使画面色泽深重雅丽，营造出一种肃穆祥和的氛围。这些明清朝的瓷青纸，均记有明确的年代，凿字有据，使人深信不疑。

据了解，山东省（济南）图书馆珍藏着一部明朝泥金写本的佛经《大方广佛华严经》。佛经上有明确的纪年为明代万历年间（1573—1620年），即为明万历泥金写本。经折装，每半叶（页）五行，行十五字，金色双边，系瓷青纸。通过题记知道这部写经，是民间信众共同舍金书写合力完成

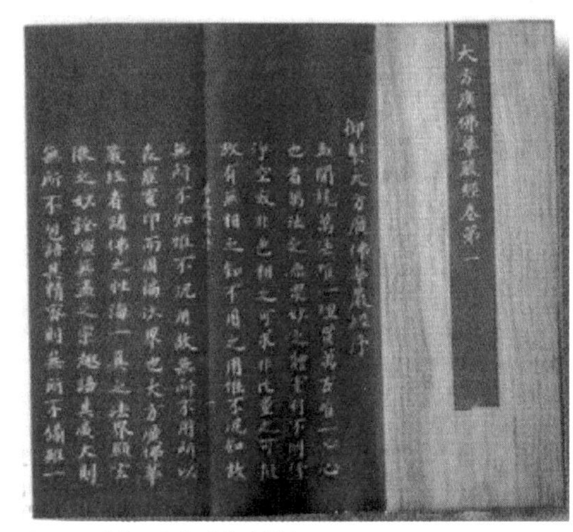

图5-7 《华严经》（瓷青纸）

图5-8 《无量寿佛》（瓷青纸）

的。人们祈愿今生来世和当下诸事吉祥如意，寄托了民间极其平常朴素的生活愿望，也为研究当时的社会和民间宗教信仰提供了资料。打开经卷，在瓷青纸蓝色的映衬下，泥金字体端庄秀丽，一丝不苟，仿佛看见信众们的虔诚静穆心境，以及他们殷切渴望的目光。此外，据悉2010年嘉德公司拍卖会在北京拍卖一部明代泥金写本《八千颂般若经》，以196万元位列古籍部分榜首，这虽是一件小事，但也是令人欣慰的。

三、制法

在古代，瓷青纸的制作分为两部分：一是原材料；二是加工法。原材料选有优质厚桑皮纸为原纸（这是基础）；另取有植物性染料“靛青”或靛蓝。加工法又有利用原纸涂（染）布法，多次染色后并经加蜡、研光而制成的。

“色如青釉”的瓷青纸，它的蓝色来自于“蓝”。这个蓝指的是制蓝色染料的原料（或蓝草），古代植物性蓝色染料的原料有：（1）蓼蓝（*Polygonum tictorium* Aiton），用叶；（2）菘蓝（*Isatis tinctoria* L.），又名茶蓝、大青，用叶；（3）马蓝（*Baphcanthus cusia* Bremek），又名槐兰，用茎叶；（4）木蓝（*Indigofera tinctoria* L.），又名吴蓝，用茎叶等。常用的是蓼蓝（草名，蓼科蓼属，一年生草本植物），茎高60～90cm，叶长呈椭圆形、互生；花淡红色、小而无瓣。叶子含蓝汁，可以做蓝色染料。以其形似蓼，故称为蓼蓝。其操作是：将蓼蓝的叶放入水中淹泡、发酵，再向液内加入石灰（或草木灰），并不停地搅拌，以中和发酵时产生的酸质，使隐色靛白受空气氧化而生成靛蓝，浓缩后成糊膏状物，即为蓝色染料。

“青出于蓝而胜于蓝”是指染料蓝色的变化。蓝草、靛青、靛蓝，这三种叫法的意思分别是：蓝草（以蓼蓝为代表），是指地里生长的蓝（色）草；靛青，是对蓝草进行提炼制取过程之结果；靛蓝，因靛青由浅色而呈深蓝色。为简化起见，人们习惯地把此色调的染料统称为蓝靛染料，有的地区则称之为靛青染料，把靛青与靛蓝之间划上等号（两者微有差别）。

靛青染料，具有深蓝色（由蓝和紫混合而成的颜色，即靛蓝色）或蓝紫色（即蓝色原色与原色调较深点的颜色合一，即靛青色）。它原来是用于做布料的蓝色颜料，此染料染于布上颜色经久不退，而且颜色鲜艳亮丽。其后才改用来加工瓷青纸。

在古代许多染料植物中，蓼蓝不仅应用最多，用量也是最大的一种。其基本操作是将靛青染料头一遍刷染原纸，然后用清水涂布一遍，待纸面干燥后再行第二遍刷染。再水洗、干燥，再行第三遍刷染。如此循回需要多次（多达六七次）重复"染后水洗"操作。如果是布匹，多次水洗是没有问题的。但是纸张被水洗容易破损，同时还要一张张地刷染很花费时间，十分麻烦。一般要染浅色很容易（水洗次数少），但染深颜色的纸，且一次染足是相当困难的（水洗次数多）。而且这个蓝靛在染色的时候在中途会起变化，不像一般别的（酸性或碱性）染料很固定，蓝靛染色有时会随温度变而颜色变，也随用碱量、添加药品的顺序，对纸的颜色产生不同程度的影响。

瓷青纸还可再加工而成"瓷青蜡笺"，即加蜡、砑光，纸的表面平滑富有光泽，泥金字的质感非常华丽。以激光拍摄，可以看出这张纸在不同角度下所产生的色相变化。在合适的光线下，瓷青纸本应呈现深蓝色，但（黑白）印刷品的效果却是近乎黑色。常与羊脑纸混淆一起，故使用时要十分小心辨别。

至于瓷青纸的特色，明朝屠隆（1544—1605）写的《考盘余事》与项元汴（1525—1590）写的《蕉窗九录》两本书里，都提到过"有瓷青纸，如段（缎）素，坚韧可宝"，说明了这种纸是一种很强韧的纸。不过，它应该与造纸使用的纤维种类有关，而与蓝靛染料没有直接关联。由于制作技术十分困难，加上瓷青纸的使用量日渐减少，清朝晚期该纸即退出市场，不久失传。

瓷青纸开始供宫廷中用金银泥书写佛经、文牒等，一般是宗教用途，以泥金在上面写经或画佛画。后来，瓷青纸主要用作线装书的书皮，被用作卷轴的引首或包首，也可取作“装池”（装池系书画装裱业中的专业术语，意指高手对旧画进行带有修复性的装裱，比一般只对新画进行装裱的技艺要求更高）之用。

瓷青纸问世不久，由于考虑到佛经、画像的长期保存性，免遭虫害，进而派生了在瓷青纸的基础上加工而成另一种相当名贵的加工纸，取名为羊脑笺（Yangnao Paper）。可是，羊脑笺的创制者是谁?发明动机是什么？跟瓷青纸似乎一样，迄今找不到任何依据。有人指出：我国的历史本来就是一部帝王将相的传记史，再加上古代人有对科技的偏见（谓之曰“雕虫小技”）作祟，许多属于科技方面的内容不被记载，致使后世茫然不知，无所适从。这是众多的历史迷团之一，也是古纸研究中的一个尚待解决的难点。

根据清代人沈初（1729—1799）在《西清笔记》一书中称：“羊脑笺以宣德瓷青笺为之，以羊脑（调）和顶烟（松烟）窨藏久之，取以涂纸，砑光及压成缎纹而成。黑如漆，明如镜，始自明宣德年间，以泥金写经，虫不能蛀。今（北京）内城惟一家（清宫纸厂）尤传其法”。由此可知，羊脑笺也始制于明宣德年间，是在瓷青纸上采用涂

图5-9　明代羊脑笺泥金写本《大方广佛华严经》（羊脑笺）

布的加工方法，把窨藏了一段时间的羊脑和顶烟墨涂于纸上，然后砑光制成。羊脑笺坚硬如板，纸面的颜色如漆墨、厚重、典雅，宛如黑色绸缎，用泥金写字，一般用来写佛经，而且可以历久不坏，不受虫蛀，且外观富丽堂皇（图5-9）。

应当指出，瓷青纸与羊脑笺虽然紧密相连，但是却应列为两种不同的染色加工纸。它们之间有一点相同，四点不同：这两种纸的原纸都是皮纸——此为相同之点。到底是青檀皮、楮皮还是桑皮？抑或为混合皮料？这要根据不同时期（明代或清代）、不同地点所加工的具体情况而定。不同之点是；第一，用料和制法不同，后者除染料等之外还多用了羊脑与松烟，经过涂刷纸面，再行研光。最后还要进行一段时间的"阴干"。加工时，稍有不慎就会影响成品质量。第二，色泽不同，瓷青纸初是蓝色，逐而加深为蓝黑色（有变化），羊脑笺则是黑色的（无变化）。第三，强度不同，瓷青纸的强度较大，羊脑笺更大。第四，厚薄不同，瓷青纸的厚度较大，羊脑笺更大。

四、仿造

如前所述，瓷青纸在清代已有大量的仿造品。那时候，瓷青纸蜡笺作为高级品供佛教写经、画像之用；而一般瓷青纸则用作书写、装帧、印制"笺纸"等。

至于所采用的原纸，以明清时期所制者最为讲究，多是由宣纸加工而成的。当然也可以使用别的皮纸。

除清代仿造瓷青纸、羊脑笺外，近代的一些"书画南纸店"（清末民初，市场上常把我国南方各地生产的手工纸称为南纸，销售该纸的商铺称为南纸店），据说如北京荣宝斋、上海朵云轩、广州集雅斋、合肥掇英轩等也曾经少量仿造过。如著名书法家启功（1912—2005）用仿瓷青纸写的条幅（图5-10），以泥金书之，不仅金字的颜色十分鲜明，而且在光照下熠熠生辉，成为不可多得的罕世之宝。又如1959年9月出版、由著名历史学家顾颉刚（1893—1980）主持整理，作为新中国成立十周年的献礼书：《史记》（线装大字本）。本书共6函52册，每册封面采用（蓝色）仿瓷青纸，正文为单宣纸，函套为蓝色亚麻布。限量发行700套，附精美藏书票，配实木箱。现在已成为各大图书馆里珍贵的收藏品，拍价不菲。

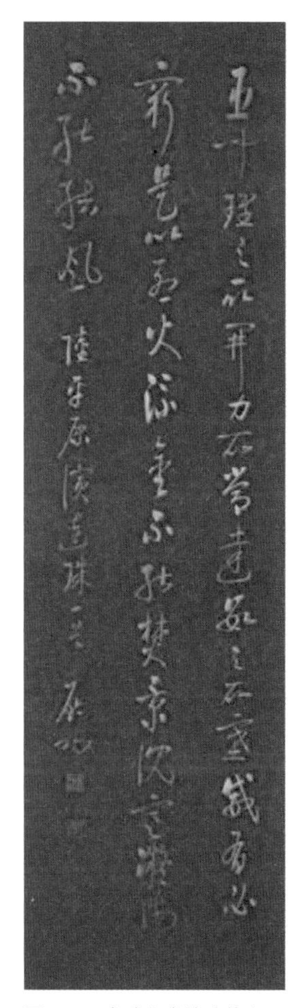

图5-10 启功之书法（镜心、仿瓷青纸）

仿造这类古纸的目的有：第一，是研究中国古纸的特征，找寻其耐久性（保存性）之原理；第二，是对古书古画（特别是对高级佛经、佛画圣品）的收藏很有意义；第三，是对古代传统的纸质品之修复，也有很大的参考价值；第四，是供有关部门或个人在进行某些文化艺术活动中，让广大群众观赏，以利于宣传中华民族优秀的科技文化与知识。总之，仿造瓷青纸、羊脑笺这两种纸在当今仍具有价值，还是令人首肯的。

但是，仿造不等于把这些古纸当作今日之商品在市场大量拍卖，也没有必要完全“复古”，如法炮制。可以采取“古纸新造”的思路，避免一些意外的困难。例如，羊脑笺在古书上的记载是写用墨（顶烟墨）和羊脑两种原料调合制成的。一来因为羊脑不易得（新鲜羊脑还要封存1年以上）：二来处理上很不方便，且气味非常难闻。羊脑所“扮演”使纸面较黑较亮、且有耐久防蛀的功能，完全可以用现代的其他化学药品来代替。“用古纸新造的概念，找回失传千百年的中国手工造纸技术，也为现代书画家找到作品流传万世的依靠”①。

又如瓷青纸也用过“纤维染色法”，即采用靛青对桑皮纤维先进行染色，随后在纸槽中抄造成纸。不过，却不容易使瓷青纸的蓝色保持均匀一致，褪色现象时有发生。现在，靛青染料也有人工合成的产品问世。某些矿物性蓝色染料（如天青石矿）也有应用（采矿不易）的机会，但为数甚少。怎么仿造这两种染色加工纸？还留下一连串的问号，寄望于有心人努力地去进一步寻求解答。

① 王国财，王益真，苏裕昌. 磁青蜡笺与羊脑笺之研制[J]. 台湾林业科学，2003（2）：125-129.

第三节
万年红纸

万年红纸（Dull Red Paper）系明代纸名。它是明朝时由广东南海（今佛山）民间造纸工匠发明的一种橘红色的加工纸。这种纸是利用化学品“红丹”（铅丹）刷涂在竹纸上加工制成的，因其橘红色经久不变，具有一定的防蛀效果，故而得名。今人则称之为防蠹纸（Moth-Proof Paper）、红丹防蠹纸或防蛀纸。

1976年初，笔者曾在中国历史博物馆，与同行们一道对万年红纸进行了初步的研究[①]。因限于当时的条件，主要是证明了三点：一是橘红色的铅丹即为“四氧化三铅”化合物；二是原纸系竹纸（毛边纸）；三是这种防蠹纸针对毛衣鱼（*Ctenolepisma villosa* Fabricius，简称衣鱼）具有毒杀作用（未涉及别的害虫）。故对万年红纸的功能及其作用，究竟如何全面评价，还有待进一步研究解决。

现在的重点是探讨发明万年红纸的原因、制作方法和应用于古籍防蠹方面的局限性，供读者参考。如有不当之处，请予以教正。

① 中国历史博物馆防蠹纸研究小组（刘仁庆执笔）. 对明清时期防蠹纸的研究[J]. 文物，1977（1）：47-50.

一、发明原因

汉代发明造纸术之初，那时候书写材料是简、帛、纸三者并行。至东晋元兴三年（404年），太尉桓玄下令：官府停止使用简牍书写公文，以黄纸代之。从此以后，简帛的应用日渐减少直到废止，纸张终于成为我国官府公文的正式书写载体。与此同时，民间也逐而随之扩大范围使用纸张。这样一来，纸张便成为全国上下一致通用的书写材料。

让人意外的是，从纸张诞生之后，竟然遭受到蛀虫的侵蚀，纸页遭受损坏。纸质害虫甚多，计有：（毛）衣鱼、书虱、白蚁、黑皮蠹、烟甲虫、百怪皮蠹、小圆皮蠹等（图5-11）。它们把纸页层层吃薄，甚至吃穿成洞。当环境很潮湿时，纸上生长了一些霉菌，它们也会去吃霉菌或有机质。由于蛀书（纸）的害虫较多，它们是危害古籍和纸本的大敌（图5-12）。虽然历朝历代搞出了一些防止虫害的方

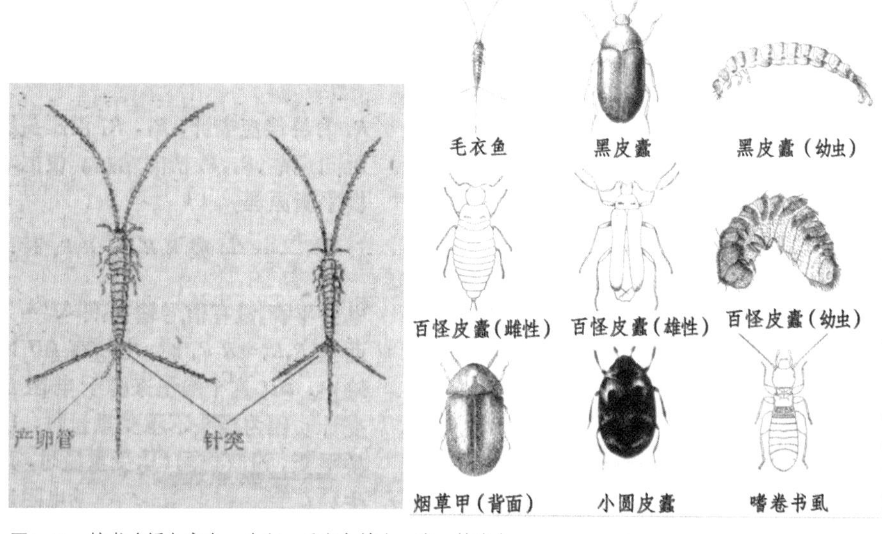

图5-11　蛀书（纸）害虫，（左：毛衣鱼放大；右：蛀虫）

法，但是依然不能够"毕功于一役"，难以彻底解决问题。

为了防止纸本、书籍、公文免遭虫害，古人已利用当时的物质条

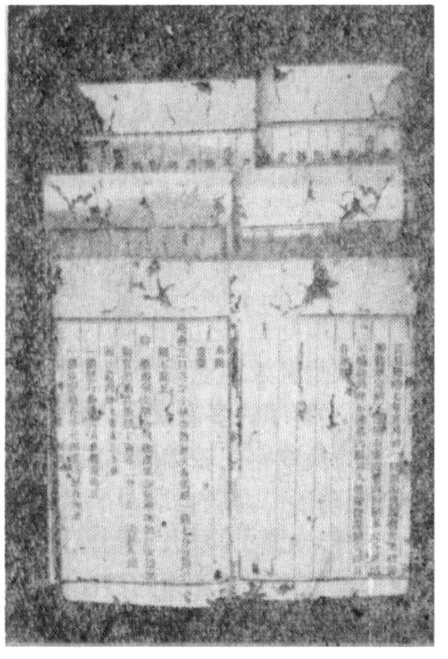

图5-12　古书遭蠹（左：古时，右：现状）

件和科技手段，对书籍、纸张进行保护和修复，采取了以下措施①：例如：（1）黄柏（檗）染纸法：在两晋时期，人们利用这种开黄绿色小花的落叶乔木，因其树皮中含有杀虫作用的成分，故把“纸张入潢”，借此防止虫蛀。该办法是将纸张浸泡在黄色的黄柏溶液中，然后取出、晾干而成。（2）香气驱避法：南北朝时放置麝香、香木瓜，宋代还用放置花椒、芸香、角蒿、鱼石子等方法避蠹。强烈辛辣气味对蠹虫有驱避作用，芸香为芸香科多年生草植物，其枝叶含有具有强烈芳香气味的芳香油，对蠹虫有较好的驱避作用。此法简便易行，又行之有效，且来源比麝香、香木瓜等更为广泛和廉价易得，倍受古人青睐，运用和流传也较久。（3）雌黄染纸法：雌黄是一种含砷的有毒矿物，为柠檬黄色，具有杀虫的效果。此法是对黄柏染纸法的一个补充。（4）摊晒晾干法：如明朝时期，规定每年阴历六月初六日，清代每年夏秋两季，在阳光下摊开书籍晾晒，官府有专职人员负责掌握，

① 连成叶．中国古代档案典籍保护技术探讨[J]．福建师范大学学报（哲学社会科学版），1999（2）：35-37．

私家自行安排。其做法一般是：将“书脑”（即线装书订线右侧的空白处）的两面翻晒一定时间，以保证晾晒效果。晾晒完毕，稍加放置，待其自然冷却后，再收藏入库（室）。

尽管前朝（明代以前）已经有了一些防止纸本遭受虫害的办法，但仍然存在着若干缺点和不足之处。原因是多方面的，比如原料来源稀缺、制备加工麻烦、实际效果欠佳、有悖生活习惯等，推广上出现障碍与困难。到了明代中期，人们在总结前人经验的基础上，想出了一种防治虫害的新方法。

什么样的新方法呢？这还要从头说起，明朝是我国历史上继汉、唐、宋代之后的第四个鼎盛时代。在政治、经济、文化方面有了长足的进步，其中最突出的表现是：蓬勃兴盛起来的印刷业和造纸业。

明朝学者胡应麟（1551—1602）在《少室山房笔丛》中说：“凡印书，永丰绵纸为上，常山柬纸次之，福建竹纸为下。绵贵其白且坚，柬贵其润且厚。顺昌坚不如绵，厚不如柬，直以价廉取称。”又有现代学者周连宽（1905—1998，原名周梓贤，别号苦竹斋主，广东开平人，中山大学教授）在《书林谈屑》中说：“明刻用纸，亦分黄白两类，白纸复分白棉与白皮。白棉纸色纯白，质坚而厚，表面不如开化纸光滑。白皮纸白中微带灰黄，颇似米色，不如白棉之细密，亮处照之，尝见较粗之纤维，盘结于帘纹间。黄纸复分黄棉与竹纸。黄棉与白棉略同，而色带灰黄。竹纸则类多脆薄易碎，故藏书家购求明版，必以白纸为贵。”由以上两段文学记载，说明了若按时期来分，明代初期多用白绵纸和黄麻纸，用竹纸的极少。明代中期多用黄绵纸，也有用竹纸的。明代晚期则多用竹纸，如连史纸、罗纹纸、毛边纸、毛太纸等。古时绵与棉字相通，故白绵纸即白棉纸，在南方又统称皮纸或树皮纸。官刻本用的白棉纸，颜色洁白，质细而柔，纤维多，韧性强。家刻本多用黄棉纸，呈黑黄色，韧性稍差。明代纸张的品类虽然很多，不外乎就是皮纸和竹纸两种，且价格差别也很大。

明朝时在广东南海（今佛山）一带，记写“家谱”之风在该地区蓬勃兴起。所谓家谱，就是记载本家族世系和重要人物事迹的书。最早的孔子家谱，可以说是起源于司马迁写的《史记》。从汉代始到唐朝，孔子家谱的修订一直是朝廷的一项重要使命。不过到了宋代，随着科举制度的完善，朝廷几乎不再参与“修谱”工作，孔子家谱得以在民间流行。明太祖朱元璋早在洪武初年时，就下旨推行“家礼纪事”，从而有助于多地用纸来记录或印刻社会各姓的家谱。

在广东佛山镇的人口当中，基本没有土著，全部为从外地迁徙而来。这些姓氏家族多是从北方避乱逃往到广东南雄的珠玑巷，再由南雄辗转来到佛山。宋代，从中原迁徙到佛山的家族，同时带来了先进的中原文化，其中这就包括编修族（家）谱。在此以前，土著是没有编修家谱的文化习惯的。随着外族与土著的融合，外地人变成了本地人。后来由南海（佛山）的本地人带头编修家谱，风行之盛，日渐影响周边的顺德、江门等地，这也反映了文化融合的渗透性和城市社会的包容性。家谱多为单本，由本族的祠堂掌门人来规划、编撰和收藏。一部详实的家谱不仅记录着“这一个”家族的人间沧桑，还能补充正史、方志之缺失。

明朝的造纸业中，竹纸生产特别兴旺，大江南北，平川西东，大凡有竹林之处都建有“竹纸坊”，可谓“竹纸遍天下”，诸如毛边纸、连四纸等，不仅性能尚好，而且价钱便宜。所以佛山人的家谱几乎全由这些竹纸来抄写或印刷。而竹纸最怕的是虫蛀，尤其佛山处于南方潮湿之地。于是各家各户的家谱（一般是单本）的收藏保存便成了问题，这自然而然地引起了社会上的普遍关注。

于是，有人制作出了一种橘红色的防止虫蛀的纸张，民间的俗名叫“万年红”（亦称万年红纸），供给市民需用。其用法十分简单，开始可能是用万年红把全书（家谱）包封起来，后来觉得既不方便也不雅观，把它改为与书本的大小一样作为“前后护页”。换言之，就是拿这种纸（裁成一定的尺寸）装潢在书籍封面后的扉页和封底前的一页，再放入书柜或书箱里，可以保护书籍不受虫蚀，全书久藏不

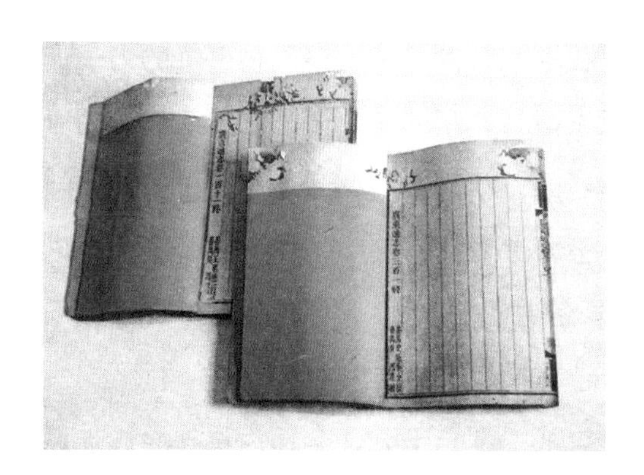

图5-13　万年红纸使用效果比较
（书页下部使用万年红纸不蛀；上部不使用会遭受蠹蛀）

蛀。省去了许多劳作，大大地节约了收藏者的时间和精力。这种纸到底是谁想出来的呢？

笔者查阅了各种历史资料后，最终得出的结论是："万年红"（纸）是广东南海（今佛山）民间造纸工匠（无名氏）发明的。虽然这或许是一（几）位造纸工匠的杰作，没有留名于世，可是它对于古代书史所做出的贡献是不能被抹煞的。

万年红纸以家谱单本为主，后来扩大到其他书册，将橘红色的防蠹纸装订在书籍的扉页和底页。使之成为"粤刊本"的一个重要标志，给人们留下深刻的印象。总之，发明万年红纸（防蠹纸）是应时代之需要的必然结果。

现在明清时期的粤刊（书）本，在一些大型图书馆和博物馆均有收藏。比如：中国历史博物馆（现名国家博物馆）收藏的明代崇祯四年（1631年）刊刻的《梦溪笔谈》、清代嘉庆十一年（1806年）刊印的《羊城古钞》两书，都衬有这种"万年红纸"，至今仍完好无损。而没有万年红纸之处，却遭到蠹蛀（图5-13）。

二、制作方法

（1）原料

制作万年红纸的原料比较简单，计有：铅丹、胶料和"原纸"，最主要的是铅丹。铅丹又称红丹，我国自古早已从炼丹术中积累了铅丹的制法。诚如明代宋应星（1587—1666）在《天工开物》中所述：

“凡炒铅丹，用铅一斤，土硫磺十两，硝石一两。熔铅成汁，下醋点之，滚沸时，下硫一块。少顷，入硝少许，沸定再点醋，依前，渐下硝、磺，待为末，则成丹矣。”这段话的意思就是说，制造铅丹的原料是：铅一斤、硫黄十两、硝石一两。先把铅加热熔化，加几滴醋。在熔铅沸腾时加入一块硫黄。过一会再加入一点硝石，待沸腾停止，再加一些醋。按照前边的顺序，慢慢地加入硝石、硫黄，直到它们都成为粉末状，这时便炼成铅丹了。

从化学原理上讲，我国古代已经懂得以铅（Pb）、硫黄（S）、硝石（KNO_3）等为原料，在空气中和高温条件下，使之发生一系列的化学变化，最后生成橘红色粉末——红丹（即铅丹）。铅丹的主要化学成分是四氧化三铅，次要化学成分是碱性硫酸铅（$PbO·PbSO_4$）、一氧化铅（PbO）等。而在现代，四氧化三铅是利用一氧化铅或碳酸铅来制备的。在加热熔化铅块时，吹入空气即可得到一氧化铅，继续升温至430℃~450℃，生成的铅丹中四氧化三铅含量的比例最高，橘红色也最为鲜艳。

根据现代研究[①]，铅丹的化学式是：Pb_3O_4，式量是685.59，红色四方晶系鳞片状结晶或无定形粉末。有毒，密度约$8.92g·cm^{-3}$，在空气中稳定，不溶于水、乙醇，熔点830℃。实际组成是$Pb_2[PbO_4]$，分子结构中有八面体：其键长213~220pm（皮米）和三角锥体：其键长222~234pm。

在古代，铅丹是炼丹术的常用的化学药物之一，后来又是一种中药成分，在李时珍（1518—1593）的《本草纲目》中亦有记载，可以随时随地从中药铺购买，作为外用药，可治疗皮肤湿疮、解毒止痒等。起初，可能是偶然有人把铅丹涂在纸上，从而得到人们意外的效果。于是引起了造纸工匠的兴趣，开始考虑制作工艺。试验成功后因纸面呈现鲜艳的橘红色，故被呼之为万年红（纸）。

---

① 周公度．化学辞典[M]，北京：化学工业出版社，2004：655.

（2）加工

为了使铅丹能够贴附在原纸上，需要将铅丹进行再次研成细粉末，稍加点水，加入桃胶（植物性胶），用温水调匀，浓度控制在15%~25%，即成涂料，备用。

据记载，我国从晋代起已经发明了黄檗（柏）染纸（书）之法，谓之“入潢”。但是，因万年红的原纸是以竹子为原料的毛边纸或连四（史）纸，其性较弱，不耐水，故不宜采取把纸浸入染液中的作法。于是，便改以涂刷之法，即以毛刷（或排笔）把这种悬浊胶料涂刷在毛边纸（或连四纸）上，自然阴干而成。

因为铅丹是重金属盐类的氧化物，性质稳定，在空气中相当长的时间，不易分解。同时，过去用来“辟蠹”的“药料”（如黄柏、芸香、莽草、樟脑等）都不及万年红纸简易、适用、防蠹效果好；而且万年红纸鲜艳的橘红色，与白（黄）色书页相映，有增加书籍的美观之效果。毒理试验表明：铅丹的半致死量（使试验对象50%死亡的剂量）$LD_{50}=220mg\cdot kg^{-1}$。这就是万年红纸具有防蠹作用的根据。同时，具有防蠹能力的四氧化三铅，可以经过几百年仍然保持鲜艳的红色不变。所以这就是明清时期纸本保护技术中的一项不可小视的突破。

（3）注意

制作万年纸红的方法十分简便，再加上将此纸夹入书中就能防止害虫对珍贵典籍的危害，所以在广东地区的印刷出版业一时获得了广泛应用。但是，在防蠹纸流传的过程中曾被一些坏人钻了空子，他们以廉价的橘红色染料（不是四氧化三铅）刷染纸面，冒充代替，牟取高利。因此，某些装有假冒万年红纸的粤刊本，遭到虫蚀，影响其信誉，遂后失传。与古书打交道的人士，请注意这个真伪问题。

三、防虫效果

万年红纸（防蠹纸）是明朝时期，由我国广东佛山造纸工匠创造发明的。把这种防虫纸装订在古书的扉页、底页，可以在一定时间防止蠹虫危害书籍。但是，从这种纸在明朝开始使用以后，应当了解到当时的各种条件，如预计的目标是：单本册书的保护。由于其配方和工艺比较简单等，使用范围是有限度的，因此还不宜大面积推广。

例如，1980年上海档案馆曾经自制了一部分红丹防蠹纸，少量试用于永久档案的保管[1]。其方法是按古书的装订形式，在档案的"卷内目录"前与"备考表"后各衬上一张红丹防蠹纸。为了进一步证实这种防蠹纸的效能，将毛衣鱼放入玻璃瓶内，以二层红丹防蠹纸与二层普通的毛边纸分别制成纸包封住，放入瓶内，经过半年多的观察，普通毛边纸的纸包全被毛衣鱼吃光。而防蠹纸的纸包却毫无蛀食。与此同时，在另一只玻璃瓶内全部放入防蠹纸片，结果发现毛衣鱼将防蠹纸的背面原（胚）纸蛀食了，而涂红丹等药剂的一面却完好无损。根据上述观察，可以认为防蠹纸是由于红丹具有一定毒性，毛衣鱼才不蛀食，所以只能起防蠹作用。但却发现毛衣鱼却栖身在防蠹纸上，并没有畏惧的迹象，这说明防蠹纸不具有驱虫效能。为此，"我们认为如参照古书的作法将防蠹纸应用在档案保管上，尚值得商榷。"

应该注意到：破坏纸张的害虫远不止一种毛衣鱼，其他还有如黑皮蠹、红皮蠹、蠹鱼、蛀蚀甲虫等，都是啃蚀纸本的害虫。根据现代昆虫学的研究，这些蛀纸（书）害虫兴盛和久盛不衰的原因，与遗传因子、适应环境的可变性和微小体形的运动方式、能力、食性、繁殖、变态、休眠以及所生存的空间等多种因素密切有关，它们是不可能完全消灭干净的。

万年红纸作为一个历史时期对纸本采取的保护措施，既有积极的

---

① 吴利明. 万年红防蠹纸[J]. 档案学通讯，1981（6）：55.

一面，也有欠缺的一面。限于历史条件，它不可能是尽善尽美的。万年红纸或许已经作为一个历史名词而流传下来。好比是跟已经“寿终就寝”的邮局电报、留声机唱片一样，它也不必列入人类的“非物质文化遗产”。现在，社会上有一种不良的倾向，把历史上所有的“老东西”，不加分析地都拿来申报“非物质文化遗产”，以便“搭台捧纸唱戏、发展地方经济”。这种“另类倾向”是值得引起有关文化部门时刻警觉的。

随着科学技术的不断发展，人们对事物的认识也在不断的深入。对古籍、文物、档案科学保护的方法和思想概念都已发生了很大的变化，产生这些变化的主要原因，是人们对环境的关注度大大地加强了。因为防蠹问题，不仅仅只涉及蛀虫一项，而且保护措施也与空气状况、与温度湿度、纸张自身老化、自然灾祸影响等多种原因有关。

人类社会进步的天敌是自然灾害，而自然灾害的发生是不以人的意志为转移的。蛀虫无孔不入，由于库房的门窗不严使一些小虫乘虚而入，吃食、破坏书籍、文件、档案。而纸张的耐久性也会随着时间的推移，而逐渐减弱，变得又松、又脆、又酥。受外界不良因素的影响后，还会出现墨迹变浅、发霉、焦脆、成砖状、絮状，最后纸本将被彻底破坏。

保护人类历史文化的纸质古籍，任务艰巨，路途遥远。这些珍贵的文物是全社会的共同财富，要充分地利用现代化的手段，结合过去历史上前人既有的可资借鉴的经验，在配备有安全保护措施的前提下，对大量的古籍、文件、档案进行各种手段（如缩微、光盘、扫描、复印、临摹等），加以全面、完整、精细地保存，是我们不容推卸的神圣职责和必定达到的宏伟目标。

第四节
连史纸

一、纸名的渊源考察

图5-14　连史纸

连史纸（Lian-Shi Paper）是一种常见的手工纸（图5-14），供高级古籍印刷和毛笔书写用。原产于我国江西、福建等省[①]，系明代纸名。当初笔者研究这个课题时，一开始便陷入了困境。因为有关连史纸的来由和含义，众说纷纭，莫衷一是。现将几种说法照抄（受篇幅所限，只做部分摘录）如下：

（1）连史纸是明清时“连四纸”（Liansi Paper）的讹称[②]。连四纸是产于福建省邵武、江西铅（yán）山等县的纸张。以嫩竹为原料，经石灰处理，漂白打浆，后用手工抄造而成。纸质精致，洁白匀细，经久不变，为当时印刷书籍和题咏的常用纸张。

① 王箴．化工辞典[M]．北京：燃料化学工业出版社，1969：220．
② 孙敦秀．文房四宝手册[M]．北京：燕山出版社，1991：167．

（2）连史纸是用嫩竹制成的漂白文化纸，可供书写、印刷线装本古籍及装裱书画之用……连史纸的主要产地为江西的铅山和福建的连城、邵武。连城所产的连史纸尚有“大连纸”“粉连纸”等名称……连史纸原名为“连四纸”。“连四”一词的由来，说法不一。有人认为：连字代表福建省的“连”城县，四字是代表纸幅比原来的放宽“四”倍[①]。意思是该纸要比最初制造出来纸的幅面大一些，遂即称为“连四纸”，后来又将连四纸改称为连史纸。

（3）连史纸是民间常见的手工纸之一，供毛笔书写用。相传古时福建某地有连氏兄弟二人，排行老三、老四，都是纸工。老四的技艺比哥哥更高，生产的纸质更优，远近驰名，被人们誉称为“连家老四纸”，简称连四纸。后来传到外地就误传为连史纸，也许是连史纸比连四纸更雅致，由此流传下来[②]。

（4）连四纸在明清时又名为连史纸，此名一直沿用到现在。而在不同时期的连史纸，用料不同，除四川外，江西、福建等地也有连史纸名目。关于这种名目的由来，过去人们认为是由连氏兄弟造的，且以其排行而为纸名。我们认为这可能属于一种附会。元代人“费著”（另说：作者是“袁说友”）谈连四纸时加注曰：“售者连四一名曰船笺”，可见不是连姓人所造而纸名（连四纸）来自抄造方法，过去造纸多是一帘一纸，如果将棉布条缝在一长的捞纸竹帘中间，使帘面一分为二，则捞纸时，一帘便可同时形成两张纸。因为棉布条阻止滤水，在这上面的纸浆不能形成湿纸面，所以将一帘抄两纸取名连二纸。同理，加两个布条，则一帘三纸；加三个布条，一帘四纸。用这种方法捞纸，在单位时间内无形中成倍地提高了工效。后来的连四纸（或连史纸），有时只存其名，实际上仍是一帘一纸，只不过幅面较大。最初的连二、连三、连四纸幅面较小[③]。

---

① 戴家璋．中国造纸技术简史[M]．北京：中国轻工业出版社，1994：217．
② 刘劭．纸的世界[M]．福州：福建科学技术出版社，1994：83-84．
③ 潘吉星．中国科学技术史·造纸与印刷卷[M]．北京：科学出版社，1998：195．

从上述的4种说法中，获得的初步印象是：连史纸初名连四纸，是按手工抄造方法为据而来取名的。在以后流传的过程中，因“四”与“史”的字音相近，后者更为文雅，且由于捞纸技法有改进、纸之品质有提高，故更名为连史纸（图5-17），并不存在讹传的问题。附带说一句，在我国古籍中常有一种附庸“古老”的习惯。提及任何事物都追溯早些年，以为越古老者越“赫赫有名”，越新近者越“不值一文（钱）”，跟现代人追求时尚的概念刚好相反。

由此得知，以往曾经广为流传的、“连史纸”由福建连氏兄弟（排行老四）所创之言，是不确切的。它只是在我国民间口头杜撰的一个凄美的传说，或者说仅是一片“浮云”。起初，连史纸的主要产地有两个地区：即江西省铅山和福建省连城。那么，现在的问题是：连四纸的原产地究竟在哪里？由连四到连史（纸），发生了什么样的变化？最终为何连史纸的名声被流传下来？

二、两个产地一种纸

不论是连四纸，还是连史纸，都是采用嫩竹做原料加工而制成的一种竹纸。可以把江西省铅山生产的叫做连四纸（简称铅山连四纸）；福建省连城生产的称为连史纸（简称连城连史纸）。根据目前掌握的历史地理学资料来看，江西铅山县地处武夷山北麓，而福建的连城县则在武夷山南麓，两处分布于一座山脉的两端，成为分布在一座山脉的两个纸张生产点。在明代，它们孰先孰后，两者之间是什么关系？现在让我们分述一下：

（1）铅山连四纸（简化为铅山纸）

江西铅山县，地处现在的上饶市东南方向。境内水系发达，植被良好，盛产毛竹。在明朝嘉靖年间，这里手工业发达，商贸市场繁荣。其属下的河口镇与景德镇、樟树镇、吴城镇齐名，成为江西省的“四大名镇”。当地民间流传了这样一句顺口溜：“河口镇的竹纸，景德镇的青花瓷（器），樟树镇的草药，吴城镇的大木头（材）”。所以说河口镇是以纸张之大宗集散地而闻名的。据明代以降的本县地方志称，“铅山唯纸利天下”，连四纸的最早产地就在铅山的河口镇。这里曾经是一个大商埠，商家如云。尤其是纸店（零售兼批发）、纸号（专营批发、不事零售）、纸行（代办纸张转手贸易）、纸庄（专为零星客商收购，转运纸张）等户头，多不胜数。

明·宋应星《天工开物》第十三卷杀青篇内，谈及造竹纸时写道：“若铅山诸邑所造柬纸，则全用细竹料厚质荡成。”又说：“此纸自广信郡（明代府名，今江西省上饶市）造，长过七尺，阔过四尺。五色颜料，先滴色汁槽内合成，不由后染。其次曰连四纸，连四中最白者曰红上纸。”

明万历《铅山·食货志》记载：“纸凡十有四种：毛边、京文、堂本、（陈坊）竹帛、（西港）火纸、草纸、大小夹板光、（古娄）古块纸、书策纸、连四、古本毛疏，而太史连、荆川连、白棉纸，则皆近年所造”（文中纸名不分先后）。

又据《江西省志》记载，当时司礼监行造纸，名称连四纸，结连四纸，绵连四纸。此纸以竹为原料，色白，不易变质变色。凡贵重书籍、碑帖、信笺、扇料等都用此纸。总之，得到的印象是铅山连四纸系竹料所造，纸色白细，应用甚为广泛。

（2）连城连史纸（简化为连城纸）

福建连城县，今属福建省龙岩市，地处闽、粤、赣三省交汇点。此县的东部有一“姑田镇”，该地名之由来，据传为古时董埔（地名）有一少女出嫁，其姑赠她田一丘作“嫁妆”，故称姑田。此处高山峻岭、雨量充沛、竹林茂密，山峦重叠，峰壑纵横，溪流密布，是产纸的好地方。且镇之西南有“紫阳书院”，文人会萃，商朋云集，经济繁荣。此独特的地理、生态环境，为连城连史纸的制作工艺及生产发展提供了良好的条件。连史纸以姑田所产的举为代表作。

明代《连城县志》有记载：明代天启元年（1621年），连城县姑田上堡乡元甲村蒋少林到邵武县禾坪乡做工，学习当地的竹丝天然漂白的技术，于崇祯二年（1629年）回到姑田，制出了“漂料纸”——元甲纸，这可能是连城纸之另一俗名。

清代乾隆十六年（1751年）编纂的《连城县志》载：“纸以竹穰为之……又有连史、官边、烟纸、高帘、夹板等纸。”嘉庆十七年（1812年）《临汀汇考》载：“汀地货物，惟纸行四方。连邑有连史、官边、贡川、花胚最为精细，文讳用之。”自从连史纸诞生后，不少贵重书籍、契文、档案、史料等多用连史纸制作。从地方史志有关连史纸的记载来看，这些史志中的连城纸并没有出现连三、连四、连泗、连七等纸名，从史料上来看连城纸早就叫连史纸了，连城连史纸并不是讹称。

连城纸的纸面纤维交织紧密，无明显的帘纹。小面积手感光滑如油，大面积光滑有滞（有滞是因为在砖焙上焙纸的原因）。由于纤维细腻，连史纸存放一段时间以后，色泽更显自然温润。

因为铅山连四纸与连城连史纸，它们虽然是由两地所生产的。不过，在市场上实际上是同一种竹纸，而且两者的应用也差不多。所以对于转手的商家和用户来说，它们在质量、售价和使用上并不分伯仲，常常被混为一谈。有时叫它连四纸，有时称为连史纸。

如果硬要把铅山纸和连城纸进行比较的话，它们在外观上没有差别，手感上稍有差别，前者细滑，后者更滑。但在耐久性方面是不同的。根据有人调查对两地所产纸张，进行取样化验后得出的结果是：铅山纸的pH值（6.55）呈偏酸性；连城纸的pH值（7.76）呈中性偏碱性，连城纸优于铅山纸。

以上归结为一点，可知连城纸同样是系竹料所造，纸色白细，两者的外观质量差不多。但是，内在质量上连城纸超过铅山纸。

三、铅山连四纸制法

铅山纸按照传统的技艺进行生产[①]，其制作过程主要分为三个阶段：

第一阶段是制浆工序。每年农历立夏后，是砍竹条的最佳时机。将砍倒的竹子放倒，在山里阴干10天，然后“断条”。芒种（二十四节气之一，每年6月6日前后）前，清水漂塘，剥竹壳（剥去竹青，留下竹穰）。白露（每年9月8日前后）后，洗晒竹丝，踩竹丝缸，把竹丝（一层竹丝一层石灰堆叠塘内约10天）入霉塘（7天）。取出竹丝，槌打、摆洗、挂晒竹丝（15～20天），晒干成“灰青”（未拌石灰，叫灰青）。此后，浆“灰清”（拌入石灰），蒸煮灰清（第1次入楻锅，楻锅烧火24小时），出锅摆灰清，摆清塘，洗净晒料（15天，此时称作初煎料），过初煎（用碱水掺入初煎料，第2次入楻锅又蒸煮24小时），作漂塘（垫竹梢入塘底），出锅扯水，晒初煎料（15天），用木棍抽打初煎料，做成料饼（将竹丝团成直径为1市尺、厚度6分的粗松饼状，称做黄饼）。

第二阶段是漂白工序。把黄饼（第1次上山搁置在灌木丛上，日晒雨淋65天），收回拣料，剔除杂质，此时称复煎料或“复煎饼”。用碱水掺入复煎料（方法同初煎，第3次入楻锅蒸煮），出锅扯水，清洗，漂复煎饼（第2次上山，漂白35天），收回的拣料称“白饼”。白饼过白煎锅（第4次入楻锅蒸煮，24小时），出白料，拣水，进行碓料或脚踩（即用碓或碾将料捣烂，并用脚把水料踩开）。注意，在制浆漂白阶段，凡冲、浸、漂、洗所接触的水均不能有任何污染，须采用当地泉水，故掌握优良水质，是关键技术之一。

第三阶段是捞纸工序。白料做完之后，准备抄造之前，还要进行洗浆。洗浆是用6尺长的包浆布，把白料包裹在内，而后用净水多次漂

① 俞晓帆．铅山连史纸的生产方法[J]．江西造纸，1987（2）：14-17．

洗。洗毕，把洗浆后的白料放入大槽（浆槽），搅拌，使纤维散开。再兑“纸药”（为了使浆料均匀悬浮，加入毛冬瓜、桐树皮或野生猕猴桃藤汁液等），每抄百张兑入少许。然后，使用竹帘（常用的有二尺或四尺帘）由两人操作，一师一徒两人立于纸槽两端，抬起竹帘一起往前捞纸浆，纸帘还没有离开水面，有一人先提起一端使纸浆流往另一端、慢慢提起纸帘（应注意所捞纸张的厚薄均匀度），使纸帘伏于湿纸板上，如此重复操作。每捞起500张湿纸，叠1板为“纸帖”。在木榨床上，把叠成板的湿纸榨干水分，叫做榨纸。把头天做好的已榨干的纸逐张刷贴烘房焙墙上，称为烘干或干纸。最后的工作是整纸（整理已烘干的纸，剔除破损，修剪边缘），记数，包装，即告完成。

综观铅山纸的制法，不仅工序复杂，如蒸煮一项前后有4次，导致生产周期长。从砍竹到出成纸，花费时间约一年多，必须经沤、蒸、漂、舂、抄、焙等多个步骤，体力劳动强度大。这样就阻碍了技艺的推广，生产成本也相应增加。

四、从“连四”变为“连史”

在铅山纸与连城纸的互动过程中，引发了连城连史纸制法的变化。这也是连四纸逐步转变为连史纸的一个重要的内因。它的外因已如前述，即商业市场上对待它们却是认同为同一种竹纸，不以产地来区分，故而统称之连史纸。

那么，连城纸的制法怎样？它与铅山纸又有什么关系？先请看一看：福建省连城姑田造纸的主要生产工艺。简要的说，被分为制料和做纸两大部分。

第一部分，制（浆）料——又分为选料、蒸煮、漂白等工序。连史纸所用原材料为毛竹、苦竹。其操作多在山上进行，先是上山识竹，不同品种应分开。然后砍嫩竹，将嫩竹下竹塘，水泡2个月。沤烂，再洗成竹丝。在石灰水里浸渍，洗净进行“炊料”蒸煮，随后用纯碱浸渍，再次进行炊料蒸煮。竹丝洗净后，上竹竿晒干做成竹丝饼，在山上曝晒3个月，最后获得了“白料”（俗称漂料）。至此，制料工作完成。武夷山南麓福建连城的竹丝天然漂白操作，在经过了改进（如将生料改为熟料处理等）以后，提升而成独特的“连城竹丝天然漂白工艺制浆法”。

第二部分，做纸——又分为捞纸、焙纸工序。白料（或黄料）运抵“纸寮”（造纸作坊）后，首先送到碓料房进行碓料，然后由造纸师傅放入纸槽里，并加入纸药（通常使用当地的榔根汁），用木耙搅动把纸槽里的纸浆和纸药一同拌匀。榔根汁即榔榆树（俗名：江南油杉，学名：*Ulmus paruifolia*）的“滑水”。该树系落叶乔木，根部内皮剥落呈红褐色，浸水后洗出的透明胶状液体可以作为传统造纸的辅助材料——悬浮剂。闽西山区的地理环境适合榔榆树的生长，其根系特别发达，移植也容易，生长三五年后便可轮换方向取其根条，洗净后放入水池中，不久就会渗出透明黏滑的液体，经滤袋过滤后加入纸槽里，每捞五六十张纸加一次纸药。每担（100市斤）连史纸用3～4斤榔榆根即可。

捞纸由两人操作。一师一徒两人立于纸槽两端，把头的师傅叫“做纸”（又称“扛头”），把尾的徒弟叫“扛尾”。师徒将竹帘浸入纸槽内，第一下捞取浆料，摇匀后荡去多余的浆料；第二下与第一下不同的另一端捞起浆料，摇匀后往相反方向倒去多余的浆料；第三下捞的方向与第一下一样，捞起浆料后摇匀，倒去多余的浆料，此法叫“三帘水”（当地称为“三套水”）。如果要是捞厚纸，则还要捞第四下、第五下。再由师傅提起竹帘，靠准纸板杆放下，竹帘伏于湿纸板上，动作要慢，让上一张与下一张完全贴伏，否则会起气泡。再提起竹帘进行下一次捞纸的操作，如此重复，重叠到一定厚度的湿纸层再进行榨纸。一般情况，从早上捞到天黑可捞850张至1000张。当捞到300张、15cm厚的湿纸层后，利用杠杆原理榨出湿纸页中的水分，直到适合为止。

再送至焙纸房进行焙干，由焙纸工用清水将纸层淋透，卷起右边纸角，一张一张地剥离下来，又依次一张一张用松毛刷刷在纸焙壁上，湿纸干后就一张张收起来。如此循环操作，一天从早到晚可以把所有捞的纸焙完。焙干后再经过老师傅精心整纸、选纸，将不合要求的纸张剔除，确保质量，最后，用裁纸弯刀按规格进行切纸，包装好后就可以销售了。

整个工艺流程需要8个月时间才能完成，这是一门经验性、时效性、技巧性很强的技艺，也是一门耗时费工体力劳动大的手工艺技术。连史纸每刀重26市斤（13千克），每刀100张，规格为60cm×110cm，每张重13克，每张0.66㎡，相当于定量为19克/㎡。国内其他手工竹纸捞纸法，有的是捞一下或捞二下的，而连城连史纸要捞纸三下，又要保持捞到定量在19克左右。这样一来，捞纸的难度势必增大，故对捞纸师傅的技术要求较高。

为了扩大产量，缩减周期，提高利润，连城连史纸经过不断地改造，加强腌料，延长发酵时间，采用土碱蒸煮，除去多量杂质。把“生料竹浆”改成了“熟料竹浆”，再加上日光漂白、高浓打浆，致使漂料纸的质量大有提高①。不久，连城连史纸的销路迅猛上升，铅山连史纸的买卖也经久不衰。于是，连史纸从它的两个名称——连四纸、连史纸逐而“融合为一”变成了连史纸，从而流传至今。

据资料记载，连史纸自明代产生以来，到了清代，由于图书事业的大发展，大量古籍的印刷，促进了连史纸的生产，达到了极盛时期，福建当地人大半以种竹造纸为生。该纸洁白如玉，厚薄均匀，着墨鲜明，吸水易干，宜书宜画，多用来制作高级手工印刷品，如典籍、碑帖、信笺、扇面原纸等。到了民国初期，连城连史纸业达到高

① 王诗文．中国传统竹纸的历史回顾及其生产技术特点的探讨[J]．纸史研究，1996（15）：37-38．

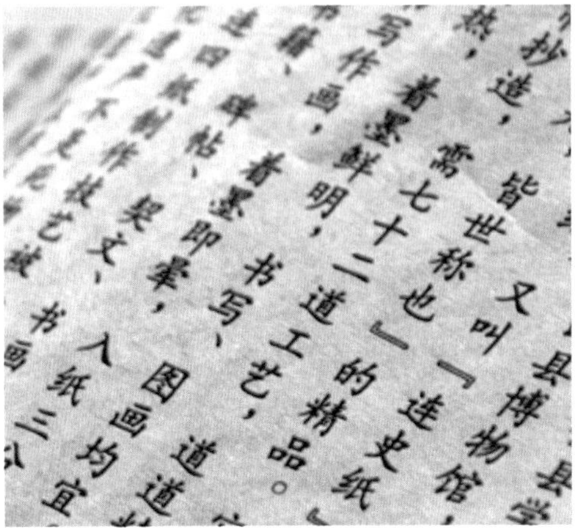

峰，拥有1000余户手工纸槽，工匠1万多人，年产量6万担，纸庄商号竟有50多家，产品远销全国各地以及日本、越南、泰国、缅甸等地，成为当时全国五大纸产地之一。

图5-15　连史纸的印刷品

综上所述，由于连城纸与铅山纸的使用原料（嫩竹）相同，然而前者的生产技艺有所改进（将生料法改为熟料法），制作时间缩短了，生产效率提高了。同时，纸的品质有所改善，特别是它的吸水性强、柔韧性好、光滑性高等，导致了连史纸的名声大振，此后铅山纸也改连四纸为连史纸了（图5-15）。

五、记录“机器连史纸”

用竹造纸最早可能发端于宋代，品种甚多。直到元末明初，因为还没有解决好竹纸色暗、质松发脆、粗筋较多和易被虫蛀等一些关键问题，所以官府撰写公文一般都不用竹纸，而多用皮纸。到了明清时期，随着竹纸制造技术的改进，竹纸的质量大大提高，竹纸之产地以浙江、江西、福建最为显赫，从而出现了一些闻名于世的品牌，如连史纸、毛边纸等。连史纸（竹纸）的制作技艺，肇始于明代嘉靖年、完善于崇祯年的约一百多年期间，最初出现于江西铅山，明崇祯之前传入福建光泽和邵武一带，后又向西传入福建连城。连史纸生产工艺的发展和传播的路线，充分地说明了中国传统手工制作技术是中国古代人民知识与经验的汇总，也是中华民族聪明智慧的结晶。

但是，到了清末民初，由于西方“洋纸”冲入中国内地市场，中国的土纸生产和销售遭受到了严重的打击，之后逐渐萧条，产量大减，其中连史纸的生产稍微延长了一段时间。有人想利用这种纸作为品牌，企图与洋纸较量，打开市场。在上海，由于洋务浪潮的影响，1891年当时的直隶总督兼北洋大臣李鸿章，批准了从欧洲引进的造纸机器和技术，在上海创办了机器造纸厂——伦章造纸厂。此后，又在上海浦东设立华章造纸厂，在上海龙华路兴建起龙章造纸厂[①]。这三家工厂生产的产品，却取名为机器连史纸（又称“仿连史纸”或“洋连史纸”）。

这里所说的机器连史纸，是用单网单缸造纸机抄造完成的，这种纸的颜色不太白稍偏黄，与此前的连史纸不一样。为什么呢？本来明清时期的连史纸皆呈白色，常用于书写、刻印、加工字帖等。而仿连史纸，就是用机器造的连史纸，是因为当时工厂所使用的原料不外乎有破布、麻绳、废纸，有的不漂白，有的用漂粉“轻漂”一下，所以成纸的白色不是发灰，就是泛黄。尤其是抄纸时，很少有用日光漂白竹浆制造，没有竹浆怎能称为连史纸？但是为了打出品牌，借用连史纸之名推向市场。清末民初以后机器连史纸常被用于石版印刷，比如早年上海印刷的《点石斋画报》、中华书局印《四部备要》等。从此，我国的造纸业开始步入到机器造纸阶段。

不过，仿连史纸很快就衰败下去。究其原因，表面上看是因外国“洋纸”（机制纸）的大量输入而受到排挤，但它最根本的是——手工纸存在纤维太柔，吸墨过甚，书写滞笔，不耐破等缺陷；不适应于现代化的机器印刷、硬笔书写和盒式包装等；不匹配和不适应现代日新月异的科学技术和文化事业发展的要求。再加上我国手工纸（包括机器连史纸等）具有生产周期长，劳动强度大，产量低，成本高，售价贵等不利因素与此相反，西方用造纸机生产的机制纸，产量高，效益

① 上海社会科学院经济研究所，轻工业发展战略研究中心．中国近代造纸工业史[M]．上海：上海社会科学院出版社，1989：67-70．

大，售价较低等强势明显。所以说，机制纸取代大部分的手工纸，这是我国用纸市场发展的必然趋势。那么仿连史纸的最终衰败的命运，便可想而知了。

当然，我们也应该看到，近些年来随着国家重视祖国传统的民族文化的继承和发扬，濒临绝迹的连史纸产业也日益显示出重振的必要和价值。因为连史纸在古籍整理，地方志编印，书法绘画等方面的运用，都具有一定的优良性能，且更能显示出古色古香的中国传统文化之特色。

此外，如果通过一定的技术改进，恢复连史纸的生产，使他们转而重操旧业，意识到毛竹重要的经济价值，他们将会重视毛竹的种植和合理的利用。则有利于保护山区自然资源，合理利用和开发山区经济。总之，可以这样说，机器纸是消费品，手工纸是工艺品。对此，我们应有的态度是：区别对待，充分利用。

第五节
毛边纸

一、毛边纸之由来

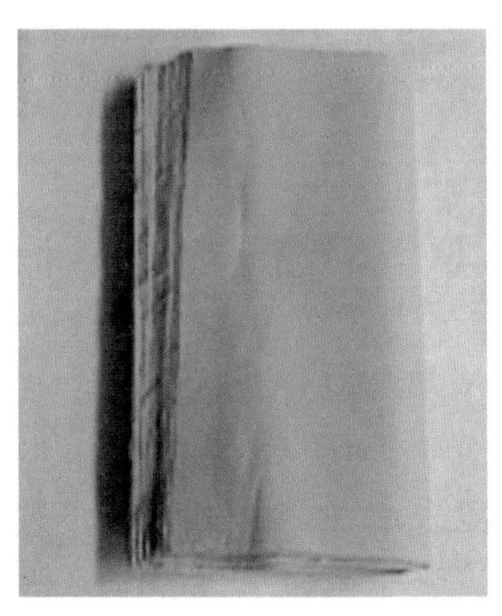
图5-16　毛边纸

毛边纸（Deckle Edge Paper），系明代纸名。该纸呈淡黄色，纸质细腻，薄而柔软，吸水性强，适于书写，又宜于印刷古籍。它是明末时期江西地区（包括永丰、吉水、横江等）生产的一种著名手工竹纸（图5-16）。

关于这种纸的名称，现有三个说法：

第一个是，明代出版家毛晋嗜书如命，好用竹纸印刷典籍，曾到江西大量采购竹纸。若检查纸的质量没有毛病，便在纸边上盖一个篆书“毛”字印章，一示合格，二示专用，故人们习惯称这种纸为毛边纸，并沿用至今①。

① 王诗文．中国传统手工纸事典[M]．台北：树火纪念纸文化基金会，2001：42.

第二个是，当年毛晋到江西订购纸张时，恣意压价，给的银两少一点。槽户心里不高兴，故意减去一道整理工序，即干燥后不裁切，让纸边呈毛须状。结果运到江苏常熟的竹纸（用于印书）都没有切边。由此被人称为毛边纸[1]。

第三个是，据说在明代江西当地称造纸的作坊为“纸棚”，专门生产纸的主人叫“槽户”，鉴别纸张等级的工匠称“看纸师傅”。某次，一些槽户把这种留有毛糙纸边的竹纸做出来后，被“看纸师傅”见了，顿时觉得奇怪，便问道：怎么成了毛边纸？其后习以为常，由此叫开而得毛边纸之名。

以上三个说法，以第一种说法流传最广。不过，到了民国初年以后，毛边纸也常有经过裁切整理、方才出售的。可以肯定的一点是，毛边纸最初起源于我国南方产竹的地方（如江西），后来向各地（浙江、福建、四川、湖北等）扩散开去，受到社会大众的欢迎。它们以嫩竹作原料，用传统的石灰沤烂发酵，捣碎成浆，再添加适当的黄色染料，不施胶，手工竹帘抄造而成。在流传的过程中，毛边纸的名称经常有“花样翻新”之举。比如有的地方把定量较大的毛边纸称为“玉扣纸”（其实是不准确的）；定量较小的毛边纸又称为“毛泰纸”（这也不准确）；不大不小的厚纸才叫毛边纸，还有的把仿毛边纸又称为“重纸”（同样不准确）。各地为纸取名的“随意性”较大，多自以为是，常常造成了行业内、销售上的不方便，也引起了一些不必要的麻烦，这个问题值得研究者们注意（迄今未见有人做这方面的索引清理工作）。20世纪50年代初，浙江地区常用碱法制浆，不漂白，加黄色染料，在圆网造纸机的网笼罩上竹帘，造出来的纸叫做“机器毛边纸”[2]。因此，对于冠有毛边纸名者，我们必须搞清楚它的产地和加工状况，才能确定其品质和用途。

---

① 张大伟，曹江红. 造纸史话[M]. 北京：中国大百科全书出版社，2000：114.

② 刘仁庆. 纸张解说[M]. 北京：中国铁道出版社，2004：270.

全唐詩話卷之一　明海虞毛晉子晉訂

太宗

貞觀六年九月帝幸慶善宮帝生時故宅也因與
貴臣宴賦詩起居郎諸平宮商被之管絃命曰功
成慶善樂使童子八佾爲九功之舞大宴會與破
陣舞偕奏於庭

帝嘗作宮體詩使虞世南賡和世南曰聖作誠工

全唐詩話　卷一

图5-17　用毛边纸刻印的书

二、毛晋是何许人

既然按首选的毛边纸之说，毛边纸与毛晋的关系密切，那么试问毛晋是什么人？毛晋（1598—1659）生于明万历二十六年，卒于清顺治十六年，原名凤苞，字子丸、子久。后改名晋，字子晋，别号潜在，晚号隐湖，江苏省常熟人。他是明代著名的藏书家、出版家。

可是，在毛晋年轻时，“屡试南闱，皆不得第”，连乡试也没有过，更谈不上会试、殿试了。“这不是我应该走的路”，他在伤心之余，不再求仕途，改变生活道路，转而为文化消费提供平台。大约在30岁，毛晋开始经营校勘刻书事业，建造汲古阁、目耕楼。“以印书为已任”，把它当作一门事业、一门生意来做，处心积虑，扎实刻苦。他以高价购求宋代、元代刻本，藏书总计有8.4万余册。为了寻访和借抄藏于他人之善本，毛晋采用影写（双勾）的方法抄书，后被人称为“毛抄本”。毛氏的这种影抄本能够基本上保持原书的面貌，后来有些宋元刻本在流传中散失了，“毛抄本”则被视为同原刻一样珍贵。他苦心校勘，雇刻工、印工等多人，先后刻书600多种，著名的有《十三经注疏》《十七史》《文选李注》《汉魏六朝百三名家集》《津逮秘书》等。有些宋刻本如《说文解字》《全唐诗》（图5-17）等因得翻刻而流传于世。

毛晋是晚明私人刻书家中最杰出的代表人物，其家世居常熟“虞山”东湖，为当地巨富之一。他从事刻书，并不是一时的兴之所至，而是视为一生事业之归宿而孜孜以求。诚如其子毛扆（yǐ）（1640—1713）的《影宋抄本〈五经文字〉》跋文所记：吾家当日有印书之作，聚印匠二十人，刷印经籍。扆一日往观之，先君适至，呼扆曰："吾节衣缩食，遑遑然以刊书为急务，今版逾十万，亦云广矣"。

在当时，要想成为一个出版家，首先就应该是一个藏书家。毛晋对古籍善本的搜求，可以说已经到了如痴如狂的程度。据说他为寻求宋本《姚少监诗集》一书，"广搜博访十有余年"，可谓求之不得，寤寐思服。明崇祯十五年秋，毛晋在一个收废纸换糖的担子上见到了这本书。这本他苦苦寻觅的书，竟然被人当作废纸换了巴掌大一块麦芽糖。毛晋意外得书，大喜过望，"击节欣赏三日夜"。

再一个毛晋"梦想十余年"而不得的另一本书名叫《白莲集》。有一天，毛晋在路上偶然看到一个小男孩手中正拿着《白莲集》的扉页，他连忙追问此页的来由。经过一番努力，封面和书页终于追回。毛晋用皂角汁一一仔细拭净油污，用熨斗小心抚平。手捧侥幸得到的《白莲集》，毛晋还专程去了一次文庙，在孔子像前纳头便拜。

在《汲古阁主人小传》一书中，介绍了毛晋为了广开书源，悬榜于门的故事。榜曰："有以宋刊本至者，门内主人计页酬钱，每页出二百；有以旧抄本至者，每页出四十；有以时下善本至者，别家出一千，主人出一千二百。"毛家的这则高价征书广告，不胫而走，远近闻讯，许多书商、仕者闻风而至，书舶竞集于门，里中谚云："三百六十行生意，不如鬻（yù，卖出之意）书于毛氏。"正因为有连楹充栋的珍本善本作底本，才使毛晋刻书，卓然而凌于众家之上。

毛晋刻书，无论对纸张选择，还是对抄手、刻工，要求都很严格。毛氏传刻之书全用竹纸，他专门到江西各地订制纸张，取名叫"毛边纸"，其名沿用至今。毛宅中，"僮仆皆令写书，字画有法""入门僮仆，当尽抄书"。另据清代徐康撰写的《前尘梦影录》载："剞劂（jī jué，雕版刻书之意）工陶洪、湖孰、方山、溧水人居多。"不言而喻，选佳纸施印，以擅书善刻者任其事，都是雕版书时代保证图书质量的重要环节。所以清代的吴伟业（1609—1672）字骏公，号梅村，江南太仓人。明崇祯时进士。他写有《汲古阁歌》一首，内中称誉道：

> 比闻充栋虞山翁，里中又得小毛公。
> 搜求遗佚悬金购，缮写精能镂板工。

从这首诗里可以看到他对毛晋个人及其搜寻古籍，并抄录、刻印后出版的行为大加赞赏。笔者在此之所以如此详尽地介绍毛晋本人及其经营的刻书事业，其目的是为了突出毛晋在选纸、买纸、用纸上，所使出的最大“发力”和积存的深厚功夫。明末时，江西出产竹纸，以纸质细腻，薄而松软，表面平滑，托墨效果甚佳而著称，尤其是它以价格低廉见长，更令人刮目相看。早先，世间多用皮纸来刻书，保存时间虽长，但造价昂贵。后来，毛晋创办的汲古阁刻书，除少数较为名贵的书仍旧用皮纸外，通常翻印的书籍多数都是使用毛边纸（竹纸）。这样一来，因为刻书的成本较低，书价便宜，易于传播，所以使得汲古阁的刻本风行一时，众人皆知。而如今在各地现存的明版古书中，汲古阁的刻本大概算是最多的一种，故当时有“毛氏之书走天下”之誉。这个成绩不能不归功于毛晋、汲古阁和毛边纸吧。

三、毛边纸的生产

毛边纸跟其他竹纸的生产过程大体上差不多。主要包括沿袭传统的处理原料（如砍竹麻）、抄造竹纸、整理工作等三个部分。其特点是：选用嫩竹（包含各种杂竹），生料制浆，降低成本。大凡手工造纸从外观品质上看，各地几乎无大悬殊[①]，殆源于同一“祖宗”矣。但是，从内涵技艺上讲，却是“戏法各人会变，彼此巧妙不同”。

---

① 张秉伦，方晓阳，樊嘉禄．造纸与印刷[M]．郑州：大象出版社，2005：97-98．

盖纸质之互异，实系与原料之配合、手艺之巧拙、加工之粗细有颇大关系。

手工纸农中有一句俗话："片纸非容易，措手七十二"。过去，有人以为措手是指工序，错了！它不是指工序而是指操作。在这里，需要对手工造纸中的工艺、工序和操作，做一个简要的解释。所谓工艺，即将原材料或半成品加工成产品的方法和技术。所谓工序，即组成整个生产过程的各段加工，也指各段加工的先后次序。工序是完成产品加工的基本单元，材料经过各道工序加工成成品。所谓操作，就是按照一定的程序和技术要求进行的活动。它是隶属于工序以内的某一个具体行为。

手工造毛边纸的工序如下：从毛竹到成品需要四个半月时间，经过了伐竹、浸泡、腌制、清洗、剥料、打料、筛洗、做纸、榨纸、分纸、焙纸、切纸、包装等十三个工序。

原料的好坏，直接决定着纸张的优劣。竹子的品种甚多，有毛竹、斑竹、苦竹、刚竹、水竹等。竹子的繁殖生长，又有大小年之分。每逢小年，即除草施肥；每逢大年，方可进山砍伐。毛边纸使用的竹子，主要是毛竹，而且必须选择"嫩竹"——通俗地说是没有开枝、没有长粗的竹子。只能在每年以立夏（二十四节气之一，每年5月6日）末和小满（每年5月21日）初前后15天内砍伐为最适合。因在此时的新竹之纤维细柔，竹竿又未长足，宜于造纸。缺点是不够经济，故有时掺入少部分老竹。

第一道工序就是砍竹。砍竹是雇人用刀砍倒竹子。砍竹与伐竹、砍竹麻等不是一回事。伐竹则应包括选竹、砍竹、断竹、捆扎、拖运等操作。而砍竹麻则是从采伐竹子开始，直到做出"竹浆"（当地人称竹纤维为"竹麻"）为止的这一段生产流程。手工造纸的专业术语，由于多种原因掺杂有各地、不同民族的方言、土语（比方言使用范围更小的地方话），以至很难弄明白，而且还借用一些异体古字，让人摸不着头脑。因此，我们切切不能在进行"田野调查"时，不问青红皂白，照单记录；更不能不求胜解，就字论字，把不够准确的当成正确的东西来传播于世。

第二道工序是浸泡。砍好的竹竿，先断竹若干段，长则六七尺，短则约二尺。再将竹段劈开，皮肉剖分，捆来成件。如竹山离“纸房”较远，可就地先行晒干，以免霉烂。随后将干竹段运至山下再进行“备料”处理。也可以就近放入山上的坑塘内，加水浸泡10天左右。

第三道工序是腌制。将竹段从坑塘撩起，其移至腌料池（场），以石灰和水调成石灰浆，石灰用量占竹料12%~32%。再把竹段与石灰浆层层堆积，高度与腌料池池岸相平，加满清水，盖上稻草，压以重石块，闷池使其发酵。腐沤30~40天，过“伏”（初伏，即夏至6月22日以后）之期竹料方才成熟。

第四道工序是清洗。将污水放出，再行引入清水漂洗，洗净石灰，浸泡片刻，即成竹浆（称为生料，即不经过加碱、日夜煮料。如果加碱、蒸煮后则得到的称为熟料）。

第五道工序是剥料。洗毕后的竹浆，其间夹有青皮、灰疙瘩、纤维束等杂质。需用人工加以清除，谓之剥料。此道工序相当于除渣操作，以利于纸浆纤维的纯洁化。

第六道工序是打料。再使用水碓或石碓，或由人工脚踩将生料进行捣碎，成绒毛状细料。此时可加入所欲之颜色（如黄色染料），于料中舂（chōng，捶打之意）匀。舂成之细料，贮存于料桶中。

第七道工序是筛洗。细料再装入布袋，束缚木棒在池内或河中进行筛洗，以进一步除去浆中之尘埃等。随后做成“料饼”备用。

第八道工序是做纸。在石板或木板制成的纸槽中，加入该容积约1/2的清水，放分散之料饼入内，利用拉线木耙不断地搅动纸浆，再加以植物“纸药”（各地选用的滑水不尽相同），同时用竹竿分散、调匀。一旦槽内浆水匀纯，即以竹帘投入纸槽中，以“二帘水”（当地称为二出水）手法捞出湿纸页。竹帘系由刮磨极细之苦竹丝，用马尾或丝线编成，数次外涂以柿漆。其面积大小依捞纸之尺寸而不同，一般为二尺或四尺。

第九道工序是榨纸。置于木底板上的湿纸页，积累到一定高度（或湿纸张数）即可移到榨纸工段。榨纸方式有多种，有杠杆式、螺旋式、重物式等。常用的是利用杠杆原理，将湿纸木压板上逐步加大压力，缓慢挤出纸中水分，直到在恒压下过夜。

第十道工序是分纸。卸下木压板，把湿纸页放到平台上。在纸边角上淋少许水，以竹摄子或手指逐层分开湿纸页，运进烘房，准备干燥。

第十一道工序是焙纸。揭下湿纸页，由人工用松毛刷一张一张地附贴于焙壁面上。焙壁又称火墙，以砖砌成，外涂石灰、麻缕等，平洁光滑。壁内中空为流通火焰之处所，以木柴或煤石为燃料，借热力以蒸发水分，使湿纸而成干燥之纸。待时完毕，揭下整理。

第十二道工序是切纸（大纸裁切，小纸不切）。经过干燥后的纸，逐张检查，有破损者剔除，收集成刀（注意：早期毛边纸一刀为200张；后期改为100张），按订货要求裁切，毛边纸基本尺寸为62 cm × 138 cm（四尺），各地规格略有差别，大同小异。

第十三道工序是包装。采用厚毛边纸及以篾竹打捆，加印商标牌号。然后成捆出售。

四、毛边纸的讨论

毛边纸在众多的竹纸品种中，外观平平，略带蛋黄色，并无明显的特别之处。为什么会在明清两代、乃至其后许多年间大受欢迎，做到了家喻户晓、尽人皆知的境况？这个问题很值得我们好好地考查一番。

究其原因，还应当从当时的政治、经济和文化的环境说起。明末清初，拥有武力的北方满族铁骑入主汉族中原。在他们赢得了政权之后，十分羡慕中原的文明和财富。但满族的统治者，担心汉化会侵蚀了他们本族人的强悍和勇敢。与此同时，他们又需要倚靠明朝投降的汉人来平衡与约束满族贵族的势力，完成帝国的统一以及儒家秩序的重新建立。拥有文明和知识的、转向为清朝服务的汉人官员，他们从清朝统治者那里获得了权力，并得以实现自己改良制度和重建昔日帝国辉煌的机会，仍旧实行儒家学者的道义，从而完成了清朝开国的“大业”。正是在汉满两族相互矛盾的作用之下，合力推行改革。政治上如废丞相制、设选官制、新建“六部”分理朝政等。经济上如各地兴起纺织业、引进玉米甘薯等高产作物、迅猛发展陶瓷窑业，出现户主与工人间的雇佣关系等，产生了资本主义的萌芽。文化上的主流思想是儒学，社会上的民间教育事业蓬勃兴起，各地开设的学馆、私塾林立。儿童启蒙，除诵读诗篇之外，还必须提笔习字。习字材料虽有多种，纸张必为首选。但是，不论用于书写，还是受于印刷，以价廉为先。而在众多的手工纸中毛边纸以价钱最低者而突现于世。那时不论殷实大户、还是贫苦之家，只要有孩童上学认字，几乎都要出钱去购买毛边纸了。故而声名大震，影响深远。

晚明时期，单册书籍的制作成本相对来说比较低，售价低于0.1两银子的书非常普遍。到了清代，刊本的价格继续下降或维持在较低的价位。现以毛晋的儿子毛扆，把自己所藏的一部分稀有古籍，转让出售给清学者、文字家、收藏家潘耒（1646—1708）时准备了一份价目表（有幸被保留了下来，成为《汲古阁珍藏秘本书目》之一）为例来加以说明。在此份目录中，有很多手抄本的宋版、元版书，价目都低于1两银，其中有一种甚至只需0.05两。在17种手抄的明版书中，没有一种单册书超过0.4两。只有4种超过了1两，但每种都是3册以上的。最贵的2种（一种是八卷本，一种是十卷本）分别只需2.4两和2两银。雕刻书中低于1两的有29种：0.1钱的4种，0.2钱的9种，0.3钱的6种，0.4钱、0.5钱、0.8钱的各2种，0.6钱的3种，0.9钱的1种。手抄本的价格随着页数和册数的增加而提高。对于单册的手抄本来说，其价格应该比印刷本要贵，但不超过0.4两。我们有理由相信，明末清初时期，除非册数多，或有大量精美插图，又或者用高价纸印制的，一般的书籍标价大概不会高于1两银，不少单册书只卖两三钱。

另外，书籍作为一种商品，我们必须考察书籍印刷的成本，从明代的物价结构来检验这些低书价的普遍性是否可能，有助于对书籍价格的宏观了解。在印书的各项成本之中花费最大的是纸张费用，约占70%，刻工费用24%，木板费用只占5%。其他费用所占的比例极小，不足1%。值得指出的是，不同纸张和印书数量直接影响每一本书页的制版平均成本。如果用绵纸，只印20本，每页的制版成本是0.0047两；用竹纸，印500本，则每页的制版成本是0.00045两，绵纸的成本相当于竹纸的10.4倍。由于每本制版成本随着印本数量的增加而下降，每一本的纸张成本相对于制版的成本比例则向相反方向上升。当印刷20本时，单页面的雕版成本是17.02%，刻工72.34%，纸的成本10.64%。但如果印刷560本，单面的雕版成本下降到6.67%，刻工减少到26.67%，而纸的成本却大幅升至66%~67%。也就是说，数量越大，越往后印的书，书的成本基本上只是买纸的开支。如果纸价越低，则销售的利润会不断增加。而一般雕版印书的出售价格在0.1至0.12两银子以下[①]。所用毛边纸的价钱，顶多只有书价的70%，即0.07两以下，甚至更少些。

根据明代（16~17世纪）的商品价格统计资料，那时3斤桃子卖0.12两银子；1斤嫩菠菜卖0.15两银子；1只大鹅卖0.2两银子。可是，在长江下游的苏州，一束茉莉花有时可能要花10两银子才能买到，这个价格是山东的3倍，内地的6~9倍。这就是晚明时期商品价格的变动范围与地域性的“价格差”是很大的。总之，在人们的脑海里0.5两甚至1两银子，都算不上是什么一大笔钱。

明代的物价，还应该与消费者的平时收入联系起来。换言之，售

① 明清印刷书籍成本、价格及其商品价值EB/[OL]. http：//article.m4.cn/history/1102282.shtml.

图5-18　机器毛边纸

价在1两及其以下的书籍，一般百姓是不是有能力购买？举例如下：驿站的“信差”每日领0.25两，每月仅有7.5两银子；一个建筑工每天的佣金是0.99两，月收入为29.7两银子；衙司（相当于今天的“白领”）每日的工资是1.5两，月俸为45两银子。由此可以得出：第一，晚明时期的雕版书籍价格并不昂贵；第二，多数人的工资能够买得起便宜的书籍，尤其是用毛边纸印制的，价钱更低。所以说，毛边纸的价格低廉又实用，这是它的主要优点，也是毛边纸能够在社会广泛流行的基础。同时，更是赢得广大民众欢迎的一个重要原因。

从明（朝）到今，三百多年过去了。毛边纸经过不断发展，又分为手工纸和机械纸两种：即（手工）毛边纸和“机器毛边纸”（图5-18）。它的应用以印刷为主转向以书写为主。从制作上讲，手工毛边纸比较耗费体力、生产效率低，难以实现现代社会的需求。而机器毛边纸（采用圆网单或多缸机）则可减少劳动强度，采用半机械化进行生产。关键是要解决好竹浆的来源与供应问题，工厂污水比较容易处理。从产品质地上讲，手工毛边纸两面都是粗糙的，渗墨度比较好掌握，比较利于书写，而且还可以用于装裱。机器毛边纸的正面光滑背面粗糙，光面渗墨力太小，容易走笔（滑笔）。建议用此纸的糙面写字，因为书法最关心的是讲究用墨，具有一定的渗透性。机器毛边纸的纸面较硬，不宜用来装裱。目前，在保护非物质文化遗产方面、在深化文化体制改革、推动社会主义文化大发展大繁荣方面，挖掘毛边纸的潜力，古为今用，这种纸可以大展身手。我们不要囿于走老路，而要迈开新步伐。2011年8月教育部下发通知，由于受电脑、手机打字影响，青少年中汉字书写能力普遍退化，从本年度秋季开学起，在义务教育阶段，要求增加广大中小学生练习毛笔字、书法的课程，这对于提高他们的文化教养、人文品格有所裨益。而开发机器毛边纸，为此提供书写材料，正当时机。在全球化和市场化的今天，传统手工纸要想不被“集体消亡”，必须在变革中适应现代的生活规则与要求。

从明代起，毛边纸就以低廉而著称。生产毛边纸应恰当地掌握好这一原则，至关重要。相同尺寸的毛边纸，手工纸的价格稍高一点；机器纸的价格则更便宜些。这两种毛边纸的规格，各地都不统一，可以分切计有：48 cm × 78 cm、44 cm × 74 cm（二尺）、66 cm × 127 cm、67 cm × 136 cm（四尺）等。它们都是为练习书法者所需要的实惠纸种，大小任君自由选购，是令人欣慰的。

第六章 清代古纸

第一节
开化纸

图 6-1　清代开化纸刻印的线装书

开化纸（Kai-Hua Paper）是清代最名贵的的宫廷用纸之一，属于皮（藤）纸类，系清代纸名。由于此纸洁白坚韧、细腻柔软、表面光滑、帘纹不显，纸虽薄而韧性强，柔软可爱，摸起来柔润而兼有韧性。因此在清代“康、雍、乾三朝”的长达一百三十多年中（1662—1795年），开化纸的产量最高，质量最好，多作御用纸。清代“武英殿本”图书亦多以这种纸印刷（图6-1）。据说其产地在浙江省开化县，因此得名[①]。除开化纸外，还有一种开化榜纸。开化榜纸从表面看，类似开化纸，但比开化纸略厚，颜色显得深一点，质量稍次于开化纸。开化榜纸产生的年代比开化纸晚，主要是嘉庆、道光时宫廷用来缮写、印书，流传至今已很少见了。奇怪的是，开化纸的生产情况（历史、技术方面），在浙江省的和开化县的有关典籍和史料

① 王诗文．中国传统手工纸事典[M]．台北：树火纪念纸文化基金会，2001：42.

中均不见记载，具体原因目前还不十分清楚。如此名贵的清代宫廷用纸，却缺乏直接的文字记录，实在是“稀罕事”，令人困惑不解。

在南方，也有人把开化纸叫“桃花纸”。据说主要是因为在白色的纸上常有一星半点微红黄色的晕点，如桃红，故加上一个美艳的名称。在北方，民间又常把它叫做开花纸，可能是把化字误读成花字，也可能以为此名更清爽些。总之，这种纸在清代的一段时间里颇为有名，过后便隐退消失，给中国造纸史上留下了一处“空白”。现在拟讨论三个问题，即对开化纸的产地与原料的调查、开化纸的贡献和关于开化纸的解惑等，提出一些初步的浅识，寄望读者、专家斧正。

一、调查

开化纸在清代的诸多纸种中其声名显赫在册，有多处文献提及纸名，但具体事实不详，尤其缺乏技术细节介绍。开化县正居于浙、赣、皖三省之交，地理条件优越，经济贸易兴盛，物产交流甚丰。但查阅《开化县志》上的记载：清朝同治（1862—1874年）年间，开化（县）溪口乡（今林山乡）大源村仅生产“毛边纸”；又说，光绪二十四年（1898年）以前，开化县的大溪边、芳村等地，是以“化香树”（皮）和山桠皮来生产“绵纸”，只字未提开化纸。

化香树别名：山麻柳、花龙树、栲香，学名：*Platycarya strobilacea* Sieb. et Zucc.，科属：胡桃科、化香树属，属落叶灌木、小乔木；而山桠（又称三桠，因其枝条呈三叉状），它的别名：水菖花、新蒙花、打结花、黄瑞香、结香，学名：*Edgewortha Meisn*。笔者曾设想：会不会在浙江地区称为“绵纸”的成品，送到京城后被改名换姓叫做“开化纸”？此点存疑。

又据有调查人员在开化县周围多个乡镇发现有清代时造纸留下的

遗迹，并收集了造纸工具和当时制作的土纸纸样等，其主要产地在芳林乡、华埠镇、林山乡。然而，所发现的纸张品质与御用的开化纸相差甚远。而且当地老人也并未谈及他们所造之纸，曾经作为宫廷贡纸。因此，造纸业和印刷界所关注的清代御用“开化纸”，它的具体产地、使用原料、制作工艺等情况，直到今天仍然没有完全弄明白。

不过，通过走访初步得到有关开化纸的印象是：制作“开化纸”的原料可能是化香树皮、山桠皮、黄桉皮和葛藤（皮）等4种，其中的黄桉皮最为名贵，它皮质细腻、柔韧，要到白石尖那样的高山石壁上才能采集得到。这几种植物在浙江省均有生长，只是具体的产量数字不详。如果说这个结论基本可信，那么则由此推定清代制作开化纸的主要原料：第一是人工栽培的化香树，高1米多，丛生而粗壮，顶端开黄花，有点像小菊花；第二是生长在荆棘丛中的（山桠）野皮，高2～3米，开粉红花，结红果，像小草莓；第三是黄桉皮，高1～2米，手指粗的主杆上有螺旋形的花纹，开淡黄带粉红的小花；第四，那就是古时常见的造纸原料之一“葛藤”了。

葛藤（学名：*Pueraria lobata*）系蔷薇目豆科葛属的多年生草藤本植物，又名葛麻、野葛、葛条[①]。这种植物在我国浙江、河南、陕西、山西、江西、湖北等省均有生长。山野自生，块根肥厚，富含淀粉，全株有黄色长硬毛。茎长10余米，常铺于地面或缠于它物而向上生长。总状花序腋生，长20厘米；花蓝紫色或紫色；种子长椭圆形，红褐色。花可入药，名曰“葛花”。葛叶可为多数牲畜——马、猪较为喜吃，亦可作为兔子的饲料。茎杆韧皮纤维可制绳、织布，名曰“葛绳”“葛布”，也可作造纸原料。在造纸时除了有充足的纤维原料供应外，还需要使用以猕猴桃（俗名乌桃）藤和梧桐皮液汁做的“纸药”作为配料，才能制作出质地细腻、洁白光滑的纸中精品——开化纸。

① 孙宝明，李钟凯．中国造纸植物原料志[M]．北京：中国轻工业出版社，1959：363．

葛藤（麻）制作纤维的过程是这样的：每年夏末初秋进行采集，将幼、残、枯藤割除，去其侧叶，扎捆成束。放入“炊甑”内蒸煮半天。蒸毕取出，在清水中捶打、洗涤，以剔除内层的木质。然后，将“小把”葛麻放入碱水（草木灰）池里浸泡：上边不露出水面，以免影响（成浆）色泽；下边（池底）有竹排隔离，以免触及污泥。浸泡10～15天后，泡至纤维能够分离时，取出用木棒加倍捶打、洗净。再送到日光下晒干，即得洁白之纸浆。这种藤浆经过一系列的后处理，便可用来抄纸。

根据后人的调查，开化纸的制作工序大体上如下：采料、炊（煮）皮、沤皮（加石灰）、揉皮、打浆、洗浆、配剂、舀纸、晒干、完成。制作的工具有：炊甑（上小下大的木桶），煮锅，沤池，舂头和舂臼，布袋和大头木棍，纸槽（大小各一），纸帘和帘架，纸架，纸刷等。做成的纸成品一般就叫做“绵纸”“绵藤纸”或“藤纸”。

开化纸的主要销路分为四处：一路是开化、淳安、建德、桐庐、杭州；二路是开化、衢州、金华、永康、台州；三路是开化、玉山、上饶、南昌、景德镇；四路是开化、屯溪、徽州、合肥。据说在20世纪30年代还有台州经销商萧忠到开化县的石坂村、形边村来订购绵纸。那时候，当地造纸作坊生产的绵纸（或称为开化纸的前身）还相当畅销。

通过以上分析，即对开化纸的原料和产地进行清理之后，可以获知开化纸的原料多为韧皮纤维（有4种）；既产有半成品（藤浆）又兼有成品（开化纸）；而且产地有本地（浙江省内）和外地（江西、安徽，很有可能还有北京）之别。从销售上讲，有的在民间市场出卖（少量），也有的列为专卖（大量，北京紫禁城武英殿包销）。

晚清，朝廷腐败，内外交困，饿殍遍地，官府和民间的造纸业都受到极大的摧残。原料不足，销路堵塞，产量下降，开化纸的质量也不如康雍乾时期的产品了。“开化榜纸”主要是嘉庆、道光年间宫廷用来印书，还用于制作文武大臣和地方官员向皇上奏本用的奏折。咸丰、同治以来，浙江人又普遍会称开化榜纸为“绵纸”，它在民间的用途广泛。学生们做练习、手工业者做雨伞、糊灯笼、做鞭炮都少不了用绵纸，特别是民间房地产买卖写契约、祖传遗嘱、兄弟分家、实物商品、货币交易写字据等，非绵纸莫属。由此看来，桃花纸、藤纸、（开花）榜纸、绵（棉）纸都可列入开化纸范围之内，只不过品质、档次不同而已。

在此还需说明的是，上述资料只是简略地介绍了开化纸历史发展的蛛丝马迹，尚存有一些漏缺和存疑之处，仅供参考。

二、贡献

清朝（尤其是“康乾”盛世）是中国两大“姊妹行业”——传统印刷业和古代造纸术发展的最后阶段，既是雕版印刷技术提升到了新高峰的时代，也是手工造纸技艺进一步发扬光大的时期。印刷与造纸，珠联璧合，相得益彰，对中华文化做出了杰出的贡献。

清代的雕版印书，在沿袭明朝的基础上，继续按官刻、私刻、坊刻三大系统向前发展。官刻中初期集中在内府，后来改由“武英殿”

图6-2　清朝故宫内武英殿外观

承担。武英殿（图6-2）是“殿本”的发源地，它占地面积约12 000平方米，主要建筑60余间，6 500多方米。建筑群为前后两重，由武英门、武英殿、敬思殿、凝道殿、焕章殿、恒寿斋、浴德堂诸殿堂以及左右廊房63楹组成。清代顺治朝摄政王多尔衮曾在此殿理政。从康熙十九年（1680年）起在武英殿首开书局，将左右廊房设为修书处，掌管刊印装潢书籍之事，成为词臣纂辑之地。由亲王、大臣任“总理事”，下设监造、主事、总裁、总纂、纂修、协修等30余人，由皇帝和翰林院派遣上任。刻书虽始于康熙十九年（1680年），但却以乾隆年间所刻之书为最多。武英殿所刻书以开本大方、写刻工整、纸墨考究、装帧精美而别具特色。以最常用的“开化纸”为例，该纸质地细腻，薄而有韧性，洁白而无纹格，为武英殿刻书用纸最多的一种。

康熙四十年（1701年）以后，武英殿大量刊刻书籍，使用铜版雕刻活字及特制的开化纸印刷，字体秀丽工整，绘图完善精美，书品甚高。乾隆朝以后，武英殿成为专司校勘、刻印书籍之处。乾隆三十八年（1773年），帝命将《永乐大典》中摘出的珍本138种排字付印，御赐名《武英殿聚珍版丛书》。刻书活动以康熙、雍正、乾隆三朝最为兴盛，纸墨优良，校勘精审，书品甚高，版本学上即以刊刻地点为名称之为“殿本”。修书处的刻书活动一直持续到清末，长达约200年之久，几乎近贯穿“全清”时代。同治八年（1869年）武英殿遭火焚，烧毁了正殿、后殿、殿门、东配殿、浴德堂等建筑共37间，历代典籍版片被焚烧殆尽，叫人深感痛惜。

据专家考证统计，武英殿的官刻本的内容、类别很多，大体上包括：首先是清代各个皇帝的著作，既有圣训、圣制、御制之书，又有以钦定、奉敕、修编之名的刻印本，这是必须按时按量印刻完成的。如康熙刻本《御制避暑山庄诗》、康熙五十四年（1715年）刻本《御纂性理精义》、乾隆五十一年（1786年）刻本《皇清开国方略》等。

其次是重刻前朝的重要著作，清人入关后对汉族传统文化十分注重。如康熙二十四年（1685年）刻印的《御古文渊鉴》、康熙五十年

（1711年）刻本《佩文韵府》、乾隆四年（1739年）诏刻《钦定十三经注疏》和《钦定二十四史》等。

复次是字书、类书、丛书。清代统治者为了巩固其专制统治，加强各民族之间的交流，推行汉文化，大量刻印汉字字书。其中最著名的是康熙五十五年（1716年）出版的武英殿本《康熙字典》，收录48 000余汉字，首次所用的就是开化纸（图6-3）。这种纸的质地细腻、洁白、匀薄、有韧性，手摸有柔润感，受到人们的欢迎。雍正六年（1728年）刻印的《古今图书集成》10 000卷，保存了大批宋元明代的古籍。还有乾隆三十年（1765年）编纂的《四库全书总目》和《四库全书》等，都是书中的珍品。

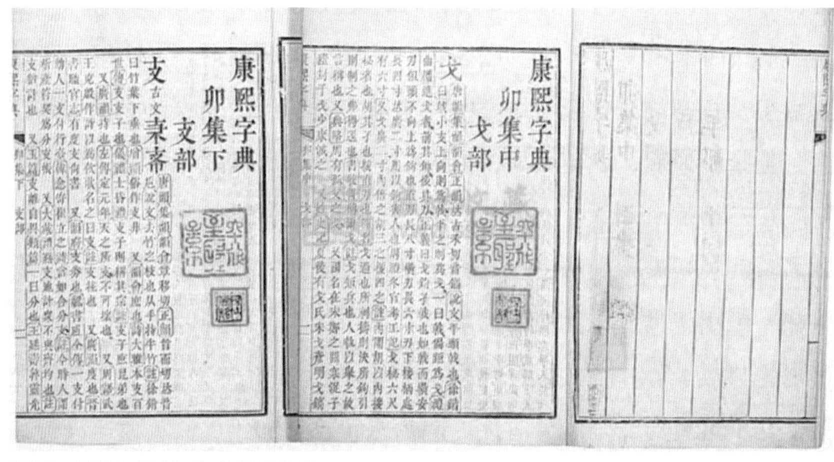
康熙字典 卯集下 支部

康熙字典 卯集中 攴部

图6-3　用开化纸印刷的《康熙字典》

再次是诗词歌赋，清代的内府武英殿刻书，如康熙年间雕版印刷的《数理精蕴》等书，都是刻工精细、印刷清晰、墨色纯莹、装帧讲究的精品，纸张也是洁白坚韧的上等开化纸。当年印制《御制诗集》，除罗纹纸印本外，还有部分为开化纸印本。该开化纸本，刻印工整，端楷秀丽，字大悦目，且装订尤为出众，封面为云锦所制，包角，原签，有扉叶，如刻印的《御制诗第三集》。

最后是从国外传教士引入的"格致"（科学）著作。如雍正元年（1723年）刻印的《历律渊源》，其内包括《数理精蕴》五十三卷，等等。

以上是以武英殿为代表的官刻业所做的业绩。而清代的私刻业、坊刻业多如牛毛，又十分活跃，出版的书籍数量浩如烟海。但因书肆多重营利，为降低成本，却很少有选用高级纸（开化纸）的，故品相的精美程度自然比不上殿本书。

如此大量的刻书，所需要的纸张数量是惊人的。没有巨大的财力支撑，要完成此项工程实在难以想像。当然，在历代的线装古籍中，印刷用纸有许多种，如皮纸、竹纸、绵纸、开化纸、麻纸、藤纸、宣纸等。而清代的内府刻本用纸也仅非一种，也有罗纹纸、开化纸、连四纸、将乐纸、台连纸、竹纸等，但其中尤以开化纸最好、也最难得，故武英殿本书独居首位。

有人说：纸的学问太大，一般业者很难搞清楚，像竹纸类中就包括有毛边纸、毛泰纸，毛六纸、连史纸、海月纸、元书纸、白关纸、玉扣纸、表芯纸、贡川纸等几十种，这一连串的纸名，听起来都会让人发“懵”。但是，若以过去所见大多数古籍（包括写经）采用的高级纸而论，选出最为讲究者只有两种，一种为宋代金粟山藏经纸（后有清朝乾隆的仿制品），另一种为清代开化纸。前者越今千载，内外皆蜡，韧无纹理，几不可碎，造法今已不传，故物以稀为贵。后者纸质坚韧，洁白如玉，帘纹不显，柔润细密，如同遇见美女，看了赏心悦目，令人有“书中自有颜如玉”之感。

根据现已搜集到的资料，清朝用开化纸和开化榜纸刻印的、留存至今的善本书有：扬州诗局刻印的《全唐诗》、清初的《芥子园画传》、康熙殿本《御纂周易折中》《周易本义》、康熙秀野草堂刊印的《昌黎先生诗集注》、雍正六年的《古今图书集成》，等等。

这些书籍不但有收藏价值，而且出手时价格不菲，其中雍正刊开化纸精印的《陆宣公集》一册，“朵云轩”1998年秋季拍卖标出的价格就高达 2 万元以上，十分昂贵。所有介绍上述那些殿本书的文章中，都有“洁白坚韧的上等开化纸”“开化纸，清初最好的纸张”“御用开化纸，白色而坚韧细密，表面光滑，精美绝伦”“细腻、柔软、不易折毁、可久藏的开化纸”“浙江产上等开化纸”“洁白细薄而又坚韧的”“名闻遐迩的开化纸”“清代最名贵的纸”等赞许性的词句描述。毋庸置疑，开化纸确实是清代最名贵的宫廷御用纸。由于用这种纸印出的书高雅大方、麟角凤觜，叹为观止。所以历来受到收藏家的欣赏和喜爱。著名藏书家江苏武进人陶湘（1871—1940）字兰泉，号涉园，清末官至道员。后进入实业界及金融界。1929年应聘故宫博物院“专员”（专门委员），著有《清代殿版书目》《武英殿聚珍版书目》《故宫殿本书库现存目》等，其中多涉及“开化纸”印本。他收书数十年得书30万卷，凡遇“开化纸”印本，不问何类，一概收之。当时被世人誉称其为“陶开化”，成为中国书史上的一个小小的轶闻。

三、解惑

前已述及，史籍上有关开化纸的记录很少。我们只知道开化纸在清代康熙、雍正、乾隆时期，内府刊书以及扬州诗局刻书多用这种纸。私家刻本也有少数用开化纸。这是众所周知的史实。现在的问题是，开化纸在清代以前有可能在浙江省开化县生产吗？到清代康雍乾时期制作于何处？朝廷大量地刻印书籍，必须有大量的纸张供应，就地生产纸张就成为官府的首选。而北京的原有造纸业就有了发挥自身积极作用的机会。

根据有关资料，在明清代之际，在北京城南有一个闻名的地方叫“白纸坊”，这一地带是生产纸张之场所。白纸坊之名，最早见诸文献的是明朝嘉靖三十九年（1560年）所记[1]。文中说：白纸坊，五牌

① 张爵. 京师五城坊巷胡同集[M]. 北京：燕山出版社，2004：270.

二十一铺，在右安门西南角。由白纸坊条目所开列的辖区地名来看，计有石阁儿街南、大圣安寺、枣林儿、宝应寺、纸房胡同等38处之多。在那里聚居着“为数众多”的以造纸为业的居民，且拥有相当数量的抄纸作坊，其经济地位举足轻重。清廷为了便于控制，对于供内宫使用的开化纸，必然会千方百计地把它从外迁调到北京，放在留于“大清”眼皮底下的白纸坊了。于是乎清代的白纸坊，既是生产“专用纸”（开化纸）的官办作坊（对外是保密的）；也是制作其他刻书用纸、百姓生活用纸的民办作坊。后来，在“北距南烟阁半里许”又建有一个“黑纸坊”，它是生产“豆纸”之地。北京人称谓的豆纸[1]，就是利用废纸、烂纸为原料，抄造而成的质地粗糙、供上厕所用的卫生纸。因为它的纸面跟北京人喜欢喝的“豆汁”之颜色差不多：豆青色中夹着黑色。所以便产生联想，呼唤而得名，这是后话了。

另外，康熙十七年（1678年）在北京开设了朝廷主办的官纸局（厂）[2]。清乾隆五十三年（1783年）美国人佛兰克林（B. Franklin，1706—1790）以80多岁高龄，怀着向中国学习先进技术以改进西方手工造纸的愿望，来到北京学习考察。他对于抄造和烘干大幅面纸的技术尤感兴趣，便设法得到允许参观北京官纸局。佛兰克林看到了中国纸工在烘壁（火墙）上干燥大幅面纸的方法，非常惊喜和感动，并认为是值得西方学习的先进经验。1788年6月20日，他向美国费城科学院提交一篇造纸论文，建议要向中国学习抄造大幅面纸的干燥方法[3]。论文中指出：“中国人制造大幅面纸的技艺比我们简单得多了，他们由两个人抬着纸帘直接抄成四尺半（1.5米）长的大纸，而且只要经过一次压榨后，把它贴在表面很光滑的火墙上很快就干燥了。比起我们的一次压榨，二次风干，三次压平，再把小幅面纸粘贴成大幅面纸的

① 刘向勃．也谈为何北京仅存“白纸坊”兼其他[J]．北京：宣武文史，2005：12．
② 王菊华．中国古代造纸工程技术史[M]．太原：山西教育出版社，2005：341．
③ Dard Hunter. PAPERMAKING the History and Technique of an Ancient Craft[M]. New York: Alfred A. Knopf, Inc. 1947: 235—237.

办法，可以省去了大部分麻烦手续，我们应该学习中国人的这种巧妙的技艺……” 后来这篇论文刊于1814年由该院在巴黎正式出版的《中国文化史》（英文版）一书中。遗憾的是，该论文没有提到北京官纸局的具体地址和其规模，以及生产的纸种名称。

在北京地区竟然既有民间的造纸作坊，又有官办的造纸机构，而且后者的造纸技艺不可低估。那么，只要浆料能够保证供应，生产开化纸是不成问题的。又据上海《申报月刊》（第3卷第2期）报道：1932年瑞典亲王来华访问时，到北平（今北京）故宫博物院参观，看见乾隆时期用开化纸印制的殿本书，非常赞赏。他说："瑞典的现代造纸颇为发达，纸质虽优，但工料之细尚不及中国的开化纸。瑞典纸在欧洲名列第一，能印五色套版。欧洲有的人说中国纸不能印五色彩画，只能用颜色绘画。其实不然，本人在北平故宫博物院所见之殿本书，系用开化纸所印；其彩色图画，也完全用开化纸印成，数百年不褪色，且鲜明夺目……”[①]这是一个外国人对中国开化纸应有的客观公正的评价。

上文已经讨论了开化纸的原料，即以藤类韧皮纤维为主。笔者再次提出，有没有这样的可能性：官府把浙江省开化地区制出的纸浆（晒干的藤浆）运到北京，再由北京的官纸局或白纸坊的槽户如法炮制而生产了开化纸（或开化榜纸）。这仅是一种推想，尚待今后能有材料证实。至于开化纸的具体制作问题，为什么均无记载？有可能是"上边"下命令不让公开；下边的人怕犯忌，守口如瓶；还有一种可能，就是没有人敢去或者愿意干这件"既不利己又不利人"事情。时间一久就被忘却了。

至于开化纸为何在清代晚期雕版印刷中逐渐消退，估计有两个产生严重影响的因素：一个是藤皮料浆的来源枯竭，濒于绝迹，京城没

① 戴家璋．中国造纸技术简史[M]．北京：中国轻工业出版社，1994：197-198.

有了造开化纸的原料，其后果可想而知；另一个是廉价的连史纸趁机崛起，挤进了印书市场。于是便造成开化纸之槽户沦亡，人才流失，技艺绝灭，最终乃绝无此纸矣。

第二节
玉扣纸

玉扣纸（Yukou Paper）属于竹纸类，系清代纸名。对这个纸名的由来有三种解释，第一种（流传最广的）是：纸名中的“玉”，指的就是纸质细嫩柔软，色泽洁白如玉；“扣”是古时土纸的专业计量单位，一扣是100张，相当于现行的手工纸之每“刀”（100张）单位，故而得名[①]。第二种是：所称呼并写出的“玉扣”二字实为闽西汀州（今称长汀）府“羊牯（岭）”村之客家话的谐音。因为古纸多以原料或产地来命名，当初有外地商人到“羊牯”村（所产土纸的品质甚佳）采购，被听者以近音字误写，又由于“玉扣”之名较原村名给人更有温润清静的感受，将错就错，故有此名。这一说法不知确否？第三种是：传闻上海人称玉扣为山贝，意思是山里的“珍珠宝贝”，即把该纸誉为福建的“纸中之宝”，为之命名，不晓得这句话是对还是不对？

① 刘仁庆．中国古纸谱[M]．北京：知识产权出版社，2009：159．

一、特别产地

在明代宋应星（1587—约1661）撰写的《天工开物》一书中曾记载："凡造竹纸，事出南方，而闽省独专其盛。"这句话的意思是说，在明朝的时候，南方的竹纸生产获得了长足的发展。尤其是福建省的竹纸更是捷足领先，独占鳌头。于是到了清代，当时即有被誉为福建"四大产纸"地——宁化、长汀、将乐、连城（县）等。其中前"三地"（县）所生产的玉扣纸具有鲜明的特色；而连城县则以出产闻名全国的连史纸著称。

位于福建省西部宁化县（今属三明市）的治平乡，全乡竹林面积有近20万亩，素有"九竹一田"之称，是一个典型的竹乡，也是福建毛竹的主产区之一。宁化盛产的"土纸"（竹纸，或称宁化纸），其上品称为"玉扣纸"。该地丰富的毛竹资源，为玉扣纸的发展提供了得天独厚的物质基础。

该县的竹种与别地之差别是，竹口直径小，肉厚纤维长。全境山高林密，泉水清冽，且附近龙门所产的石灰，碱性特强。因此，此地具有"竹、水、碱"三大优良的造纸条件，故制出的宁化纸（玉扣纸）质地柔润、拉力结实、吸水性好、不易老化。它们历来作为档案、史集、佛经、族谱、账本、重要契约等的用纸，而倍受客户欢迎。

长汀（又称汀州）县也同样具有生产长汀纸（玉扣纸）的优异的自然条件。其一，有非常丰富的竹林资源，竹麻的肉厚，柔韧，滑泽；其二，山高林密，有充沛的山泉水源。清澈洁净的山泉，是造纸的理想用水，自然条件的优势和造纸良工的精湛技艺，决定了长汀纸的上乘品质。清朝的内阁中书、诗人郑克明（1856—1913），他的家乡就是福建长汀。郑氏写有一诗赞赏这样一个群山环绕、竹纸产业繁荣的好地方。诗云：

种竹关生计，连山带笋香。

谁知文字贵，先赖纸工良。

诗中颂扬了长汀人民种竹造纸的业绩。长汀产的玉扣纸，每刀刀口盖有朱（红）、蓝两色戳记。因其进销京都，被誉为“日近天颜”。又以其色泽洁白，被赞为“冰清玉洁”“欺霜赛雪”。各有方形图记，配以财神、天官、福星形像及等级印章、纸行牌号，交互印成，红蓝相间，光彩悦目。

根据清朝道光元年（1821年）长汀人杨澜（生卒年不详，1789—1826在世）撰写的《临汀汇考》一书中记载：“汀境竹山，繁林璐会，蔽日参厌，制纸远贩，其利兼盈。”此处描绘了山区气候温和而湿润，为毛竹生长提供了有利条件。又云：“汀地货物，惟纸远行四方，各邑制造不同。长邑有官边、花笺、麦子、黄独等名。”这里所说的“官边”即毛边纸、“花笺”就是今天的玉扣纸也。

至于将乐县所产的“将乐纸”，原名为“青丝扣（纸）”“扛连纸”。其制作精细，光润嫩洁，响张少疵，坚实洁白，且以经久不碎见长，有“纸寿百年、冰清玉洁”之誉。此纸为书写、印刷、簿籍、裱褙之上品。《将乐县志》曰：“将乐纸，清初即已运销赣、江、湖、广等地（即今江西、江苏、湖南、广西）。”乾隆末年（1795年），输送官府的纸叫“官纸”或“京纸”（即玉扣纸），质量要求严格，故择其上品呈贡朝廷。

图6-4　玉扣纸

由此可见，玉扣纸是从宁化纸、长汀纸和将乐纸等中挑选出来的，亦即三地“土纸”中的上等佳品。因此，玉扣纸实际上是这三地所产的高级纸的总称或典型代表。它们不仅国内闻名，远销东北、鲁、豫、苏、浙、皖、粤、赣各省；而且还足涉海外，畅销新加坡、马来西亚、印尼、暹罗（泰国）、菲律宾、日本等国。

玉扣纸（图6-4）的传统制法是，以采用石灰“灰腌”嫩（毛）竹为主的生料法制浆，随后进行打料、捞纸、干燥等一系列操作完成。具体点说，亦即是经过砍料、断筒、削皮、剖片、下湖、浸塘、剥青、灰腌、洗漂、剥料、脚踩、下蓝、耘槽、抄纸、湿压、牵纸、焙纸、拔纸、裁纸、切边、整理、包装等20多道工序加工制作而成的。从表面上看，这种纸跟其他竹纸制造工艺差不多。中国的手工纸，常常是原料相同，技艺相近，却能够制造各种不同品质的成品。这内中究竟是什么原因呢？归根结底的是，手工纸技艺的传递规矩是“以师带徒、口手相传、刻苦实践、积累经验”来逐步完成的。其中的细节更是“借箸代筹”，五花八门，行外人不明其旨；名师一点，涣然冰释，局下者心知肚明。这一整套技艺，是手工纸传统教法的“暗门”，需长时间、持续地演练，方可感悟“入道”矣。

鉴于手工操作（或动作行为）是不可以完全与机械运动一模一样的。借用梅兰芳先生的京剧表演中的一句名言：那些“方式”（手指、身段、步态）都是“有规律的自由动作”。换言之，即造纸师傅通过训练、指点、纠正等把造纸技术一步步地传授给徒弟，接班人再慢慢地心领神会，最后才能掌握整个造纸过程的各步要领。所以，如果手工造纸也“邯郸学步”、像机制纸那样编一套工艺规程，要求操作者做得一点不差，往往行不通。任何纸上写的工艺规程、操作规范，都不能够达到预期的目的。多年以前，笔者在手工纸实地调研过程中，曾向“纸师”们建议可否搞一个技艺操作程序，贴在墙上，供徒弟们参考。但得到的回答是沉默，其后就不了了之。

在手工造纸中，可称得上师傅的一般有三种（个）人：一个是踏料师傅，另两个是捞纸师傅和烘纸师傅。生产高质量的玉扣纸，需要有这三个师傅的精诚合作才行。在踏竹麻工序中，手抓吊环，右脚高抬，划个90度的弧，下脚全力踩踏，让竹浆变成了糊状。只有这样，踩出的竹浆纤维才不受破坏，纸页才有韧性。而纸的匀度、厚薄全靠捞纸师傅的手感和经验，所以捞纸又是其中最需功力的一个环节。至于烘纸师傅的活计，更为讲究的是要有“两把刷子”，其重要性自不待言。

俗话说，一方水土养一方人。不同地区的造纸人，因为受到历史、环境、文化、习惯等条件的影响，其产地培养出来的差别相当大。他们之中有些“高手”具有某种生产上的绝技（或窍门），使别人望其项背。可惜，随着时光推移，人去楼空，优秀的手工技艺很多都没有被保留下来。所以，造纸产地，在手工纸生产中是占有非常重要的价值的。现在，能够制作玉扣纸的师傅是少之又少。培养传承人的任务十分艰巨，据了解，中选率不到十分之一。而“南郭现象”尤其值得警惕，选拔时应坚持“宁缺勿滥”的原则才好。

二、特殊应用

在一般人的心里，印象最深的纸张是书写、印刷材料。换言之，它的功能主要是委身于文化事业方面的应用。在清朝的“康乾盛世”，玉扣纸的产量曾经位居全国前茅，在国内手工纸行列中占重要的一席之地。最初，玉扣纸的用途多是印刷书籍、地方志书、名人著作、档案族谱、寺庙经本、生活账簿等。可是，后来出人意料的是：玉扣纸居然在食品业中跳过“龙门”，在“美食美吃”上大显身手。

这事还需要追溯到清朝晚期，话说在清光绪年间，当年的广西梧州北山脚下有一处环境幽雅的园林名叫“同园”。在这个园林的深处有一家专门为富豪客人聚会的“翠环楼”酒店，掌厨的是一位桂林籍的名厨，人称“黄厨师”（名字待考）。他发现食客们对鸡的炒、蒸、煎、炸等各种食法已厌腻。为了招徕生意，做活买卖，他经过冥思苦想、又从广东名菜“盐焗鸡”制法[1]中受到启发，设计做出了一道新式菜肴——后来被人取名称为“纸包鸡”。起初，纸包鸡仅限于款待达官贵人。后来名酒家“粤西楼”老板重金聘请了黄厨师的徒弟——官良。他按照黄师傅的做法，并在刀工、技艺、火候等方面进行了改进，除去头、颈、脚，整个鸡都切成梳形块，再用上好的酱料，烹制成了纸包鸡。无论大小宴席，皆作为第一道菜上席，入口便有香、滑、甜、软之味，博得了宾客们的一致好评。从此，纸包鸡同它的奇特制法便扬名于世。

顾名思义，纸包鸡是以纸包裹主料炸制而成的，这是一种隔纸炸的新的烹饪法（以前有过用荷叶、蕉叶、竹叶等包烹的），制作独特，可以保持鸡肉的鲜嫩，调料味浓，特有异香。据报道，制作这种菜，采用纯正“三黄鸡”1只，调好酱料，再用经过特殊处理的玉扣纸包裹，用花生油浸炸完成。这种炸鸡选料考究，制作精细，香酥滑嫩，口感极佳。举例如下：

原料：小母鸡1只（约1.00kg），姜汁10g，白糖200g，精制酱油500g，玉扣纸数张，五香粉少许，味精少许，黄酒50g，白酒100g，花生油1000g。

制法：将小母鸡（即未生过蛋的，当地称“项鸡”）宰杀后，去头去脖去脚，破膛取出内脏，冲洗洁净，吊干水分，只取鸡腿和翼翅四件，切成重约50g的小块，在每块的一面轻轻割出梳子花刀，将玉扣纸（当地称为纱纸）裁成25厘米左右见方块20张，放入油锅（用猪油在特定温度下把纸浸透）内略炸，捞出备用。另外，使用姜汁、蒜茸、香油、白糖、汾酒，再加入适量的广西特产八角、陈皮、草果、大小茴香、红谷米、五香粉、古月粉（即胡椒粉）放在一起搅匀而成一种特有的“酱料”。将鸡块放入酱料内腌制15分钟后取出，用炸过的玉扣纸包成长方块，要包严实，勿使透气。将锅放大火上，下花

[1] 王熙西. 金牌粤菜全集[M]. 乌鲁木齐：新疆美术摄影出版社，2011：122.

生油烧至180~200℃时，立即落锅以武火炸至纸包鸡浮上，油面呈棕褐色，鸡块金黄，滚油不入内，味汁不外泻，包好的鸡块炸至浮上油面，而不发焦，即捞出装盘，打开纸包即可食用。

注意事项：鸡块应切得大小一致，腌制时可以入味均匀；油炸时也容易炸匀炸透。纸包鸡的份量较多时，不可一次下锅油炸，应分批分次炸之，每次以4~6块为最佳。油炸时火候不可过大，先开大火烧热油，放入纸包鸡后改中火炸，炸至呈金黄色便可捞起。

图6-5　广西梧州纸包鸡

真正的梧州纸包鸡（图6-5）是该地的一道名肴[①]，原汁原味，色泽金黄，肉嫩骨脆，鲜美可口。至此，纸包鸡佳肴遂普及民间，变“小众”为大众美食，为百姓所品尝，日渐扬名于桂粤港澳及东南亚各地。百年来，经过厨师们在选料、配料、烹制方法上不断发挥和改进，风味更美了。据说粤军将领陈济棠（1890—1954，字伯南，广西防城人）为了能吃上梧州纸包鸡，曾特派专机由广州飞到梧州，空运此佳肴回去品味。国内外游客、商人，凡到梧州，都以能品尝到纸包鸡为一大开心事。

在此需说明一下，现在之所以要如此详细的记述纸包鸡的原料、制法的全过程，绝不是离题，而是为了保留传统制法、澄清出现于今天的有些地方（比如北京、天津等大中城市）的酒楼、餐厅里卖给顾客品尝的、菜谱上赫赫列名的“纸包鸡”，它已经发生了改变。有的菜品书显然是受厨师误导，编者把玉扣纸改为用玻璃纸或糯米纸[②]，这种舛误，不可不察，应加以纠正。还有的菜馆不按传统方法烹饪，

① 李朝霞．中国名菜辞典[M]．太原：山西科学技术出版社，2011：241．
② 名师文化生活编委会．粤菜王888[M]．沈阳：辽宁科学技术出版社，2010：177．

借口“创新”以“锡纸”（铝箔）替代了玉扣纸，酱料也“今不如昔”，口味变了，与昔日的纸包鸡，绝不可同日而语。作为一种地方特色菜的纸包鸡，可能很快要失传了。

梧州纸包鸡所选用的小母鸡，肉蛋白质的含量比例较高，原汁原味，肉嫩骨脆，香气四溢，鲜美适口。且种类多，消化率高，很容易被人体吸收利用，有增强体力、强身壮体的作用。母鸡肉含有对人体生长发育有重要作用的磷脂类，是人们膳食结构中脂肪和磷脂的重要来源之一。母鸡肉对营养不良、畏寒怕冷、乏力疲劳、月经不调、贫血虚弱等都有很好的食疗作用。但鸡肉不宜与兔肉、鲤鱼、大蒜同时食用[①]，此忌食之说有待科学证实。

应该说吃纸包鸡，不能简单地理解为仅仅是为了“解饿”或“解馋”，而是一种体验、一种满足、一种炫耀、一种文化。这是值得每一位有机会吃到它的幸运食客细细品味的。

三、特色文化

玉扣纸在福建地区的知名度仅次于连史纸，似乎还有占“半壁天下”之说。宁化、长汀之玉扣纸，除了印制全国性书籍经史读物之外，地方志书、名人著作，均借以印行。例如明代诗人郝凤升（1468—1521，字瑞卿，号九龙，福建长汀人）撰写的《九龙诗刻》；又如清初学者李元仲（1602—1686，名世熊，号寒支，福建宁化泉上人），少负奇气，志节清高，不畏权势，性格豪宕不羁，品骨卓绝不凡。生平好学，县试、府试均为第一。考官惊叹：“元仲少而文章老练”，他著述的有《寒支集》等。这些用玉扣纸刻印的图书，很受收藏家们的青睐。

① 默草．一本书看懂营养学[M]．北京：新世界出版社，2010：210-211．

过去，曾有许多人喜用玉扣纸卷烟叶，也拿来作为祭祀用纸。尤其是侨居东南亚各地的侨胞，特地选用玉扣纸祭祖。据说，一是此纸焚烧后，纸灰少，呈白色；二是纸灰能轻扬远飘，传说可返回祖国让祖先冥间受用。侨胞们之所以爱用玉扣纸，往往是寄托了一片爱国之心、思乡之情。

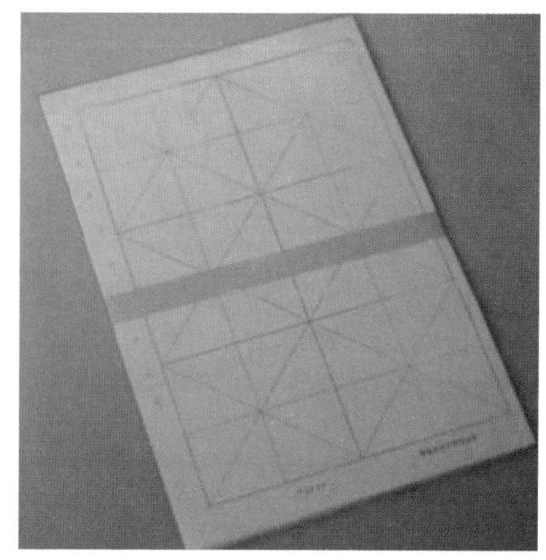
图6-6　米字格玉扣纸

另有，商户们有时或用玉扣纸来印制账簿，用毛笔墨写来记账是完全不能涂改的，借此能保持商界之信誉。而信贷、契约等凭证，采用玉扣纸的好处更是自不待言，诚信之至。因此，一时间社会人士奉玉扣纸为神明之物，思想上有“压顶”之威。

还有，民间活动——比如新婚燕尔，陪嫁的清单也使用玉扣纸书写。隆重的宴设，发出的请柬，非玉扣纸莫属。时届节假日，甚至提笔写信也离不开玉扣纸，以显示其庄重、敬仰、羡慕之意。

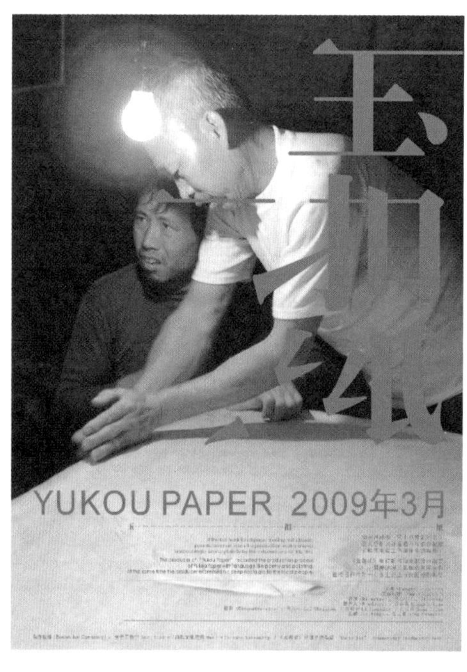

图6-7　《玉扣纸》电影海报

再有，小学生们练习汉字时，有用玉扣纸加工的米字格（图6-6）、九宫册和描红本等书写用纸，颇受欢迎。身居海外的侨胞，他们教育子孙使用玉扣纸来练习祖国的汉字，激发其爱国热情，追思中华文化，实在难能可贵。

总之，玉扣纸在民间的应用活动，可遍布于各个领域，构成了一幅美好的图画。1985年，梧州纸包鸡被选拍入《中国一绝》风情电视纪录片。2009年，有导演兼摄影师鬼叔中先生用诗歌和油画般的镜头语言，传神纪录了玉扣纸的生产过程，也浸透作者对一方水土吾国吾民的浓郁的乡恋与忧愁（图6-7）。

该片长达47分钟，介绍了闽西北宁化一带的传统手工造纸，借用清代长汀人杨澜所说的一句话是："其用力艰，而成功薄，巧心劳手，百工之事，此为最矣。" 该片拍摄于茜坑，武夷山脉深林处一个小村庄。闽赣二省三县（宁化、长汀、石城）的交界地，10来户人家，至今未通公路，青山、绿水、竹林，干净得没有一幢水泥红砖房。有记载称，在宁化造纸的鼎盛时期，全县有纸坊数百余槽，年产纸几万担。近年，手工造纸业早已式微下滑趋弱。如果连现在最后这一家"土纸寮"也都倒闭，后人恐怕只好通过这些影像纪录，去了解玉扣纸的生产工艺和原生态的场景了。

第三节
表芯纸

表芯纸（Paper with Blow a Fire）系清代纸名。这个纸名，各地有别，叫法不同，但实质相同。它是以毛竹（或慈竹）为原料，按手工操作生产而成的一种黄色土纸。此纸的原产地是江西省万载（今属宜春市）。其后，又扩展到安徽省广德、浙江省建德、四川省新津、陕西省渭南、湖北省随州等多个地方，范围日益扩大，产量不断增多。在清朝的纸品中它具有一定的代表性。

表芯纸又名“三六表”[1]，是因为当初该纸的计量单位小，每“把”（手工纸最早的计量单位，后改称为刀）只有36张（别的纸，按行业规定统一为每刀100张），所以才有此简称。这种纸由于吸水性好，民间旧时多拿来做“手纸”（古代俗称，即月经纸），为妇女们常用。其后，它又用作佛教祭祀活动；又用于供道士画符；又用于做花爆鞭炮，特别是把土纸（表芯纸）加工成“纸煤”（或称“纸煤儿”），在民间日常生活中获得了广泛的应用。故成为清代名纸之一。

不过，从文献上看记录表芯纸的资料甚少，原因之一是由于它属

① 刘仁庆．中国古纸谱[M]．北京：知识产权出版社，2009：159.

于竹纸类，涉及的品种较多，且其名起初不文，影响有限，故载之于文字者寡；原因之二是该纸后来又分化为三种，即黄表（裱、表，两字不相通）纸、表芯纸、大草纸等。黄表纸脱胎于表芯纸，却又优出表芯纸；大草纸则相反，次于表芯纸。本节拟就表芯纸的演变（分化）过程、实际中的应用和由此而联想到的思考等3个问题来进行探讨，供大家参考。

一、纸品演变

中国古代的造纸原料，大体上有麻类、树皮、禾草、竹子等，其类别具体数字大约只有一两位（数），而生产的纸品却多达200种以上。我国的竹纸——以竹纤维为原料造成的纸品，五花八门，不胜枚举。表芯纸是众多竹纸中的一个。竹纸的品种多，且纸名各异，还有许多是属于派生的“亚种”纸。据研究，表芯纸在当地（万载县）原来称为“土纸”或“草纸”。后来，又把其中的上品称为黄表纸；其下品叫做大草纸；居中者则为表芯纸。从纸面上看，黄表纸的色黄，细匀，轻薄；大草纸的色亦黄，厚实，粗糙：表芯纸介乎两者中间。它们的应用，大体上是各有侧重的，比如黄表纸用于祭祀；表芯纸用于做纸煤；大草纸则用于卫生。为什么原本是一种纸，后来被分化为三种纸呢？这是基于在它们的加工过程、市场需求不同而导致的结果。据调查，在江西万载县表芯纸的制作工序，原本是这样的：

造纸所选的原料为毛竹。成竹有深山、浅山之分；内山、外山之别；还有当年、背年之不同。凡属当年竹生笋如芦，千亩万竿，一望无际。而背年竹生如荒沟，稀稀拉拉，惨不忍睹。每到春分，笋初出土，清明前夕将刚吐叶芽的幼竹砍倒，依主量疏密以留种，砍下之竹，名曰竹竿。砍早了，纤维太嫩，影响出浆量；砍晚了，竹子老了，不容易成浆。

毛竹生长分为大年、小年。如属当年，竹竿必须在“小满”之前砍伐，砍倒后以1.5　2.0米长度“截段”，再劈开破成四开（片）。然后，将竹段分层放入“凼（dàng）”内。所谓凼（这是手工纸的“专用字”之一，曾误写为“宕”）——即在地上挖一长方型的坑，四周及底层用三合土夯实，周边无栏，供泡竹用。每放入一层竹段，加一层石灰，每加100斤（旧制，市斤）竹段，用石灰80斤，即用灰率为80%。竹段入凼后要用木板（条）绑上石头压实，加清水灌满。30～60天之后，取出竹段洗净。将原水放出，竹段还凼，又以清水浸之，取名叫“漂水”。又经过10多天，将水放尽，无水浸入，竹麻露出，浆料成矣。一般是利用水车动力带动碓舂打烂竹麻，也有用脚踏碓舂竹麻的。竹麻被打烂后，倒入纸槽，捞筋，搅匀，加入一种土制的“纸药”（椰叶胶汁）以及姜黄末，浆成后可直接投帘荡平成纸。层层堆叠湿纸达百张，上面加盖平板，用木棒绞压挤干。然后，采用天晴晒干（低档品），也有火墙烘干的（高级品），后者叫“焙纸”。纸成之后，36张为一把，72把为一头，两头（144把）为一担。装担，用锯或磨石把毛坯边磨光，经检测后区别质量按优次等级盖印，最好的盖头印，稍次的为二印。再次分大剔、小剔，按印论价。头印、二印即为黄表纸、表芯纸，其余二者均为大草纸。

据说清朝时的万载土纸，色泽淡黄，纤维细长，质嫩性韧，洁净柔软，厚薄均匀，耐拉性好，吸水性强。盖了印的装担纸产品，不缺张数，不缺斤两，没有缺角、裂缝、开孔、叠层等残次纸病，用户完全可以信赖。所以，万载土纸具有“通行南北，商贾皆聚”之誉，除行销国内各地，后来还出口新加坡、日本、东南亚等国。又据《万载县志》上称：古时，“万载土产（表芯纸、夏布、花炮）三大宗，纸为最”。意思是说，早在清代，当地的表芯纸已经成为万载“富源之本”，不可小视。

表芯纸按档次如何“一分为三”、分道扬镳、自立门户的呢？头印土纸呈黄色，细腻匀薄，质柔易燃（图6-8）。古时主要拿它来做祭

图6-8 表芯纸（左：成捆；右：单页）

祀活动。我国自古以农立国，《礼记》曰："建国之神位，右社稷而左宗庙"，祭奠祖先，推尚功德。

尊儒、崇佛、礼道，习为常事。比如汉族人家过年，除夕夜点香烧纸祭祖；还有进寺庙求神恕罪还愿，在菩萨像面前祈祷，都要点燃黄表纸。而张天师首创的"道教"，所用的许多法具——如"敕符"、银纸、寿金等，都是纸制品[①]。其中敕符还必须使用黄表纸，因为此纸燃烧后灰轻，可随烟气飞升。道士解释说，这是为了达到向上天表述祈求之效，从而获得了多数信徒们的首肯。随即快速地扩大了黄表纸的市场销量，成为另立门户之发端耳。

为什么头印土纸（黄表纸）具有这样的性能呢？在传统的土纸生产过程中，选竹伐倒、石灰浸泡、清洗烧箱等工序都大体上相同。只是由毛竹（段）变成竹麻之后，进行碓舂时的工艺细节不一样，不单是次数增加，而且还要再（多）次用脚踩踏，直到"粉烂"时为止。这样一来，既使竹纤维帚化的程度提高，又使其柔性不被破坏，保持纸页有良好的强度和韧性。同时，由于采取了热焙干燥，使其纤维交织均匀，成纸的平整度好。这种纸的打浆和焙干的技艺，各有师承，尚需钻研，难以尽述。

让我们再简单地说一下大剔、小剔草纸的制作要点。从外表上看，它与另外两种土纸也差不多。不过，若从内容上加以考查，"细

① 陈大川．中国造纸术盛衰史[M]．台北：中外出版社，1979：271．

节”却大相径庭。在原料选择方面比较马虎，毛竹、慈竹、老竹、嫩竹不限，杂竹亦可。在制浆阶段，使用的石灰比例、清洗次数等均无严格要求，致使竹浆品质不高。同时，对竹麻的打浆要求比较粗放，又免除了人工踩踏，故其纤维僵硬，竹浆品质较次。捞纸前，有时少加或不加“纸药”，造成纸面不够平滑。更糟糕的是，把湿纸放在室外利用太阳自然晒干，刮风吹沙，卫生条件不好。这种纸——取名大草纸（图6-9），其性能和应用，当然不能与黄表纸相提并论了。

图6-9　大草纸

图6-10　捞制表芯纸

至于二印土纸（表芯纸）的加工（图6-10），介乎于上述这两种纸品之间，主要是掌握好踩踏竹麻、烘壁干燥两大工序，如此便可得到理想的成品。这是不可言喻的。由此可见，随着时光的推移，有的地区、有的槽户专门生产黄表纸；有的限于条件甘拜下风，专门生产大草纸；有的则专门从事生产表芯纸了。当然，也不排除有的作坊可以制作上述两种或三种土纸，其纸名、单价将随市场行情波动而定。那是后话了。

二、“纸煤”小史

前已述及，拿表芯纸可以加工成“纸煤儿”，在清代民间日常生活中获得了广泛的使用。什么是纸煤？它究竟有什么用？这到底是怎么一回事？现在做一点常识性的解释。

俗话说：一天开门七件事，柴米油盐酱醋茶。有了柴，怎么去做饭炒菜？必须有火。缺了火，生米不能做成熟饭，万事皆难成。另外，在两百多年前的清朝，那时还没有火柴，也没有打火机。老百姓从哪里去取得火种呢？

火柴工业开创于欧洲。1833年（清道光十三年）世界上第一家火柴厂建立于瑞典卡尔马省的贝里亚城。那时候，中国人没有条件使用。直到1865年（清同治四年），火柴才开始传入中国的广州，被称之为“洋火”或“自来火”，日本名称叫“磷寸”，中译名才为火柴[①]。中国的第一家火柴厂则是光绪五年（1879年）在广东省佛山创办的巧明火柴厂。到了20世纪初，中国人才开始努力兴办火柴厂，建立了火柴工业。因此，在清朝早年民间用火还是不十分方便。

那时候，人们常用来取火的工具叫做“火镰”或“阳燧”。不过，备有这种“火具”的家庭很少。普通百姓家取火的方式多数是：“借（接）火”，就是从一个有“火”的家里，用灯芯、火杆或（表芯纸做的）“纸煤”，把火种接回来，如此连锁地一家一家传递。这种做法，在我们的祖先手中曾经体验过、也给社会生活带来了许多方便和乐趣。然而，对于今人而言，这种情形似乎是难以想像的。

所谓纸煤，又称纸煤子（或纸捻儿）。它的俗名很多，如纸媒、纸捻、纸吹、煤头子等。因为它是用半张或整张表芯纸推卷而成，所以又叫吹火纸或点烟纸。纸煤的外形粗细长短如竹筷，用时先以火将其点燃，若朝纸煤吹气，燃着的明火即熄灭。再吹复燃，如此反复，多作“借火“之用。小小的一个“纸煤”起于何时何地，诸不可考。但它却有着令人想像不到的实践效果，特别是纸煤在吸烟上的使用，甚至超过了百年以上的时光。为啥？

---

① 徐珂．清稗类钞（第十三册）[M]．北京：中华书局，1986：6041．

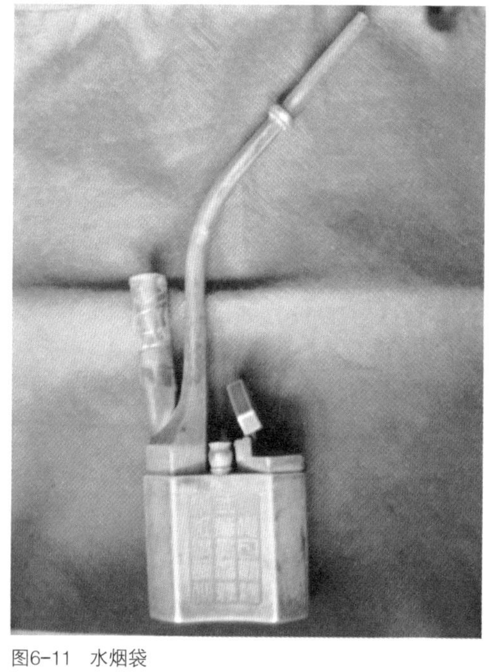
图6-11 水烟袋

原来在清代社会很多的中上层人士，尤其嗜好吸水烟，形成一种“时尚”。水烟的烟具和吸烟也很特别：“截铜为壶，长其嘴，虚其腹，凿孔如井，插小管中，使之隔烟，若古钱样，中盛以水，燃火而吸之。吸时水作声，汩汩然（咕噜噜），以杀火气”。如今，这种水烟袋（图6-11）早已是历史的陈迹。前不久，听人说在游览山东省泰安市的旅游胜地——泰山脚下的小摊上，还能看到它的仿制品。许多年轻人都没有见过这个“小小玩艺儿”，更无法理解当年它“走红”之盛况了。

清代作家刘鹗（1857—1909）在他写的《老残游记》这本小说的第六回中说：“（店家）把灯放下，手指缝里夹了个纸煤子，吹了好几吹，才吹着。”它描写了用纸煤子点灯时的情景，也讲清楚了使用纸煤的一种方法。

据说，清末的慈禧太后也很喜欢吸水烟。北京故宫博物院馆内还藏有她用过的水烟袋。专门负责侍候太后吸烟的宫女“何荣儿”（她口述了一本书，名叫《宫女谈往录》），每次看见太后悠然自得地吸烟，那袅袅的烟雾升腾时，她就感到很得意，有一种莫大的幸福感。她还说，给太后上烟，先要准备好六样东西：一是火石，二是蒲绒，三是火镰，四是火纸，五是烟丝，六是烟袋[①]。火石拿在左手拇指与

① 金易，沈义羚．宫女谈往录[M]．北京：紫禁城出版社，2010：35.

食指之间，同时，在拇指和火石的间隙里安好一小撮蒲绒，这片蒲绒借着火星就燃着了。这里所说的火纸，即表芯纸，用它搓成易于引火的纸煤，点着后一吹即燃。可知原本薄薄一纸，以火燃之，片刻间灰飞烟灭。而经此轻轻一卷，再不相同，吹嘘之间，已至明灭自如之境，洞若观火。

水烟袋初为上层社会、书香世家、乡间殷实人家所用，后来也渐渐走进普通人家。清代李调元（1734—1803），字美堂，号雨村，四川罗江（旧县名，已撤销，今划归德阳县、安县）人。他写有《咏水烟袋》一诗，诗云：

本系呵烟器，呼壶也近之。
鼻嘘龙虎彩，腹吐雨云驰。
既济占周易，司人缺礼仪。
最宜微醉后，旁挈小童儿。

诗中说水烟袋本是“呵烟器”，与壶的形状相似。吸食水烟，如吞彩吐云。而“既济占周易”一句，表明诗人由水烟袋而联想到《周易》中的火水“既济”卦象，并且体味到微醉之后，身旁最宜有一可供使唤的小童儿则更妙。这首诗不仅对水烟袋的形状进行了描述，且以周易“既济”卦象来形容水火相融的神秘与完美，这也反映了诗人的生活情趣，耐人寻味。可惜诗中缺少了对纸煤的表述，令人惋惜。

纸煤是用表芯纸加工而成的。过去吸水烟者大多自搓纸煤，有些家庭则通常由闺中女子或媳妇来完成。搓纸煤时，不可搓得太紧，也不可搓得太松。有的还根据不同需要将纸煤上涂抹不同的颜色；有的则在卷搓时放进一些香料，如茉莉花之类，以使纸煤在点燃时散发出淡雅的香味。

据介绍：搓纸煤这活儿，看起来很简单，做起来似乎也不费劲。一般都用买来的表芯纸（俗称大草纸），剪成长约1尺、宽约1.5寸的长方形纸片，用一根打毛线的细长竹签（毛衣针）衬在大草纸里，卷起纸角，围绕竹签稍斜一点搓成长条的纸煤儿。每10根纸煤儿，用一块长纸片包卷起来，算1小卷；10小卷（即100根纸煤儿）可换得几分钱（包括买纸的成本和“手工钱”在内）。

但是，搓纸煤这件事，全凭的是那两三个手指使劲儿。搓久了，不仅手指发酸发痛，而且要不断喷洒水沫儿，使大草纸变软一些，才好卷成细筒，成为纸煤儿。同时还要用手抹糨糊，弄不好，指头就常常会蹭裂。遇上冬天，尤其是在南方当时没有取暖设备，操作者的手指经常爆裂出一条条的血缝，其疼痛之状是可想而知的。

纸煤儿质柔易燃，以两种口形吹气，就能够让“纸煤”燃出火苗或者保留火种①。不过，这些都已经统统的变成过往“浮云”消散了。如今“抽水烟袋的”已经不复存在，纸煤也绝迹了。

电子时代早已到来，吸烟是一种不文明的行为，点火自然也不需要表芯纸了。这件事又一次证明：世上的任何事情、任何发明都有一个由生至死、从无到有、又从有到无的变化过程。“长生不老”只不过是幻想、是神话、是魔影，绝不会变成现实的。具体地说到一个纸种，也是如此。当然，随着时代发展、科技进步，旧的纸种消失了，新的纸种会诞生的，这是客观规律，不以人们的意志为转移的。

三、几点联想

我们由表芯纸的出现、加工、使用，以及日后逐渐衰落。从中不难看出：古代人虽然科学知识有限，但是他们仍然以有限的能力不断地开创一些对社会有利、为人民造福的事物，哪怕是诚如纸煤之类的“小把戏”。由此引发出如下的联想：

① 王菊华．中国古代造纸工程技术史[M]．太原：山西教育出版社，2005：351．

第一，一种纸张是专用还是多用好？一般来说，多用途的纸品，在市场中流通的时间会长一些。而专用的纸品，其寿命相对短一点。但后者的针对性强，品质比较稳定，因此市场情况良好。这也是表芯纸“一分为三”的内在原因。不过，专用纸受下游的影响大，一旦下游出现变化，随之将代来不良后果。

第二，对纸张应采取何种方式进行加工比较好？通常有物理加工、化学加工两种方式。表芯纸是采取物理加工方式，它把纸张由平面状改为圆筒形，从而形成一种可以接发火种的材料，到底是何人何时发现或发明的？无从考证。物理加工比较单纯，化学加工比较复杂。在古代，采用前一种加工方式较多，这是受历史局限性约束的结果。从表芯纸变到纸煤，我们当然不必重复它。不过，依构思设计上说，古为今用仍有其现实意义。我们绝不囿于拟仿制走老路；而要受启发奔创新，这也是我们研究古纸的目标之一。

第三，造纸业怎样才能满足民众的渴望？当年群众吸水烟又没有方便的点火之物时，纸煤恰恰能够适应这一要求。仅就此一项，就可以试问：当今遇到食品安全、医药检验、环保指标、真伪鉴别等问题，让社会需要透明、公开、公正的时候，我们能否想法子配合政策的宏观管理，借科技手段加以解决？例如，检查食品添加剂、重金属污染等，都需要严格执法、“金睛”识别、去伪存真，公告天下百姓。在已有各种化学的、电子的，以及其他方法中，如果从需要准确、简化、廉价的要求来讲，“试纸”就是最佳的选择。我们过去曾经试产过许多试纸，但几乎全是从机制纸出发的。还没有人利用手工纸做载体试验过。开发和创新一些生化试纸，我们能否在这方面多做一些工作？这里还需要搞微量化学、生物化学、表面化学等诸多方面的专家来共同努力。市场呼声高涨，我们能够坐视不理吗？

第四，研究古纸不应该“玄虚空论”，必须采取科学的方法，对千百年来先辈们的创造与经验，进行保护和传承：“联系实际，着重实用，追求实效，扩大影响”。清代用表芯纸制作的纸煤，风靡一时，由此我们是否也要大肆宣扬提倡吸水烟呢？非也。历史不得重演，况且纸煤的功用早已没有价值。我们要从分析和研究这一段历史史实中，吸取那些有意义的成分；要将历史记载中的舛误、虚假及欺骗，加以订正、修改和澄清；还要对古籍中消极的部分述而不作，要改为积极的又述又作。否则，不能适应现代生活，没有真正的科学意义，研究水平也无法提高，岂不“之乎也者亦焉哉”了么？

第四节 香粉纸

香粉纸（Face Powder Paper，直译为擦面纸），系清代纸名。全名为滩头香粉纸，或称吸油面纸、“天应石”护肤纸，原产于湖南隆回滩头镇。该地处于湖南省隆回县东南部，早年民风古朴淳厚，习俗独特。历史上曾出现过造纸村，制作过色纸、花纸、香粉纸，且兴建有年画街，手工业十分发达，分工明确，相互配套。只是到了近代，由于多种原因，香粉纸日渐凋零，几乎到了被人遗忘的地步。现今，才逐步获得了一些重生。

香粉纸属于一种特殊的手抄加工纸，其中有些问题还不十分清楚。它的应用方面主要是归入妇女化妆品的范围。现在仅就香粉纸的制法、加工、使用等做一个简要的论述。与此同时，还要提出个人的一点看法，作为研究古纸的备忘录，供有兴趣的同仁们参考。

一、纸名解说

滩头香粉纸以100%“野生楠竹”为原料，采取传统土法抄造而成竹纸，再对原纸进行精细加工制成。纸上涂刷了一层细细的（矿物）

“香粉末”，最后得到香粉纸成品。这里的竹纸只是一种载体，主要成分是那层“矿粉末”。为什么必须使用楠竹纸？别种纸行不行？没有试验报告发表，存疑。

滩头的矿粉末是什么东西？有两种意见：第一个意见是，按照当地老乡的说法，是湖南省隆回县滩头镇出产、世界上“独一无二”（？待考）的矿物石头，俗名叫做“天应石”（这个矿石名，传说是取自一位名叫“天应”的老人。在现有的地质地理学辞典中均查不到）。此地曾相传因这种非泥非石的奇特物质，女人们常用它来擦脸，既可去除油腻，又能嫩白皮肤，故人们都说：“滩头妹子水色最美”。

图6-12　白泥示意

在清朝康熙、乾隆年间，从当地山上稀有的竖式夹层状岩石中，挖出形近白色的“石泥”，又称为“白泥”（图6-12）。

从目前的史料记载，全球至今尚未发现有第二产地，可谓全球稀有而又独特的矿石泥，其美容护肤功效显著。根据网上介绍[①]：某公司于1999年9月把“天应石”拿到澳大利亚悉尼大学科学实验室作分析检测，表明该矿物的主要化学成分是：SiO_2含量为52.28%，Al_2O_3含量为26.91%、KCl含量为6.98%，CaO含量为0.67%，其主要功能是改进血液循环，美白和润泽肌肤，促进功能新陈代射，松驰神经，消毒杀菌等。据称，天应石（香粉）还具有强力杀菌、去油腻、消炎、收缩毛孔、祛痘、祛粉刺、美白、防晒、保持皮肤正常通透性、止汗爽神等功效，且天然、安全以及无毒性、无副作用，使用方便又环保。

第二个意见是，这种矿物可能的专业名称“推测”为天河石（Amazonite），属于普通长石型、铝硅酸盐类的矿石。它是一种复合式的矿物，其组成部分含有许多种，包括钠长石分子$Na[AlSi_3O_4]$、

① https：//tieba. baidu. com/p/1255618137.

密度2.61g/cm^3；钙长石分子$Ca[Al_2Si_2O_8]$，密度2.76g/cm^3 等。硬度为6.0~6.5度。天河石并非稀少矿石，不过因其混合物相当多，有的还含斜长石（Plagioclase）占全部长石总量的60%~70%，是构成火成岩的矿石之一[①]。这种矿石的医疗功能，尚未见到有严格的科学报告。见仁见智，很难统一。

将上述矿石（泥）从石缝中艰难地挖掘出来了，用粗木棒（当地叫"树芯木"）在石缝上打碎捣烂，然后放在水中淘洗、去渣、沉淀、干燥后得到一种细腻的白泥，即为矿粉末。将矿粉末再做进一步处理后才得到香粉末，把香粉末涂刷在竹纸上，最终加工而成为香粉纸。

总之，香粉纸作为化妆用品被开发出来，大约有了近200年的时光，颇受古时妇女们的赞赏。据说，清朝光绪年间（1875—1908），曾作朝廷贡品，深得慈禧太后的喜爱，故此种矿物白泥被民间传言称为"御泥"。这个香粉末直观上具有补妆作用，据说它还具有杀菌、消炎、控油、止汗等功效。由于纸上涂有香粉末，会散发幽爽的清香，因而得此名。如果白天在护肤的最后一段使用它，既吸去皮肤多余的油份，又有了敷上散粉的效果。由此而得到"吸油面纸"的称呼。因为当年香粉末是以"天应石"为原料加上一些香料构成，所以，又被人称为"天应石护肤纸"。

据网上未经证实的介绍：民国初年（1911年），香粉纸曾销往日本。在日本香粉纸曾被誉为"东方魔纸"，风行一时，受到许多日本妇女的欢迎。后来又出口到韩国、新加坡、印度尼西亚、马来西亚等亚洲各地。此条信息仅供参考。

---

① 黄宗理，张良弼．地球科学大辞典（基础学科卷）[M]．北京：地质出版社，2006：430．

二、加工过程

香粉纸是怎么做成的呢？简要的说，香粉纸的制法分为两部分[①]，第一部分是制作原纸（又称楠竹纸或土纸）。其工艺流程为：伐竹、备料、泡料、洗料、踩料、捞纸、焙干、打包等。具体点说，就是（1）伐竹（当地土话叫做“倒山”），在“小满”节气（阳历5月21日或22日）进行“倒山”（即把楠竹嫩竹砍倒），取得楠竹为原料。（2）备料（当地叫“破料”），即把嫩竹刨去青皮，砍断成长条形。（3）泡料（当地土话叫做“扎料下凼”），把捆成一把把的竹条放入“凼”坑里，再加放一定量的生石灰，灌满水浸泡40天。（4）洗料，把用石灰浸泡后的竹料以人工洗干净（这项操作很辛苦，一天下来手和脚都会被石灰水浸脱了皮），让竹料变得软乎乎的。（5）踩料（当地仍旧以人工用脚踏踩，劳动强度大。可以用另外的打浆方式代替），其处理的具体时间由踩料者掌握。（6）捞纸，以竹帘操作（纸槽内加适量的滑叶汁），不用多说。（7）焙干（当地土话叫做“晒纸”，其实并不是“晒”），就是利用焙灶里烧煤，把焙壁烧热到一定温度（不宜太热）后，把一张张湿纸糊在上面，待纸干了撕下来即可（图6-13）。（8）打包，把干后的纸放在长条形的木桌上，用刀切齐，按“刀”分装，至此完成。

图6-13　土纸干燥

① 刘仁庆．中国古纸谱[M]．北京：知识产权出版社，2009：188．

第二部分是成品加工。传统方法是这样的：在加工前要自制好所用的“香粉末”。所谓香粉末，简称为“三粉一香”。它是由4种原料——即轻粉、淀粉、滑石粉（简称“三粉”），再加上香料等组合而成的。白泥研磨成粉末后，过筛（筛目视具体情况而定），这种筛好的细粉被叫做轻粉。再把少量的另外“二粉”，按比例加入后进行调和，慢慢地加入麝香精、檀香油，不停地搅拌直至均匀，备用。最后，将原（竹）纸平铺后，用手工涂刷上香粉末（土语叫“泥浆”），反复地按“刷泥—晾干—干整”达5次以上。经过整理检验合格，便加工成了能吸油面的香粉纸。

从整个的加工过程，看不出香粉纸与别的手抄加工纸有什么特别不一样之处。所采用的也都是涂刷法，只是要求纸上的涂层厚实一些。对于香粉纸的品质，因为在上述三粉等配料中，当地传说含有30多种微量元素（另说，纸内还富含21种微量元素），均具有强力杀菌、去油腻、消炎、收缩毛孔、祛痘、祛粉刺、美白、防晒，还能保持皮肤正常通透性、止汗爽神、天然、安全（无毒性、无副作用）等多项功效（尚未见到有医学研究报告发表），使用方便又环保。从机理上说，它有可能改善机体的生理生化状况，参与调节新陈代谢的平衡，松弛神经、延缓皮肤衰老、吸附污垢、抑制细菌生长等。其天然性、安全性、药用性，对皮肤美容、消炎止痛效果都十分明显。

此纸系古时妇女的生活用纸，可拭擦颈部、面颊等，除去油腻，留下芳香，并使女人脸色滋润、舒畅。也适用于婴儿，可制成护肤用品。当香粉纸轻拭面部的时候，已迅速吸收多余的油脂，可除去大量的油腻及废物，同时，天应石粉末均匀地附在脸庞，一方面继续吸收油脂；另一方面，促进皮肤所需氧气的有效运行，使皮肤正常吸收，因而不会堵塞毛孔，在皮肤形成一种独特的保护层，让肌肤有效吸收，显露出皮肤自然的“神韵”。

三、使用原因

自从清朝开始，香粉纸的使用受到了群众的欢迎，是什么原因呢?

一般说来，与化妆品密切有关的化学因子主要有两个：一个是酸碱性；另一个是重金属。在矿物、植物、水体中都可能含有多种成分和微量物质。根据成份而有不同的pH值表现；微量物质包括有一些重金属，如果其含量非常微少，则在安全范围之内，影响不大。但是，倘若含有铅、汞等元素，这一方面可使皮肤迅速变白；另一方面又能对血液和脏器造成危害，它是一把不折不扣的“双刃剑”。

中国人中大多数妇女儿童的面容皮肤，其pH值在5.5~6.7之间，呈偏弱酸性。此时，人的皮肤表面会自动分泌一种弱酸性的皮脂膜，来保护自己的皮肤表面，避免因干燥起皱纹和细菌入侵。换句话说，皮肤的pH值在5.5~7.0之间，即在弱酸性或中性的环境下，是最健康、抵抗力最好的。

当使用某种化妆品时，如果外加的成份很温和、而且pH值完全和皮肤的酸碱值相一致，则保持“驻水”能力较强。那么不仅可以去掉污垢，而且还可以滋润皮肤，给皮肤一层保护膜，防止皮肤的水分流失，保持酸碱水油平衡。香粉纸也可以说，似乎满足了这个要求。

欧美人的皮肤则呈偏弱碱性，其pH值在7.8~8.7之间。也就是说在这种弱碱性的前提下，他们的面容要比中国人粗糙，毛孔也比较大，散热量更高。按照外国配方而制作的肤面化妆品等，其成分大半都是含碱性的，以便与西方人的皮肤表面是弱碱性的保持一致。所以，外国的化妆品与我国自制的化妆品之性能，

图6-14　御泥坊吸油面纸的广告牌

是不完全一样的。中国人在使用护肤化妆品时，以选购偏微酸性、不含酒精的洁面产品为好。

目前，香粉纸在我国的生产量不多，现以湖南某公司推出的“御泥坊吸油面纸”为例（图6-14），他们以滩头香粉纸定位为特色文化遗产进行经营与保护，传承发扬自然“手工之美”为口号，致力打造中国天然矿物养肤化妆品的第一品牌①。通过网络口碑相传，获得了关注。并被多家电视台和平面媒体的连连报道，致使国内外的需求量激增，促进了香粉纸的市场回缓和顺利发展。

四、补充建议

我国古纸的应用范围是十分广泛的。过去，人们常把聚焦点集中在书画艺术、印制典籍方面，而把其他领域忽略了。今天，应该借助现代的新科技手段仔细地、深入地剖析古纸的内涵——取其精华，去取糟粕，把对社会更加有用的东西挖掘出来，把无用的、虚假的东西剔除掉，为民众造福。

例如，吸油面纸和市面上的其他吸油纸有什么不同？滩头香粉纸天然、手工纸是楠竹做的，非现代的机制纸，纸上涂刷了矿粉末。这种粉末直观上具有补妆作用，实际上还有杀菌、控油、止汗等功效，到底对不对？由于当年中国还处于旧的封建社会，对这种矿物质没有能力和条件去做分析检测，处于一种“必然王国”而不是“自由王国”的状态。然而，随着现代科技的迅猛发展，有了更加精细的研究方法和手段，能够获得更为严格、科学、准确的信息。揭示香粉纸的“真相”，当指日可待。

当前的问题是：我们是仍旧沿用过去的老传统，说一些似是而

① 李志军．我国的手工抄纸之路[R]．在邵阳市隆回县“非遗节”表彰大会上的发言稿，2012年6月8日．

非、不大靠谱的话，比如宣传既能去除油腻、止汗爽神、洁肤健体，又具有延缓衰老、保留颜面青春美丽的神奇功效，以赢得了人们的青睐；或者做一点使用这种天然美容泥——“天应石”制成的“香粉纸”。还是从根本上解决天应石的资源、成分、性能等以往还没有弄清楚的诸多问题，然后，再考虑有无必要对这种御泥和香粉纸继续传承下去，“推陈出新”，从科学认识上获得最终的判断和结论。

中国的古纸，历史悠久，源远流长，名目繁多。且历史旧账，盘根错节，纠缠不清。笔者深感个人的力量单薄，孤独无援，力不从心。古纸如需系统整理，没有一个阵营相当强、不羡慕“时尚”、甘坐冷板凳的团队，是难付使命的。由于受到历史原因的影响，直到今天，国家对中华传统文化有了一定程度的重视，“非遗”工作也有了很大的进展和成效。但是，对古纸、手工纸的研究依然提不到日程、上不了台面。有的造纸专业刊物，居然拒绝发表有关此类的研究论文，实在令人叹息。因此，我们要大力宣传，全面地、完整地、科学地研究古代造纸术——手工纸；现代造纸学——机制纸；古今纸张的应用——纸文化。这“三大任务”相当艰巨，不是短时间能够完成的。让我们从现在开始，就迈出第一步，呼吁业内的同仁们，重视起来，一起行动吧。

附
录

关于高丽纸的“奇闻”及评论

一、“申遗”问题

最近网上特别热闹，韩国对于向联合国申报世界非物质文化遗产（简称“申遗”）非常积极。他们在“端午祭”（即中国的端午节）“申遗”成功之后，非常起劲地又向中国传统的文化遗产一一伸手，企图归纳在韩国的名下。2003年在一次国际学术会议上，韩国一家博物馆的馆长居然公开宣称王羲之的《兰亭序》是用韩国的高丽纸书写的。2005年举办的国际现代书法双年展上，一位韩国教授提出：应当废除中国的“书法”、日本的“书道”之名称，全东亚都统一为韩国的“书艺”，以对应西方“Calligraphy”的词义。他们以这种改头换面的手法，将中医变为“韩医”、将“书法”变为“书艺”（扬言只有书艺才正宗）来申报世界非物质文化遗产。

更有甚者，有的韩国学者居然考证，蔡伦的祖先是朝鲜人（这意味着蔡伦就有了韩国血统），因地震、战乱等原因而逃到中国的湖南，后来又去洛阳进宫当太监，才有可能发明造纸术。所以说，韩国人蔡伦才是造纸术的真正发明者。

面对韩国申遗的种种说法，有人指出这么做，就跟“抢注商标”差不多了。不少中国的文化学者纷纷呼吁：书法在中国已经有着几千年的历史，即便在网络时代的今天，中国书法仍然是海外人士辨别中国的文化符号。不论中国书坛当下是衰微还是兴旺，众专家一致认为，中国依然是书法的大本营。韩国古代的汉字，都是向中国汉字学习的结果。那么，难道中国书法已经到了濒危的地步，中国书法有必要“申遗”吗？

面对韩国人的上述行径，从造纸专业的角度来说，就晋代王羲之的《兰亭序》是不是写在高丽纸上，高丽纸何时输入中国，以及蔡伦是否为朝鲜人（韩国）的后裔？我们一定要认真地进行讨论和澄清，还历史的真面目，以正视听。

二、纸名由来

高丽纸（Korea Paper）又名韩纸（Hanji）、三韩纸或高丽贡纸，即古代高丽国（又称高句丽，包括现在整个朝鲜半岛）所产之纸。说起这个纸名，先要从他们何时兴国，何时有造纸业，何时有纸输出等几个问题谈起。

据《朝鲜史略》记载，朝鲜半岛上原著民，先期主要是三韩（马韩、辰韩、弁韩）人。后来，三韩部落分裂，建立为新罗、高句丽（“句”字应读作“勾”）、百济三国。公元前57年，原“辰韩”族群建立“斯卢”小国（后改称新罗）。公元前37年，东明王朱蒙建立高句丽政权。公元前18年，朱蒙之子温祚率军南下占领“马韩”驻地建立百济国，史称前三国。

从四世纪起，朝鲜半岛处于新罗、高句丽、百济三国（再有加耶和外来的倭人等多种政治势力）互相对抗的局面，史称后三国。一直延续到七世纪，争斗不息。公元660年（唐高宗显庆五年），新罗联合唐朝军队消灭了百济。过了几年（668年），又大破高句丽。终于成立了统一的“新罗”国。九世纪后，新罗国开始衰落。原高句丽的将军王建，武装夺取政权，重新统一朝鲜半岛，史称高丽王国。十四世纪，又由李成桂建立为李朝，改国名为朝鲜。

追溯历史，在公元前108年（汉元封三年），武帝刘彻对朝鲜半岛实现直接统治，设立四郡，一些辽东地区的汉族移民来到这里开发定居。于是，该地通行汉语，随之将汉文化（包括纸、纸制品）等传入。汉末、三国之际，中原战争不断、社会不宁，大批中国百姓（其中有具备造纸技艺的民间工匠）为避乱涌入朝鲜半岛，造纸技艺也随之传到那里。由于这些工匠的帮助、教育，周围的朝鲜人也学会了造纸手艺。因此，大约在晋朝时期，朝鲜半岛的造纸业才慢慢地建立成长起来。

回头说来，大约从公元三世纪起，高句丽国王就派人前往中国内地求经、求学。公元372年（东晋咸安二年），即我国东晋、十六国时期，前秦王苻坚又应高句丽国的请求，派遣僧侣前往传道。于是便有汉文佛经手抄本随之传入朝鲜半岛。所以，朝鲜人很早就知道中国有纸和用纸抄写的经书等。公元384年，东晋高僧摩罗难陀，奉命从山东烟台出发，扬帆渡海到百济国传授佛学。他带有一批纸写本的佛经和文具、纸张。百济国王欢迎中国使者，奉为上宾。其后百济办教育、兴学堂，用纸量猛增，单纯从中国进口，难以满足需要。百济国的皇太子琳圣鉴于用纸吃紧，便组织人员向中国人学艺仿制纸张。随后，高丽、新罗国也紧紧跟上，于是在公元四世纪朝鲜人便有了自己的抄纸槽。据朝鲜人徐命膺在《保晚斋丛书》里说，朝鲜半岛几个国家的纸品，以高丽纸最佳。所以，后来他们便把高丽纸作为贡品，运送到中原，并受到中国人民的喜爱。

通常，造纸技术的外传分为两个阶段：首先是纸制品（书信、书籍）、纸张被带往国外；然后是造纸术传入，以及开办造纸作坊。所以说，造纸术的传入大约要比纸的输入晚了一两百年左右的时间。

中国纸初创于汉代，朝鲜半岛还不知纸为何物。比较可靠的说法，从晋末之后，朝鲜造纸业刚有起色，自用尚可，根本谈不上输出好纸。大量向中国贡纸的时间最早可能是唐朝。据查，公元618年（唐朝建立之年）以前，没有任何古代文献清楚地记载过“高丽纸”的存在。尽管有个别古籍上说，“我国从晋代开始，朝廷就从邻国接受贡纸。朝鲜进贡的高丽纸、鸡林纸为历代统治者所喜爱”。却是后人有误的转引、摘抄，不足为据。

三、歪曲历史

前已述及，几年前在首尔召开的一次国际学术会议上，韩国一家博物馆的馆长公开宣称王羲之的《兰亭序》是用韩国的高丽纸写的。高丽纸传入中国的时间是在唐朝（618—907年）。而王羲之（321—379）是东晋人，两者相差大约有300年，前朝人用后来才有的纸写字，时空颠倒，这不是很滑稽的事情吗？

唐朝以降，宋、元、明、清各个朝代，在中国书法界的环境里，都有高丽纸融入其中。我们也不排除《兰亭序》的临摹本，可能有用高丽纸誊写的。但这并不能从逻辑上证明《兰亭序》原本是用高丽纸写的。如果今天有人用A4的复印纸抄写了一份《兰亭序》，难到我们能说王羲之是用了A4复印纸写了《兰亭序》么？这种歪曲历史的说法，是完全站不住脚的。

韩国学者说：《兰亭序》是写在高丽纸（？）上的，并且认为蚕茧纸就是高丽纸，这也是十分错误的。从高丽纸的原料是楮树或桑树皮来看，早期的蚕茧纸不是树皮，说明了两者是不同的。韩国人过分将中国文化据为己有，没有把“次生文化”和“原生文化”区分开来，提出了许多荒唐可笑的观点。这种“伪考古”的行为，最终使其成为世界考古史上最大的闹剧和奇闻。

关于蔡伦的生平，中国的古籍《东观汉记》和《后汉书》中早有明确的记载，言之凿凿。在我国各地，建有好几所蔡伦纪念馆或博物馆，任人凭吊。有些人对蔡伦的人品、才学、籍贯、入宫、之死、遗迹，写了许多许多文章。还有人提出蔡伦之父是个大官，因其犯大罪，牵累其子蔡伦（字敬仲）受阉割而入宫当太监（让现行罪犯之子，受宫刑后直接去侍候皇帝、皇子，有悖于常理）。只是从未提及蔡伦的家世，是汉族还是别的民族，出现了一个“漏洞”。这就给韩国人留下了一个可乘之机。

据有关媒体报道，韩国古代社会发展研究会的李泽宗等“学者”，他们经过历时数年的“学术研究”，又对照古朝鲜的文献资料表明，韩国先民有蔡氏家族一支从朝鲜渡海来到中国的辽东半岛。来往于高句丽与汉朝之间，经营“高丽参”生意（即其祖先从事商业，未入仕途）。后因高句丽地震，人参被高丽“君子”（现今称黑老大）控制，把持了“大盘”（贸易市场）。蔡氏一族被迫不得不举家西迁南下，定居于汉朝时的湖南（耒阳）地区。后来，高句丽蔡氏族人的后裔蔡伦，终于成为造纸术的伟大发明者。

他们还说：在蔡伦之前提到的纸，都是丝质纤维所造的，实际上不是纸，只是漂丝的副产品。自古至今，要造成一张植物纤维纸，一般都要经过剪切、沤煮、打浆、悬浮、抄造、定型干燥等基本操作。蔡伦以前的纸，不是真正意义上的纸。它们没有经过剪切、打浆等造纸的基本操作过程，或许只是沤过的纺织品下脚料，如乱麻、线头等纤维形成自然的堆积物。蔡伦及其工匠们在前人漂絮和制造雏形纸的基础上总结提高，从原料和工艺上把纸的生产抽调出来，进入到一个独立行业的阶段，并使之用于书写（这种“老调儿”，我们很熟悉）。诚然，“蔡伦纸”不会是蔡伦一手制作，但没有他的“造意”，单凭尚方工匠也制造不出这种植物纤维纸来。韩国人蔡伦发明的造纸术经过推广，使当时的汉朝社会物质和社会生产力有了空前的发展。因此，韩国人蔡伦对人类社会有了伟大的贡献，值得后世敬仰、崇拜。

他们如此歪曲史实、随意编造的做法，实在令人遗憾。在此，我们应该据理力争。值得庆幸的是，有学者指出："历史学发展到了今天，已经有了两大进步"，第一是正确地对待几千年来积累的"文献历史"，对历史文献给予了应有的评价，历史学的判断不能片面地建立在文献的基础上，而且尤其不能建立在单个文献的基础上（孤证）。第二是考古实践成为历史科学检验的核心手段。考古实践包括人类化石出土、文物器皿出土、古文明遗址挖掘、古代墓葬发掘等。并且对此作出科学的证明和解释。

这里应特别指出：韩国人的论点既无准确的文献根据，又无实际的考古证明。完全漠视历史科学的价值标准。因为：第一，考古实践证明是最可信的，有了考古实践，没有文献记载也是可信的。自20世纪30年代以后，在我国西北地区多次出土的多种汉代纸。这意味着事实胜于雄辩，韩国人没有根据的猜想，没有证据的乱说，是毫无实际意义的。它将会成为人们茶余饭后的笑柄。

第二，在没有考古实证的时候，有非文学性的文献记载是相对可信的，留待考古实践去证明。所谓"非文学性的文献"是指官方历史文献、科学类文献、旅行类文献。而诗词歌赋、小说散文等文学类文献，则不足以成为历史学的证据。比如，诸葛亮使用的木牛流马，我们需要留待木牛流马的实物出土，或者它的工艺流程图表出土，才能最终确定它的存在。在这里，特别要指明的是，对于那些存在于非文学类性的文献，却又处于没有明确纪年的时期的对象，历史科学的态度是"存疑"，既不否定，也不肯定。

第三，对于既没有考古证明，又没有文献记载的，历史学认为是不可信的。当然，这一点是"动态"的。历史学在这里，和其他科学一样，不对未知的领域轻易否定。但是，在现有科学体系中无法认知的部分，也不能当作客观事实来对待，也就是说不能把假设、假说、假定当作客观的事实。韩国人把猜想当成事实，把假定充当历史，这是一种伪历史观的表现。

只要我们掌握了以上"三原则"，就能理直气壮地推倒那些虚假不实之词、欺世盗名之举。让真理大白于天下。

四、输入中国

公元七世纪末期，“新罗王朝”统一朝鲜半岛。此后，新罗全面吸收唐文化，派遣了大批留学生到中国学习儒学和汉文化，曾在唐代大量生产的藤纸，也在朝鲜的高丽王朝时期重获生机。出产自朝鲜半岛的“高丽纸”厚实挺括，适合书写各种文字，被称作“中外第一”。中国古代著名书画家苏东坡、黄公望和董其昌等人，都十分喜爱使用“高丽纸”。这些都在我国的古籍中有所记载，没有异议。而高丽纸自唐朝起由朝鲜输入，享誉“天下第一”，宋时则称“鸡林纸”。每纸都有固定规格，其长4尺、横2.5尺。制作时“以棉、茧”（原文如此）为主要原料，故其纤维甚长，类似我国古代皮纸。厚如“夹贡”（纸），然其表面毛茨四起，又不及夹贡平滑。其韧如皮革，仅吸收水分而不易吸墨。盖此纸制作工艺不及宣纸进步之故。又因其分解、漂白未尽彻底，故一般纸色略呈红黄、且浮有较粗之料痕。

高丽纸自唐、宋时期传入我国后，价值颇昂。若为粗制者，取其坚厚若油，用以为窗帘、为雨帽、为书夹；亦有精制者，则大多用于书画，其色白亮如缎、其质柔韧如绵。运笔纸上，腻滑凝脂，毫不涩滞。落墨则成半渗化状态，发墨之可爱，别有韵味。故北宋·陈櫄（1150—1201）的《负喧野录》中云：“高丽纸以棉、茧造成，色白如绫，坚韧如帛，用以书写，发墨可爱。此中国所无，亦奇品也。”此纸多为粗条帘纹，纸纹距大又厚于白皮纸，经近人研究，宋、元、明、清时我国书写所用高丽纸，大部分是桑皮纸。到了清代，朝鲜进贡的有丽金笺、金龄笺、镜花笺、竹青纸等。清乾隆时期，我国有仿制的高丽纸，也是以桑皮为原料。

五、工艺变化

高丽纸由朝鲜半岛进贡而转入中国，以后又在九州大地传播，扎根成为中国的一种手工纸。与此同时，又结合中国的具体情况改名为桑皮纸。为什么？因为高丽纸以桑树皮为原料，按照我国造纸业的习惯常以原料来对纸如此命名，如麻纸、楮纸、竹纸等。据北宋年间曾经出使朝鲜的官员徐竞（1091—1153）在《宣和奉使高丽图经》一文中写道："高丽纸不全用楮，间以藤造，槌捣皆滑腻，高下不等。"这就是说，高丽纸的原料不是单一的，加工后的品质也有优次之分。

高丽纸在我国流传的过程中，近至河北，远至新疆，各地都在利用当地的桑树皮来造纸。因此，犹如中国手工纸技艺的规律，都是按有程式的操作原则去做，即造纸方法各地是大同小异的。现以河北省迁安县的造纸为例，简介如下：

迁安纸又名高丽纸、"迁宣"、桑皮纸、油衫纸、红辛纸等，是河北省迁安县出产的一种手工纸。据史书记载和民间传说，迁安造纸起始时间应追溯到宋、元或更远的年代。这种纸呈灰白色，质厚实，绵性大，且坚韧，近似朝鲜所造的皮纸，故而得名。过去，有人将厚高丽纸涂上桐油，当作雨衣披挂，故又叫油衫纸。

迁安县地处长城脚下，滦河水横贯西东，是个风光旖旎的好地方。自古该地多种桑产茧，养蚕业甚为发达。迁安古迹之一蚕姑庙即是历史的见证。在滦河支流，如三里河沿岸村落，皆设纸坊。以河水沤洗桑皮，用以造纸。历经沧桑，残烛岁月，迄今迁安保留下来的手工纸坊为数已不多了。不过，每年尚能抄造一些高丽纸，销往省内外，供客户作书画之用。

桑皮纸制作流程是：剥桑树皮、出青、晒干、初选、浸泡、蒸煮、中选、腌料、洗涤、踏揉、洗涤、精选、舂烂、压平、踏料、下槽、耘（搅）槽、抄纸、湿压、牵纸、晾晒、收边、整理等23道工序。具体步骤是：

在每年秋末冬初，集中砍下"桑条"（桑树枝条），捆好，放入铁锅里煮半天。待老皮离“骨”时，取出桑条，剥皮晒干，备用。把桑皮经过木碓或石碾轧压，除击桑皮上黄褐色表皮。再把桑皮束结成“把”，放入清水槽中浸泡，时间为两天。将泡软后的桑皮从水中捞出，置入高压蒸煮锅内，加碱，升温到155℃，保温5小时。然后把桑皮浆进行水洗干净，再投入电动石碾机上处理。碾碎后的桑皮浆加入漂白剂，漂到规定的白度。再次洗涤，进一步打浆。有时，也把晒图原纸边放入电动石碾机中，不停地碾碎，制成配浆待用。将以上两种浆料投入搅拌机，加纸药（葵花草汁），使之充分混合均匀。再放入纸槽内调浆，准备捞纸。抄高丽纸所用的竹帘是细（直）帘；而抄书画纸所用的是粗帘。在手法上，抄前者用抬帘；抄后者用吊帘。每人每工作日（8小时）可抄7~8刀。湿纸页经榨干成“纸块”，分开后用棕刷刷贴到晒纸墙面上，冷焙干燥。在冬天，还要借用高粱秆编成的屏障挡风。待墙上的纸干透了，逐一揭下，即得高丽纸。全部过程需历时3个月左右。由于成本高，应用范围小，在机器造纸的冲击和市场经济的考验下，高丽纸的制造工艺面临失传的危险。

高丽纸的定量约40gsm，白度为70%，其特征是：拉力较强，富有绵性，不易发脆，经久耐用。它的幅面尺寸有：三尺（53cm×100cm）、四尺（67cm×134cm）等两种。1982年高丽纸又更名为迁安书画纸，并向纸中掺入部分废纸边；而高丽纸仍用100%的桑皮浆抄制，所以这两种纸实际上是有区别的。今天，在北方人们的居住条件发生了巨大变化，没有人在冬天拿它来糊窗子、抵挡寒风了。现在，这种纸除了用来写字或作画外，还用于包装物品等。

当然，高丽纸在文献保护等领域有特殊的应用。2004年10月，北京故宫博物院需要大修“倦勤斋”，遇到了通景画的修复难题。因为当年造倦勤斋时，通景画所用背纸是乾隆时期所产的高丽纸，如今已经无人再生产了。后据了解，安徽省部分山区（潜山县和岳西县两地）的村民，至今仍传承着这一复杂的工艺，终于造出了完全符合要求的传统桑皮纸。为手工制作桑皮纸传统工艺的抢救和振兴，带来了新的机遇。

六、相互交流

当我们回顾和疏理高丽纸的兴起、传播和发展的时候，应该看到：

第一，科技无国界。每一项科技都是人类共同创造的财富，都必须为全球社会服务的。我国发明了造纸术，又通过一些渠道向国外传播，让大家共享成果。反过来，朝鲜学习了造纸术后，进一步加以改进，再把产品高丽纸返回中国。互相学习，共同提高。换言之，科技是不分国界的，或者说是跨国界的。

第二，交流创双赢。一个民族、一个国家都不能封闭锁国，要放眼世界，向别的民族、别的国家学习，学习人家的长处、先进的东西。不断地进行人员交流、文化交流和科技交流，创造一个互利的局面。高丽纸流入我国，它的品质受到人们的称道，我们也开始仿造这种纸种，并且沿用原名。这体现了对别国科技的尊重，也表现了我国古代人士的高尚情操，绝不虚徒其名。

第三，有错立即改。对待世上的任何事物，一定要有正常、正直、正面的心态。实事求是，不夸大，不缩小，不沽名钓誉，不唯利是图。高丽纸源于朝鲜，这是古时当地朝鲜造纸工匠的劳动结晶，我们应给予肯定。但是，如果说晋代王羲之的《兰亭序》是写在高丽纸上；蔡伦是朝鲜族（韩国）的后裔，完全是无稽之谈。这种言论已经扩大化到了侵犯中国的知识产权法，同时，还要力争"申遗"，其动作和想法显然都是十分错误的。这就涉及国际法的范围了。我们希望那些乱伸手的个别人，要意识到将会产生后果的严重性，立即终止行动、纠正错误，赶快住手。

（原载《纸和造纸》月刊2010年第9期）

我国少数民族地区的传统手工纸

一、绪言

我国造纸的历史悠久，古代造纸与近现代造纸在原理上虽然相同，但在技术方法上却是有差别的。简言之，前者是手工纸，后者是机制纸。由于多种原因，在广大汉族地区生产应用的多是机制纸，而少数民族地区还或多或少地保留传统的手工纸。这是因为我国的少数民族多居于祖国的边陲，经济欠发达，交通欠方便，并受地域文化习俗的影响，为了自给自足而就地取材，生产了各式各样的手工纸，这对于丰富和发展我国传统的造纸技术做出了有益的贡献。

不仅如此，我国发明的造纸术和纸张，最先是由“丝绸之路”等多个途径从中原开始通过少数民族地区逐步传播到国外去的，例如唐代天宝十年（公元751年）的“怛罗斯之战”。因此，可以说少数民族地区的传统手工纸在沟通中外造纸技术的交流上也起到了积极的推动作用，它的意义是不容小视的。

无论是机制纸还是手工纸，都是我国各族人民共同创造的物质财富和精神财富，也是人类的共同财富。在全世界各国越来越关注非物质文化遗产的今天，尽管现代工业化大生产的造纸技术日新月异，其生产效率、经济效益和应用领域都远远地超出传统的手工纸。但是，传统手工纸在传承文化遗产、表达民族韵味、积累历史进程等诸多方面有其不可替代之处，具有“活化石”的历史作用。

目前，在我国有某些地区还保留着手工造纸的技术，但除了极少数地方之外，由于“造纸不赚钱”“干活又苦又累”、后继乏人等原因，正在逐渐走向没落或濒临失传。例如西藏传统三大藏纸之一的尼木县生产的“尼木（藏）纸”，据说如今只剩三名制作尼纸的、年纪垂垂的老技师，早已面临灭绝的危险境地。传统手工纸面临如此严重的情况，在世界各国“申遗”热潮兴起的时刻，有必要对我国民族地区的传统手工纸的情况进行清理和披露，限于本人的知识水平和工作条件，仅择其4例，作为“抛砖引玉”之举，以期引起社会有关方面人士和部门的注意和参考。

二、（西藏）藏族地区——狼毒纸

狼毒纸（Iangdu Paper）是西藏地区生产的一种抄经纸，也是我国手工纸种之一。据传，当初唐朝的文成公主入藏带去了不少内地的能工巧匠。造纸工匠考虑该地的麻类原料稀少，运输不便，而狼毒草生长较多，因地制宜，故改用后者造纸。狼毒草，又称瑞香狼毒、甘遂，系狼毒属瑞香科，为多年生的草本植物。其学名是：*Stellera chamaejasme* L. 这种植物多出产于拉萨河谷和年楚河谷等地，也生长在海拔3500～4000m的山坡、草地等高原区。该草茎长20～50cm，间有丛生小叶，根部和茎部含有纤维，其汁液与眼睛、嘴巴接触后有针刺感。每年开花期为5～6月，采伐期为冬季，将茎割下，把根挖出，烈日下晒干，备用。

藏胞造纸的原理，与内地完全相同。他们把“瑞香狼毒”晒干的根茎先用水泡，再用石灰煮烂、人工杵臼、浇纸成形、日光晒干（高原紫外光强烈），即得粗厚之狼毒纸。该纸强韧，既能经受得起藏族书写用具——“木笔”的扎、拉、戳，并且还有防虫蛀的性能。所以，拉萨布达拉宫里保存不少从前用狼毒纸写的藏经卷，至今完好无损。

根据英国人麦克唐纳写的《旅藏二十年》（20世纪30年代出版）一书中介绍：本地所造之纸（即狼毒纸），（品质）甚为粗糙。但是，藏民们乐于使用，他们很少使用别的纸。这种纸中的较厚者，辽到日喀则附近的那桑去印刷经卷；较细者拿来写书信、发公文。没有印字的纸，用来包贵重的东西。书中还粗略地讲了一点西藏当年造纸的情形：造纸工人是按附近村庄的大小、“娃子”的多少抽派而来的，主要任务是干搬运、槌打等费力气的活儿。负责造纸的喇嘛或纸师，命令工人把植物的根或草割断，浸泡在水里相当长的时间。有时候，还用脚踩、石头砸、木棒敲打它们。一直打到呈现黏稠状，才用细长桶（样子与打酥油茶桶相同）盛起那些“东西”（即纸浆），背到另一处抄纸。把纸浆细心地浇倒在一个长度为4英尺（1.22m）、宽度约1英尺（0.305m）的木框里，木框放在一条流水沟上。框内铺有细纱布，绷得紧紧的，让缓缓的流水慢慢地冲洗细纱布上的粗大、不洁之物，并除去之。最后，把上边的纤维摊平，从水沟移到平地上。再将木框面朝太阳架起，经烈日晒干后从框内撕下来，就成为一张张的粗纸（狼毒纸）了。有趣的是，书中还特别提到：因为这种粗纸含有毒质，很少有虫子敢侵蚀。并且如果屋子里藏有用这种纸印刷的大量书卷时，一个人不能在那里停留太久，否则就会头疼。虽然这个说法更加深了神秘感，让人迷惑。但是，见过狼毒纸经卷的人确信，纸上没有发现有虫蛀的痕迹。这倒是很值得研究一番的。

又据《西藏科学技术史》（2003年6月出版）报道：藏纸的原料除了狼毒草（藏语称为“阿交如交”）外，比较重要的还有一种叫做灯台树的木本植物，其学名是：*Cornus paucinervis* Hance.，它是生长在海拔1500～2500m山地阴坡的落叶灌木，树皮用来造纸。藏纸的质量不一，差别较大。过去，上层领主和喇嘛所用的纸较厚而坚韧，纸色略呈浅黄，纤维束少，质量良好。普通藏民用的纸较薄，纸的匀度较差，纤维束多，纸色发暗。奴隶娃子是没有资格也没有条件用纸的。

西藏地区手工纸的制造过程，大致上有如下工序：

（1）采集原料；（2）洗涤（或沤浸）；（3）捣碎；（4）去杂质；（5）石灰水蒸煮；（6）漂洗；（7）打浆；（8）浇浆；（9）过滤；（10）晒干；（11）揭纸。

由此可见，藏纸的生产方法与中原内地的造纸工艺是完全一致的。唯一不同的是西藏采用老式的“浇纸法”，而内地则采用新式的“捞纸法”。总之，藏纸的传统制法是接受了中原科技文化的深刻影响的。

自1959年西藏民主改革开始后，百万农奴站起来，内地的大量机制纸源源不断地运入，从此藏纸的生产量日渐减少。不过，还有不少的藏经书仍然需要使用传统手工纸印刷，但是相对而言，则是少之又少了。我们希望：藏族的造纸术作为中国造纸术的一个分支，具有独特的技术特色，凝聚着藏族人民的智慧，传承下去是很有历史和现实意义的。

三、（贵州）苗族地区——构皮纸

楮纸（Paper Mulberry Paper）又称构皮纸，它的制法很少见于文字，使我们不能够详尽地了解古代生产楮纸的具体方法。可是，据2006年6月云南省昆明出版的《奥秘》（总288期）杂志上，介绍了贵州省黔东南的丹寨县南皋乡石桥村的“古法造纸术”。他们至今仍完整地保留了造楮纸的传统工艺，并在继续进行生产，从而被列为“第一批国家非物质文化遗产名录推荐项目名单”。

石桥村地处苗岭的深山谷地，满山遍野生长着构树（即楮树），绕寨而过的沅江支流南皋河，为古法造纸提供了得天独厚的条件。现有槽户80多家，他们上山采集构树，用河水浸沤树皮，浆灰洗料，在岸边山岩下、天然岩洞里或自家门口设槽抄纸。

其工艺流程如下：（1）每年3~5月采伐构树，用明火烘烤树枝约10分钟，在根部用手一拉，即可脱皮，再将树皮晒干。（2）把成束的树皮扎捆，放入河水中浸泡，进行天然脱胶。夏季泡2天，冬季泡4天。（3）在浸泡过程中，用手搓洗树皮。（4）洗净的树皮，成捆在石灰池内沾上浓灰浆，备用。（5）然后，把树皮放进“纸甑”（当地方言名，即手工造纸的制浆设备楻桶）内第一次蒸煮72小时，边蒸煮边加水。保持温度约100℃。（6）冷却，把树皮从纸甑中一层层地取出，在淡石灰水过一下，重新装入纸甑内。不过，要注意原来在上层的放到下层，原来在下层的放到上层，进行第二次蒸煮（时间为24~36小时），使之完全蒸透。此时的树皮由硬变软，成为皮料了。（7）蒸好的皮料放入河里进行流水冲洗，夏季洗3天，冬季洗7天。洗掉石灰和其他杂质，皮料由黄变白了。（8）洗好的皮料拌上“地灰”（当地方言名，即草木灰），再放进纸甑蒸煮24小时，则得到熟皮料。（9）把熟皮料放入河水中漂洗，除去地灰残渣，便得到很洁白、很柔软的皮料纤维。（10）将皮料纤维榨出水分，进行手工挑选，拣出杂质，撕细纤维。（11）再利用“土碓”对皮料纤维进行“打料”，可以使用脚碓或水碓，捶打至呈泥浆状为止。（12）将碓打过的皮料纤维装入长长的布袋内，再次进行清洗。布袋内插有一把长约1.5m的料耙，袋口用绳扎紧，料耙可以来回抽动，以起到搅动、揉洗纤维之作用。清洗后的纤维从布袋倒出，抱成浆团，备用。（13）把浆团放入纸槽中，按需要加入清水，以木棒搅动槽水，使纤维分散成棉絮状，叫做“打槽”。（14）打槽后，按一定的比例加兑“滑药”（当地方言名，即手工纸药），浆水调匀，再由一人执竹帘（或两人抬帘）进行捞纸。每人每日可捞纸600　700张。（15）将捞起的湿纸一张张贴到压纸架上，厚成一摞名为“纸帖”。在纸怜帖上盖以木板，压以重物，静置一夜，榨出多余的水分。（16）从纸帖上揭下单张纸，用棕毛刷刷在火墙上，墙面温度控制在40~60℃之间。待纸焙干，然后加以整理完成。

这些古老的工艺方法，由于费工、费时及原料、成本等原因，在现代当然是不需要也不可能照搬、照做。它随时都有可能一下子从人世间消失。这些看似落后、实则珍贵的文化遗产，对于研究中国古代科技史、华夏民族的繁衍与发展史，都具有重要的参考价值。而且随着时间的延长，越来越显示出它的魅力。

四、（云南）纳西族地区——东巴纸

我国云南省的少数民族之一纳西族，主要居住地在滇西北的丽江、香格里拉一带，他们信仰东巴教，至今还保留使用一种叫做“东巴文”的象形文字。东巴文，纳西语叫做“森究鲁究”，原来是刻划或写画在木头和石头上的文字的意思。这种文字“有字迹专象形，人则图人，物则图物，以为书契”（引自《纳西见闻录》），故又被称为“世界上惟一活着的象形文字”。据元代（1271—1368年）《一统志》书中记载，那时的通安州（即丽江地区）“土产有纸”。这说明纳西族向汉族同胞学会了造纸技术，以后随着时间的推移，他们自己就利用本地所产的树皮，制造外观比较粗厚的纳西东巴纸（Na-Xi Minority Nationality Made Dong-ba Paper）了，纳西语称纸为“色丝”，用东巴纸抄写经文而成东巴经。据初步调查，现在全世界还保留有10 000多卷东巴经，分别收藏在欧洲、北美和亚洲一些国家的图书馆里。

生产东巴纸的原料有两种：一种纳西语叫“糯窝”，即构树，别名谷树、纸桑等。其学名是：*Broussonetia papyrifera* Vent. 它是多年生落叶乔木，桑科构属，构树粗壮，多生长在海拔2 500m以下的地区，其嫩皮纤维柔软，杂质少；而老皮的皮层厚，黑粗皮的灰分含量高，应除尽，否则会影响成纸质量。另一种纳西语叫“弯呆”，当地汉族人称为“荛花”，从植物学上划分应该是雁皮（wikstroemia），或称山棉皮（参见《中国造纸原料纤维特性及显微图谱》第182页）其学名是：*Wikstroemia sikokiana* Fr. et Sav. 系瑞香科荛花属，野生植物，落叶灌木，多生长在海拔2 000m左右的金沙江河谷山间，一般高度为0.8 1m，其花可作药用（去水肿、祛痰），内皮色白。有的荛花植物有毒，有的无毒，应区别对待。

东巴纸的生产工具和设备比较简单，除了纸帘、晒纸架外，多借用一般农用或生活用的工具。而生产工艺却比较复杂，对待不同的造纸原料采取不同的处理方式。根据民族学上的调查，纳西族（丽江地区）生产黑纸（以构树为原料）的工艺流程是：（1）浸料，把砍下的构树剥皮，放入清水中浸泡若干天（依季节确定）；（2）蒸煮，将泡好的皮料放入大锅中，加入灶灰（含有碳酸钠）后蒸煮1 2天；（3）舂捣，用木头或石块制成的脚碓把皮料捣碎成浆；（4）加纸药，用野生的“莒根汁”加进纸槽中，使纸浆悬浮均匀；（5）捞纸，用细篾编成的纸帘（长宽度均为1尺5寸）从水中捞起湿纸页；（6）压水，将湿纸页摞到一定的高度，采用压水辊、压板和锤石，把纸中多余的水挤出；（7）晒纸，把一张张分揭开的湿纸刷到晒墙上，干后将其剥下，即得成品。

生产白纸（以雁皮为原料）的工艺流程是：（1）采料，将雁皮从树枝上剥下，刮去黑色外皮，留下白色内皮；（2）晒干，将树皮摊在地上阳光晒干，时间为半天；（3）浸泡，树皮泡在水中，不时地翻动，边泡边剔除黑皮和杂皮，大约浸泡5天，直到皮料变软，水变为黑色为止；（4）蒸煮，将皮料放入大锅，加进灶灰和水，锅下烧柴，边煮边用木棍搅拌，蒸煮时间为1天1夜，此时皮料软烂，色泽发黄；（5）洗涤，从锅内挑出皮料，放进竹簸箕中，运到河水边，边洗边搓，尽量把灶灰冲洗干净。然后，把洗净的皮料放在石头上，用木棍敲打，打到烂碎之程度，此时皮料呈现白色，再将它揉理成一个个浆团；（6）舂料，把浆团放在木桩上，用木锤击打，直至浆团分开为泥浆状；（7）再舂料，把将要分散的浆团放入木臼内，再用木杵舂料，同时倒入紫胶（纸药）以增加纸浆的黏连性，每团浆块舂打的时间约为5分钟，浆料已呈细浆状，其白色更为明显；（8）捞纸，在水槽中盛入约1/2容量的清水，再把竹帘平放在与水面平行的位置，然后分次把浆块散布在竹帘上，用手轻轻拍打、散开，使纸浆均匀地分布其上，如有杂质，随手捡出；（9）贴纸，摆动竹帘，形成湿纸，在水槽旁置有平整大木板1块，提起竹帘，让水流出，轻轻地把竹帘反扣在木板上，则湿纸即离开竹帘，即一模一纸；（10）晒纸，把贴有湿纸的木板放在太阳下曝晒，待半干时用布团对纸面进行平抹，或把木板上的湿纸上下调换，务使日晒均匀；（11）磨光，纸晒干后，纸色发白，用手把纸从木板上揭起，另放在平滑的桌面上，用光滑的石头或鹅卵把纸页再磨一遍，使其平整如砥。

由上述观之，这两种纳西东巴纸的制造，有其共同点也有不同点。主要是黑纸是采用捞纸法，而白纸是采用浇纸法。前者的操作更简单一些；后者的步骤更多一些。黑纸一般只作汉文书写，如抄《三字经》等。而白纸则多用来抄写东巴经文。有趣的是，东巴纸的制作体系：一方面捞纸法是从内地传过来的，另一方面浇纸法受藏族造纸的影响很大，于是乎东巴纸便融合了这两方面的特点，在我国手工造纸法中真可谓兼收并容、独具一格。

五、（新疆）维族地区——桑皮纸

在新疆的少数民族中维吾尔族占有的人口比例较大。最早的新疆手工纸，根据考古发掘的资料表明，大约在公元七世纪初从中原地区传播过去的。开始他们是制作麻纸，以破麻布为原料，因新强疆地区不产竹子，其“纸模”用芨芨草秆编织。故新疆与内地所造的麻纸，前者粗厚，后者细匀，原因是使用竹帘为工具抄造的纸肯定比用纸模要好得多。

后来，新疆地区弃麻类改以桑树韧皮纤维为原料抄造桑皮纸（Mulberry Bark Paper），在内地安徽、浙江、湖北等省早年多有桑皮纸的生产。而新疆桑皮纸到底在何时才出现的？这个问题有待进一步研究。据调查，在新疆和田地区的维吾尔族人，采取桑树枝内皮为原料造纸，是经过了剥取树皮、浸泡、发酵、锅煮、捶捣、入槽、捞纸、晾晒、磨光等20多道工序，历时3个月，最终制成了桑皮纸。根据原料品质和加工条件，该成品共分为高、中、低等三个档次。在新疆的历史上，这种桑皮纸广泛用于书信往来、档案卷宗、会议记录、经籍印刷、司法传票等。

为了展示维族地区的手工造纸术，宣扬少数民族地区传统文化的风貌，新疆和田市的旅游部门正着手把桑皮纸的制作工艺，列入外地游客来疆参观的特色项目之一。这样，一方面保留了新疆地区的手工造纸技艺；另一方面又开发了新的旅游点，取得一定的经济效益，一举两得，何乐不为呢？

（原载《纸和造纸》月刊2007年第5期）

论古纸与纸文化

一、开头的话

今天有幸与来自首都书画界、金融界、投资界、影视界的诸多朋友在这里相聚，机会难得。加上“华宝斋”书院提供了幽雅温馨、古色古香的环境，还有古筝演奏、品茗糕点、拼盘水果来招待，如此高品位的文化氛围，令本人十分感动。

“华宝斋”书院院长蒋凤君女士告诉我，参会者都是些舞文弄墨的“里手”，或多或少对古纸有点兴趣，但有些事搞不清楚，想弄个明白，希望我来向大家介绍一点古纸和纸文化方面的情况。作为一个长期从事造纸——包括古纸与纸文化研究的科技工作者，责无旁贷。现在，我打算谈三个问题，那就是：第一，什么是纸？第二，什么是古纸？第三，什么是纸文化？

二、纸的概念

纸是我们平时接触最多的物品之一，几乎人人、天天都与之打交道。但是，对于什么样的东西才算是纸，大家并不十分清楚。从专业上讲，中华人民共和国国标（GB 4687-1984）规定：所谓纸，就是从悬浮液中将植物纤维、矿物纤维、动物纤维、化学纤维或这些纤维的混合物沉积到适当的成形设备上，经过干燥制成平整均匀的薄页。而《辞海·第六版》（2010 年）说：（纸是）用于书写、印刷、绘画、包装、生活等方面的片状纤维制品，一般是以植物纤维的水悬浮液在网上过滤、交织、压榨、烘干而成。如果通俗地讲，就是采取以纤维为原料、经过化学加工制成的薄片状的物品，主要在文化、生活等方面加以应用。

举例来说，有人以为埃及的papyrus名叫莎草纸，上边能写字，可以称之为"最早的纸"，这个提法是不确切、也是不科学的。我曾经去过埃及了解和考察它的制作过程，其主要的手法是把莎草剖开成草片，再捶打使其粘连在一起，这是一种通过物理方法来取得的结果[①]。做莎草纸有点像"打"（编）苇席似的，它能算得上是真正的纸吗？我曾经想把papyrus 译为莎草片（跟中国古代"竹简"或竹片差不多），但历史上早已习惯地译成莎草纸，众口一词，讲明白它的实质就行了，名称不改也罢。

应当特别指出的是，我国古代的造纸术是采用化学方法把植物纤维分离出来，然后再让植物纤维交织起来而制成平滑的薄页。由此可知，区分是纸或者不是纸的底线，就是采用什么样的方法来处理原料。由于埃及的papyrus 没有经过化学加工而单就物理方法处理，因此它不是纸。而中国自汉代起就采用化学方法加工而成的各种麻纸、（树）皮纸、（稻）草、竹纸等，才算得上是真正的纸。

古今中外，纸主要有两大系统：一种是古代的手工纸；另一种是近代的机制纸。机制纸这个专业术语产生于18 世纪末叶，是为了有别于古代制造的纸（后被命名为手工纸）。众所周知，造纸术是中国发明的，后来才传播到世界各国。不论现代造纸方法有了多大的改进，

① 刘仁庆．由"莎草纸"引起的联想[J]．天津造纸，2011（2）：44-48．

可是它的基本化学原理和技术要素，跟古代的造纸术一脉相承，并没有什么太大的区别。但如果把手工纸和机制纸两者加以比较研究，有以下几点不同[①]：

（1）采用手段不同。手工纸和机制纸的生产原理、技术要素是相同一致的。不过，手工纸是人力操作，一般产量少，不宜进行大规模生产，避免大面积污染，适用于贯彻“集小胜为大胜”的方针，劳动效率低。机制纸是机器运行，适宜开办大厂、产量大，多数采用木材为原料（砍伐大量森林），劳动效率高。

（2）使用原料不同。手工纸的原料是少量的韧皮纤维、竹子和草类等。而机制纸——如印报的新闻纸、印书的胶版纸、制纸盒的白纸板等，它们都是用木材、废纸，也有用草浆来制成的。所以，前一段时间有人把森林与造纸划等号，一说造纸就要砍树、破坏环境等，这种说法是不够全面的。实际上造纸的原料有许多种，可以分别制造不同的纸张。

（3）操作条件不同。手工纸多是依靠人力、技巧，采取竹帘进行手工方式捞纸，因为竹帘是两三个方向上浆，水流力量小，并在低温（40~60℃）下干燥而成，所以手工纸的结构比较松弱，手感软和。而机制纸是有赖机械、电力来生产的，由于浆料从流浆箱纵向流出上网，水流力量大，采取高温（100℃以上）下干燥而成。因此机制纸的结构比较紧密，手感较硬。

（4）外观形式不同。乍一看，机制纸与手工纸似乎差不太多。但是，如果把手工纸拿起来迎着阳光观察，就会发现：纸内有一条条的“印子”，也就是“帘纹”（与水印不同）。而机制纸透光观察则没有这种现象。

（5）纸质性能不同。手工纸一般呈碱性或中性，纸面柔和，宜于使用毛笔书写，吸水性较大，纸的强度较小，质地较软而轻，保存

① 刘仁庆. 造纸术与纸文化[J]. 湖北造纸，2009（2）：45.

的时间较长。机制纸一般呈酸性，纸面挺硬，宜于使用硬笔书写，吸水性较小，纸的强度较大，质地较硬而重，保存的时间较短。由此可见，只有手工纸才比较符合毛笔使用的基本要求；机制纸则适用于硬笔（钢笔等）书写。

（6）应用领域不同。手工纸宜于毛笔书写，主要用于国画、书法等。机制纸宜于机器印刷，内容太多，不作详述。新近也有采用“机制手工纸”或手工纸来印刷书籍、挂历、装饰性广告单等，为手工纸的发展开辟了一条新路。

（7）市场供应不同。目前占主流的当然是机制纸，其用途非常广泛，甚至用于航天工业、高新技术等。手工纸的应用面相对小，主要用于中国传统文化方面。现在手工纸在某些城市已经“断货”，只是在边远地区或者部分城市还有供应，主要有“两头”：一头是粗陋的包装纸或手纸；另一头是供文化界使用的宣纸和书画纸，以及高丽纸、毛边纸、连史纸、毛泰纸、玉扣纸、雅纸等多种。

（8）经济价值不同。手工纸中尤其是古纸可以作为艺术品、文物出售。纸品艺术价值甚高，仅举两例：2003年9月北京翰海公司拍卖的一盒（49张）清代“金绘龙纹宫纸”，尺寸为56.5 cm × 56.5 cm，成交价是26万元（5306元/张）。2006年6月中国嘉德公司四季拍卖会上，以10张清代丈二匹宣纸，卖出了3.63万元的价钱（3630元/张）。这是机制纸望尘莫及的，而机制纸一般只作商品、消费品，相对而言其价格比较低廉。

（9）社会取向不同。如今在我国每年纸的生产总量中99%以上的是机制纸，手工纸产量占有的比例很少。这样便造成了机制纸的绝对垄断地位，手工纸几乎被“边缘化”了。但是从文化上看，作为中国传统文化组成的一个部分，如果没有它的传承和接力，那将是不可思议的事情。因此，保存和保护一定范围的手工纸市场，是必要的也是可能的。由于手工纸的产量少，应该做到精工细作，按质论价。因此要尽量减少生产或者不生产低劣的产品，提高它的单价，增加经济效益，从而支撑手工纸向前发展。作为富有历史文化特色的某些手工纸，仍然具有保留和发展的价值，成为国家和民族的精神、物质财富。

关于纸的品种——不论是手工纸还是机制纸有很多，五花八门，不胜枚举。据国际上估计的数字，英国网站上说，全球的纸有10 000多种，我国的纸种（机制纸）大约有600多种[①]。手工纸没有统计数字，过去粗略估计约有200种，古纸还没有人统计过。前几年说，中国生产的纸，99% 是机制纸，1%是手工纸。现在，这两个数字的差距可能还要拉大，后者为0.1%以下了。顺便提一下，20世纪中期即第二次世界大战胜利结束以后，美国一直是世界上最大的产纸国。可是，到了21世纪初叶，根据PPI 公布的各国产纸量：2009年中国为8640万t（美国为8519万t），首次超过美国，跃居第一。2010年中国为9270万t（美国反而降为7584万t），继续攀升。2011 年中国为9930万t（美国统计数尚未公布），劲头更猛。只不过是如此高的产量用人口数一除，则人均耗纸量就“不多乎、不多了”。所以说，现在中国虽是造纸大国，而不是造纸强国，我们仍须努力，克服困难，阔步前进。

三、古纸演变

上边已经说过，造纸是我国汉代发明的。但是，到底是东汉，还是西汉？学术界还有不同的看法，我们暂且不予讨论。当然，从最早的纸直到18世纪末，世界各地所生产的都是手工纸。由此提出建议：所谓古纸，即指“从汉到清（代）”（1911年以前）时期的手工纸[②]。换言之，以中国封建社会最终的清朝垮台来划线，确定此前的纸是古

① 国家经贸委，中国造纸协会，中国制浆造纸研究院．我国造纸工业原料结构调整战略研究[J]．中国造纸，2003，22（5）：55-63；（6）：55-60．

② 刘仁庆．中国古纸谱[M]．北京：知识产权出版社，2009：4-5．

纸。否则就是手工纸或者称为传统手工纸。古纸的出现具有划时代的意义，无庸赘述。因为纸只是一种载体，与古纸有密切关系的就是文化。

任何一个国家，她的文明大体上可以分为三个部分，即上层、中层和下层等文化层次。有人把中国传统文化比喻为金字塔：塔顶是宫廷文化（又称皇家文化），塔的中部是官绅文化（又称文人文化），塔底是平民文化（又称民间文化、草根文化）。

2008年在北京举行的奥运会开幕式导演了让东方的“皇家文化”大放异彩的一幕。奥运会开幕式所有的节目演练，都是过去“宫廷文化”搬到大型广场上的翻版，它无处不在地追求和突显“大气”“霸气”“豪气”。这就是“皇家文化”与平民文化的不同点。介乎于两者之间的官绅文化——所谓官绅，即官吏和绅士之简称，他们都是一些附属于朝廷（政府）拿俸禄或有经济来源的文化人。在这些人群中不乏有各方面的仁人志士、著名精英等。至于平民文化，先秦时期，诸子百家争鸣，民心、民智大释放，也曾有过兴盛时期。不过，自两千多年前秦始皇统一时代开始，“平民文化”就被“官绅文化”完全压制到最底层。在社会上的文化主流中，几乎难能有民间文化的“立足”之地。

在封建社会里，以上这三个群体所处的环境、享受的待遇是不一样的。小而言之，他们在用纸方面也不尽相同。宫廷文化的核心是宣扬帝王思想，其基本特征：主要包括皇权至上、敬天法祖、专制独裁、奢侈腐化、兼收并蓄、包罗宏富等。而围绕以皇帝为内圈、贵族为外圈的中心，就是宫廷文化的辐射源。所以宫廷文化代表当时生产技艺、人文意识的最高水平。在中国一般老百姓的心目中，皇帝使用的一切肯定都是“最好的”东西，纸张也不例外。

造纸伴随封建社会一起成长，当政权风雨飘摇之时，产纸下滑，当朝廷歌舞升平之际，产纸上扬。谁都知道，自古“简重帛贵，不便于人”。然而，有纸之后从东汉末年经三国到西晋，人们仍然用简用帛，并没有广泛地用纸，处于一段“空白”。纸之普及却是从东晋元兴三年（404年）才伊始的。据《太平御览》卷603载太尉桓玄（369—404）下令：“古无纸，故用简，非主于敬也。今诸用简者，皆以黄纸代之”。桓玄对造纸的贡献在于，是他利用手中执有的权力，下令“以纸代简”，由于他的登高一呼，各地造纸作坊纷纷鹊起，纸的产量迅速增加。从此以后，社会用纸范围扩大。在古代中国，统治者的命令“重于泰山”。从而使纸张的推广、普及和应用，快速地开展起来。这个功劳，值得重笔一提，不可小视。而在过去却被人们大大地忽略了。

中国历史上的统治者不管他是有意或无意，通过发布的施政命令而使造纸得到较大的发展还有一人，他就是南北朝时南朝齐的齐高帝（427—482），本名萧道成，字绍伯，享年55岁。他在位仅4年，身为皇帝却很重视造纸，动用国力，在长江上游兴建造纸作坊，为各地做出了表率，对推动造纸业的发展十分有利。同时，鼓励能工巧匠加工“凝（银）光纸”，开辟新的纸种，使文化事业获得进一步的发展，功不可没。

唐代及其以前，即使专供宫廷使用的高级纸，多数是当时所产的麻纸。如唐代规定用益州（今成都）麻纸来书写公文，并用来抄写宫廷收藏的四部书籍等。尽管唐代的造纸术比原来有很大提高，有了如硬黄纸、宣纸等，但是“习惯势力是巨大的”。后来，南唐的李后主，本名李煜（937—978），享年41岁。他喜好书画诗词，对纸笔独有所爱，故而关心纸的品质。李煜派人去产地监制纸张，又把宫殿内的建筑物辟为放纸库房，钦定为御用文品，令工匠造出一种新的加工纸，取名“澄心堂纸”。这样便无形中提高了纸张在人们心里占有的地位。这是又一对造纸做出贡献的例子。至宋代，宫廷所用也有各地进献的其他高级纸，如砑花笺等。元代皇帝御用的纸叫“明仁殿纸”、太子使用“端本堂纸”。明朝的宫廷纸种类颇多，如宣德纸、瓷青纸、新安纸、连七纸、观音纸等。清朝的宫廷纸也很多，如开化纸、泥金笺，还有一些不同的加工纸，如梅花玉版笺、五色粉蜡笺、清仿澄心堂纸、清仿明仁殿纸等。这些宫廷纸一般都是当时纸类中的精品。

此外，还有唐玄宗李隆基（685—762）、宋仁宗赵祯（1010—1063）、明宣宗朱瞻基（1398—1453）、清高宗弘历（1711—1799）等历代皇帝，在他们执政时期，都对造纸业和造纸术的发展，产生了有利的正面影响。历史事实证明，在朝代更迭的各个时期，政治、经济、文化诸多因素，都会对造纸术和古纸产生不同程度的影响。而我们过去部分编写的中国造纸史，完全不顾历史条件的影响，几乎不涉及这些内容（以为毫无用处），只是一味地从史籍中摘引几句支离破碎的文字，“只抓技术谈技术——一根筋”，这便使人莫衷一是，确有“隔靴搔痒”之感。官绅文化的起源来自两个方面：一个是农耕文化，另一个“贵族”文化。她从诞生之日起，就有着强烈的依赖性。既依赖于与皇帝的特殊关系，又依赖于对皇帝家族做出的特殊贡献。中国的贵族——即皇帝的奴才，从本质上讲都是寄生阶层，他们之所以居于社会上层，并非他们本人有特殊的才能和特殊的贡献，他们的智能和才干或许是在社会平均“等高线”以下。他们完全凭借特殊的关系成为雄踞社会或国家的“人上人”。因此，为了追求温文尔雅、享受华美生活，他们必须备用“文房四宝”，用纸也精益求精。他们也帮助设置专门的机构（如造纸坊等）就有了必要和可能。而工匠们，在双重压迫下全力以赴地做出最优质的产品。封建社会的最高掌权者是皇帝，他一手遮天、主宰一切。因此，皇帝的喜怒爱恶，行为举止，对社会上许多事物的影响很大。如果造纸业的工艺技术，也囿于这种枷锁，我们对古纸的认识和了解，就会限于单调、肤浅的境况，不可能真正地还原古纸的本来面目。古纸大的有一二百种，它们的演变情况因时间关系就暂不展开讨论了。

四、谈纸文化

何谓纸文化？纸文化就是由于纸的发明与应用而带来的华夏各民族群体中所产生的一系列的生活、思想、风俗、习惯等社会行为。传统手工纸具有鲜明的民族特色和地方特色[①]：一是手工纸的品种、规格和花色相当多，从古到今，林林总总，琳琅满目；二是手工纸的文化内涵丰富，它不单是日常学习和生活用品，而且还可以作为艺术品、文物出售（机制纸多数是商品）；三是中国手工纸中有的纸品艺术价值高，例如上述清代的“金绘龙纹宫纸”，每张（56.5 cm × 56.5 cm）成交价是5306元，让机制纸望尘莫及。

中华民族优秀的传统文化的历史十分悠久。但是作为世界非物质文化遗产、中华民族传统文化中的一个重要组成部分的手工纸，随着时光的流逝，现在对她的了解者越来越少了，也没有引起社会上应有的关注。保护优秀的民族遗产和传统文化，就是守护中国人民的悠久历史和美好家园。我认为：古纸与纸文化的关系十分密切，研究古纸的目的：一是传承；二是启示；三是借鉴；四是有条件时发展。而纸文化主要是包括了历史古籍、书法绘画、民间艺术等许多丰富的内容。

我国早在汉代就发明了纸，隋朝发明了雕版印刷，宋代又发明了活字印刷。此后我国的书籍出版、印刷事业突飞猛进。据报道，我国现存的3 000万册古籍中，宋（朝）版书目前仅留17册（其中15册在台北故宫博物院，每一册有若干页），每页的目前拍卖价是1.1万元，由此可知它是多么稀少、多么珍贵。这些古籍又可分为善本（凡内容较好、刻印较精、流传较少，并具有较大参考价值的书）、珍本（古籍中凡刻印较早、流传较少、文物价值高的书）、孤本（国内收藏仅此一书，或各家藏目不见著录者）、抄本（凡用手写录下的古籍）、

① 刘仁庆．论中国手工纸与传统文化[J]．中华纸业，2009（18）：67．

校本（对古籍中的某些差异字句、注释进行诓正的书）、批本（凡有名家批改的书）、批校本（将批本和校本合在一起的书）等。了解我国书籍的演变史，挤时间读点古书，如《论语》《诗经》《周易》等（尽管有点难懂）是非常必要的。

中国字从用毛笔书写开始，历经了拓碑、写经、抄书的漫长岁月，借助手工纸（包括宣纸等）进入了书法、绘画阶段，草篆隶楷、写意工笔之精品，令人倾倒，达到艺术的高峰。诸家流派，风格各自绽放异彩，堪称一绝，为中华文化添光竞辉。欣赏中国的书法和绘画（实际上是诗、书、画、印合璧），能受到潜移默化之功效，在思想或性格上受到熏陶，使人的素质在不知不觉中有了转变和提高。

中国的民间纸艺术，指的是与纸有关的艺术品，如年画、春联、剪纸、折纸、纸脸谱、扇面画、纸风筝、纸玩具等。它们既有物质的，又有精神的；既有民俗的，又有高雅的；既有创造的，又有欣赏的，真可谓蔚然大观。我们知道了有关纸文化的内容，视野必然会开阔很多。在我国古代就有“敬惜字纸”之说，不要以为纸是廉价的“低质易耗品”，可以随便浪费。像今天所存在使用纸方面的一些不合理现象，如滥印广告，单面复印等，都应该本着节约的精神，采取措施尽早解决。只要多动脑筋，合理用纸的办法还是有的。

纸张的千年演变，华夏文明的融入，其艺术性在中国社会文人书画、庙堂经典、市井民俗中都有入画传神、千秋各异的细致而又鲜明的体现，我们只能于点滴之中略领会其奥妙。纸张的特性有：厚度、挺度、颜色、纹理、手感、响声，直接反映到人们的视觉、嗅觉和听觉，汇至而成为整体感觉，渐生出心中的一种文化“情结”。这就是人与纸、人与书的沟通。确立了这种沟通，再从其使用、经济、方便等方面参照后加以选用。巨匠名手无不精心细选，择优而后快。在中国社会里纸张不是一般的物品，而一直与学术艺术紧密关联，备受尊重。它不仅可以被我们使用，也可以被感觉。

在中国文化领域内大展风骚，无论是书写、绘画、拓片、印刷，还是裱制名家作品、木版水印等，都能保存多年不变色、可抗虫蛀，即使部分破损，也可整旧如新（或如旧）。此外，它还可以制作（宣纸）纪念册、扇面、信笺、剪纸以及修复古书古画、重要手迹、重要文件等。至今在我国乃至世界各地的许多博物馆、艺术宫、档案馆、图书馆、美术馆（院）、文物所、文化（书、用品）店里，都收藏着各种手工纸和宣纸及其制品。

现在，无纸办公对纸也是一种挑战。自电脑发明后，随着网络的飞速发展，标志着信息时代的到来。有人指出，其提升速度是英国工业革命的4倍。虽然，写字楼内使用纸的数量逐渐减少。但是，最后资料的保存实体仍然是纸。因为电磁贮存资料的“寿命”至多不过10~15年。而纸张（尤其是中性纸）可以保存几百年，中国宣纸的耐久性高达1050年以上。至今保存在我国一些博物馆（如故宫博物院）的一些宋代书画（所用的为手工纸）已经有八九百年，仍完好无损，即可印证。所以，那种认为从今以后在公文、协议、证书等都“不需要纸了”的说法，实为一种误传，不足取信。电子媒体是临时过渡性的，而纸及其印刷品则是有长期保存性的。

通过以上的讨论，可以看出：文化与中国纸有着千丝万缕的联系。我们要了解中国文化，可与中国纸挂起勾来，与纸文化挂起勾来。我们的国家大、人口多，什么事都应该从大处着眼、小处着手，应该继续发扬我国人民传统的以勤俭节约为荣、浪费奢侈为耻的务实精神。中国纸与我们的文化生活和人文修养结下了不解之缘。只要我们珍惜传统文化，爱惜纸张，我们就会在人生的征程上迈出新的一大步，我们伟大祖国的明天将会更加美好。（本文系作者根据2012年7月12日，在北京“华宝斋”书院文化聚会上的演讲稿整理而成。）

（原载《纸和造纸》月刊2012年第10期）

参考书目

（按朝代、作者姓氏笔划，书名或篇名，出版单位，印刷年代排序）

（1）［唐］冯贽，《云仙杂记》，上海商务印书馆，1960年

（2）［唐］杜佑，《通典》，（北京）中华书局，1982年

（3）［唐］欧阳询，《艺文类聚》，上海古籍出版社，1965年

（4）［唐］段成式，《酉阳杂俎》，（北京）中华书局，1981年

（5）［唐］虞世南，《北堂书钞》，（北京）中国书店，1989年

（6）［宋］马端临，《文献通考》，（北京）中华书局，1986年

（7）［宋］王钦若、杨亿，《册府元龟》，（北京）中华书局，1960年

（8）［宋］史绳祖，《学斋佔毕》，（北京）中华书局，1981年

（9）［宋］乐史，《太平寰宇记》，（北京）中华书局，2007年

（10）［宋］陆游，《老学庵笔记》，上海古籍出版社，2001年

（11）［宋］朱彧，《萍州可谈》，（北京）中华书局，2007年

（12）［宋］李昉，《太平御览》，（北京）中华书局，1960年

（13）［宋］沈括，《梦溪笔谈》，（北京）中国书店，1986年

（14）［宋］苏易简，《文房四谱》，（北京）中华书局，2011年

（15）［宋］吴自牧，《梦粱录》，（扬州）江苏广陵古籍刻印社，1983年

（16）［宋］陈槱，《负暄野录·论纸品》，（文渊阁版）四库全书（子部），上海古籍出版社，2003年
（17）［宋］周去非，《岭外代答》，（北京）中华书局，1999年
（18）［宋］周密，《武林旧事》，（扬州）江苏广陵古籍刻印社，1983年
（19）［宋］周密，《癸辛杂识》，上海古籍出版社，2001年
（20）［宋］孟元老，《东京梦华录》，（北京）中国商业出版社，1993年
（21）［宋］郑樵，《通志》，北京中华书局，1995年
（22）［宋］洪迈，《容斋随笔》，（扬州）江苏广陵古籍刻印社，1983年
（23）［宋］高承，《事物纪原》，中华书局，1989年
（24）［宋］祝穆，《方舆胜览》，上海古籍出版社，2012年
（25）［宋］陶穀，《清异录》，上海古籍出版社，2001年
（26）［宋］程大昌，《演繁露》，（台北）台湾商务印书馆，影印四库全书（子部），1983年
（27）［元］扎马剌丁，《元一统志》，（北京）中华书局，1966年
（28）［元］孔齐，《至正直记》，上海古籍出版社，2001年
（29）［元］刘郁，《西使记》，（银川）宁夏人民出版社，1987年
（30）［元］汪大渊，《島夷志略》，（北京）中华书局，1981年
（31）［元］李善长，《元史》，北京中华书局，1976年
（32）［元］陈开俊译，《马可波罗游记》，（福州）福建科学技术出版社，1982年
（33）［明］文震亨，《长物志》，（台北）台湾商务印书馆影印四库全书，1983年
（34）［明］王佐，《新增格古要论》，（杭州）浙江人民美术出版社，2011年
（35）［明］王圻，《三才图会》，上海古籍出版社，1988年
（36）［明］王世贞，《列仙全传》，上海古籍出版社，1988年
（37）［明］王世懋，《闽部疏》，济南齐鲁书社，1997年
（38）［明］王志坚，《表异录》，商务印书馆，1936年

（39）［明］王宗沐，《江西省大志·卷八》，（台北）台湾成文出版社，1989年
（40）［明］方以智，《物理小识·卷八》，上海商务印书馆，1936年
（41）［明］方以智，《通雅》，（北京）中华书局，1990年
（42）［明］申时行等，《明会典》，（北京）中华书局，1989年
（43）［明］朱权，《明宫词》，（北京）古籍出版社，1987年
（44）［明］宋应星，《天工开物》，兰州大学出版社，2004年
（45）［明］陆容，《菽园杂记》，（北京）中华书局，1985年
（46）［明］宋濂，《宋学士文集》，上海古籍出版社，1986年
（47）［明］陈继儒，《妮古录》，（济南）齐鲁书社，1996年
（48）［明］陈耀文，《天中记》，台湾商务印书馆影印四库全书，1983年
（49）［明］项元汴，《蕉窗九录》，（济南）齐鲁书社，1996年
（50）［明］高濂，《遵生八笺》，甘肃文化出版社，2004年
（51）［明］屠隆，《考盘余事》，济南齐鲁书社，1995年
（52）［明］徐光启，《农政全书》，中华书局，1956年
（53）［明］谢肇淛，《五杂组》，上海书店出版社，2001年
（54）［明］董斯张，《广博物志》，高晖堂刻本，1521年
（55）［清］王士祯，《分甘余话》，（北京）中华书局，1989年
（56）［清］厉荃原，《事物异名录》，（长沙）岳麓书社，1991年
（57）［清］史澄等，《广州府志》，（北京）图书馆出版社，1997年
（58）［清］阮元，《石渠随笔》，（扬州）江苏广陵古籍刻印社，1983年
（59）［清］吴其濬，《植物名实图考》，中华书局，1963年
（60）［清］汪灏、张逸少，《御定广群芳谱》，（长春）吉林出版社，2005年
（61）［清］周亮工，《闽小记》，（福州）福建人民出版社，1985年
（62）［清］吴震方，《岭南杂记》，（济南）山东齐鲁书社，1997年
（63）［清］李书吉，《澄海县志》，（广州）广东人民出版社，1992年
（64）［清］李调元，《南越笔记》，商务印书馆，1988年

（65）［清］严如熤，《三省边防备览》，上海古籍出版社，2002年
（66）［清］张晋生，《四川通志》，收入四库全书内
（67）［清］张松孙，《遂宁县志》，四川省遂宁市地方志编纂委员会印，1993年
（68）［清］张学礼，《使琉球录》，（台北）学生书局有限公司，1977年
（69）［清］张玉书等，《佩文韵府》，上海书店，1983年
（70）［清］张英、王士祯，《渊鉴类函》，（长春）吉林大学出版社，1996年
（71）［清］陈布雷等，《古今图书集成》，中华书局、巴蜀书社，1984年
（72）［清］陈元龙，《格致镜原》，（扬州）江苏广陵古籍刻印社，1989年
（73）［清］沈初，《西清笔记》，（扬州）江苏广陵古籍刻印社，1983年
（74）［清］沈自南，《艺林汇考》，（北京）东方出版社，2012年
（75）［清］何焯、陈鹏年，《分类字锦》，吉林出版集团有限责任公司，2005年
（76）［清］陶澍，《安徽通志》，（扬州）江苏广陵古籍刻印社，1986年
（77）［清］穆彰阿等，《大清一统志》，上海古籍出版社，2008年
（78）［清］屈大均，《广东新语》，（北京）中华书局，1985年
（79）［清］顾祖禹，《读史方舆纪要》，（北京）中华书局，2005年
（80）［清］嵇曾筠等，《浙江通志》，上海古籍出版社，1991年
（81）［清］鄂尔泰等，《云南通志》，（昆明）云南人民出版社，2007年
（82）［清］徐继畬，《瀛环志略》，上海书店，2001年
（83）［清］徐珂，《清稗类钞》，中华书局，2010年
（84）［清］钱大昕，《恒言录》，商务印书馆，1958年
（85）［清］黄任、郭庚武，《泉州府志》，泉州市地方志编纂委员会，2003年
（86）［清］鲁曾煜等，《福州府志》，（台北）成文出版社，1976年
（87）［清］谢道承，《福建通志》，（北京）书目文献版社，1988年
（88）［清］翟灏，《通俗编》，商务印书馆，1958年

[**以下为1911年（辛亥）以后出版的书目**]

（89）王诗文，《中国传统手工纸事典》，（台北）树火纪念纸文化基金会，2001年

（90）王菊华等，《中国古代造纸工程技术史》，（太原）山西教育出版社，2005年

（91）刘仁庆，《中国古代造纸史话》，（北京）中国轻工业出版社，1978年

（92）刘仁庆，《纸的发明、发展和外传》，（北京）中国青年出版社，1986年

（93）许鸣岐，《中国古代造纸术起源史研究》，上海交通大学出版社，1991年

（94）李书华，《造纸的传播及古纸的发现》，（台北）台湾书店，1960年

（95）林贻俊等，《造纸史话》，上海科学技术出版社，1983年

（96）张子高，《中国化学史稿》（古代之部），（北京）科学出版社，1964年

（97）张秉伦、方晓阳、樊嘉禄，《造纸与印刷》，（郑州）大象出版社，2005年

（98）张大伟、曹江红，《造纸史话》，（北京）中国大百科全书出版社，2000年

（99）杨润平，《中华造纸2000年》，（北京）人民教育出版社，1997

（100）杨巨中，《中国古代造纸史渊源》，（西安）三秦出版社，2001年

（101）陈大川，《中国造纸术盛衰史》，（台北）中外出版社，1979年

（102）荣元恺，《造纸术的发明与发展》，（北京）中国轻工业出版社，1990年

（103）袁翰青，《袁翰青文集》，（北京）科学技术文献出版社，1995年

（104）黄天右、洪光，《中国造纸发展史略》，（北京）中国轻工业出版社，1957年

（105）钱存训，《中国科学技术史·第五卷第一分册纸和印刷》，（北京）科学出版社，1990年

（106）潘吉星，《中国造纸技术史稿》，（北京）文物出版社，1979年

（107）潘吉星，《中国造纸史》，上海人民出版社，2009年

（108）戴家璋等，《中国造纸技术简史》，（北京）中国轻工业出版社，1994年